U0163745

风电场多尺度流动模拟和数学模型

葛铭纬　著

科 学 出 版 社

北　京

内 容 简 介

风电场流动是风电场工程最为重要的基础问题之一，对于风电场微观选址、优化运行具有重要意义。本书总结了作者近年来在风电场多尺度流动模拟和数学建模方面的成果。全书共分 9 章，其中第 1 章为绪论；第 2 章介绍了风电场多尺度流动的大涡模拟方法；第 3 章和第 4 章分别基于动量定理和质量守恒推导了单台风电机组尾流的二维解析模型；第 5 章基于风电场数值模拟结果推导了风电场边界层模型，并对其应用场景进行了介绍；第 6 章和第 7 章分别对单列风电机组和整场风电机组的协同控制策略进行了介绍；第 8 章和第 9 章分别对城市街区与中型风电机组和屋顶小型风电机组的相互作用进行了研究。

本书可作为学习风电场流动和数学建模的研究生教材，也可供有关科研人员学习参考。

图书在版编目（CIP）数据

风电场多尺度流动模拟和数学模型/葛铭纬著. —北京：科学出版社，2021.12

ISBN 978-7-03-069836-0

Ⅰ. ①风… Ⅱ. ①葛… Ⅲ. ①风力发电机－发电机组－数值模拟 Ⅳ. ① TM315

中国版本图书馆CIP数据核字（2021）第187903号

责任编辑：刘翠娜 / 责任校对：王萌萌
责任印制：吴兆东 / 封面设计：蓝正设计

科学出版社 出版
北京东黄城根北街 16 号
邮政编码：100717
http://www.sciencep.com
北京凌奇印刷有限责任公司 印刷
科学出版社发行 各地新华书店经销
*
2021 年 12 月第 一 版 开本：720 × 1000 1/16
2022 年 12 月第二次印刷 印张：13 1/4
字数：260 000

定价：118.00 元

（如有印装质量问题，我社负责调换）

作 者 简 介

葛铭纬，男，生于1983年11月，博士，副教授，硕士生导师，现任华北电力大学新能源学院副院长。主持国家自然科学基金项目3项、国家重点研发计划项目子课题1项、中央高校重大项目1项。

发展了大型柔性叶片高效低载气动设计方法，叶片设计应用10000余片，应用产值超过65亿元，所设计的 76.6m 大型海上风电叶片入选国际风能权威杂志 *Windpower Monthly* 2018年全球最佳叶片 top 5（全球排名第3，中国排名第1），叶片应用机型入选国际权威杂志同类机型年度 top10，获得中国风能“2018年度最佳机型”等奖项。作为第三完成人完成科技成果“超紧凑型高效智能大型海上风电机组关键技术研发及规模化应用”。提出了高精度的尾流模型，基于风电场大气边界层的三应力层结构，发展了较为普适的风电场等效粗糙度模型，提出了风电场协同控制新策略。

以第一作者或通信作者在 *Journal of Fluid Mechanics*, *Applied Energy*, *Renewable Energy* 等期刊发表SCI论文近30篇，相关论文入选北京市科学技术协会首届“北京地区广受关注学术论文”，获得全国流体力学年会优秀青年论文奖。获得2017年河北省科技进步一等奖，担任 *IET Renewable Power Generation* 期刊副主编、2020年国家重点研发计划“可再生能源与氢能技术”指南专家等。获得北京高校青年教师教学基本功比赛三等奖，华北电力大学教学成果特等奖、一等奖，协和新能源育才奖，华北电力大学教学优秀奖等。

前　言

大力发展风电是我国能源转型的重要战略选择，也是我国实现“30·60”双碳目标的重要路径。风电场流动是一种典型的多尺度湍流运动，波动性强，时空演化规律复杂，这对风电场微观选址、风电场优化运行等提出了重要挑战。深刻揭示风电场流动的物理机理，建立风电机组/风电场流动的数学模型对于实际风电场工程具有重要意义。

本书总结了作者及其研究团队近几年在风电场多尺度流动方面的研究成果，主要阐述了风电机组二维尾流模型、风电场边界层模型及其应用、风电场协同控制及城市风电与城市街区流动的相互作用等。在编著过程中，作者以物理规律—数学模型—工程应用为主线，力求做到循序渐进，物理概念清楚，既注重理论深度又结合工程应用。希望本书能加深读者对风电场流动的物理认识，对风电场尾流效应评估、微观选址、优化运行和城市风电等技术领域起到一定的推动作用。

本书的出版得到了国家重点研发计划国际合作重点专项(2019YFE0104800)、国家自然科学基金项目(11772128、12172128)的支持。此外，还要衷心感谢华北电力大学双一流建设项目和科学出版社对本书出版的支持与帮助。

硕士研究生武英、张欢、马鸿亮和张帅斌在本人的指导下参与了其中的大部分研究工作，在此对他们为课题组做出的贡献表示感谢；同时，要感谢在读研究生杜博文、杨昊泽、曹立超、赵田田、李宝良、孙海涛、何佳、贾瑞等在本书成稿和校对方面的付出。

由于水平有限，书中不妥和疏漏之处在所难免，敬请读者批评指正。

作　者

2021 年 12 月于北京

目 录

第1章　绪　　论

2020 年 9 月 22 日，习近平总书记在第七十五届联合国大会一般性辩论上郑重宣布："中国将提高国家自主贡献力度，采取更加有力的政策和措施，二氧化碳排放力争于 2030 年前达到峰值，努力争取 2060 年前实现碳中和。"① 这一重要宣示为我国应对气候变化、绿色低碳发展提供了方向指引，擘画了宏伟蓝图。2021 年 3 月 15 日，习近平总书记主持召开中央财经委员会第九次会议并发表重要讲话，强调实现碳达峰、碳中和是一场广泛而深刻的经济社会系统性变革，要把碳达峰、碳中和纳入生态文明建设整体布局，拿出抓铁有痕的劲头，如期实现 2030 年前碳达峰、2060 年前碳中和的目标。可以预见，在未来几十年，中国工业的技术结构、产业结构和发展方式将会发生重大变革[1-3]。风力发电作为可再生能源中一种非常重要的利用形式，全球已有 90 多个国家对风力发电进行了规模化开发和建设。截至 2020 年底，全球累积风电装机容量超过 7.33 亿 kW，中国装机占比超 35%；2020 年全球新增风电装机 1.11 亿 kW，中国新增装机占近 65%[4,5]。据国家电网公司统计，截至 2020 年底，我国的清洁能源装机占比 42%，共 7.1 亿 kW，其中风电和太阳能发电装机占比 26%，共 4.5 亿 kW，利用率高达 97.1%[6]。据国家统计局《2020 年国民经济和社会发展统计公报》，2020 年中国清洁能源（含水、气、核）消费占比已升至 24.5%。大力发展风力发电等新能源是实现"30・60"双碳目标的重要战略，在未来几十年，风电还将持续高速发展，具备巨大的发展潜力[7]。

风电机组在运行过程中，来流和旋转风轮发生强烈的相互作用，近场尾流区会产生叶尖涡、叶根涡及大量次涡结构[8,9]，随着流动向下游的演化，近场涡结构逐渐破碎并产生大尺度摆振运动，这使得远场尾流的横向运动更加随机[10-13]。尾流是一种波动性强、演化过程复杂的多尺度湍流运动，而从平均角度来看，尾流可视为风轮后方形成的低风速、高湍流度的流动区域，如图 1-1 所示。尾流速度损失可显著降低下游风电机组的运行效率。例如，在

① 习近平在第七十五届联合国大会一般性辩论上的讲话.(2020-09-22). http://www.xinhuanet.com/2020-09/22/c_1126527652.htm.

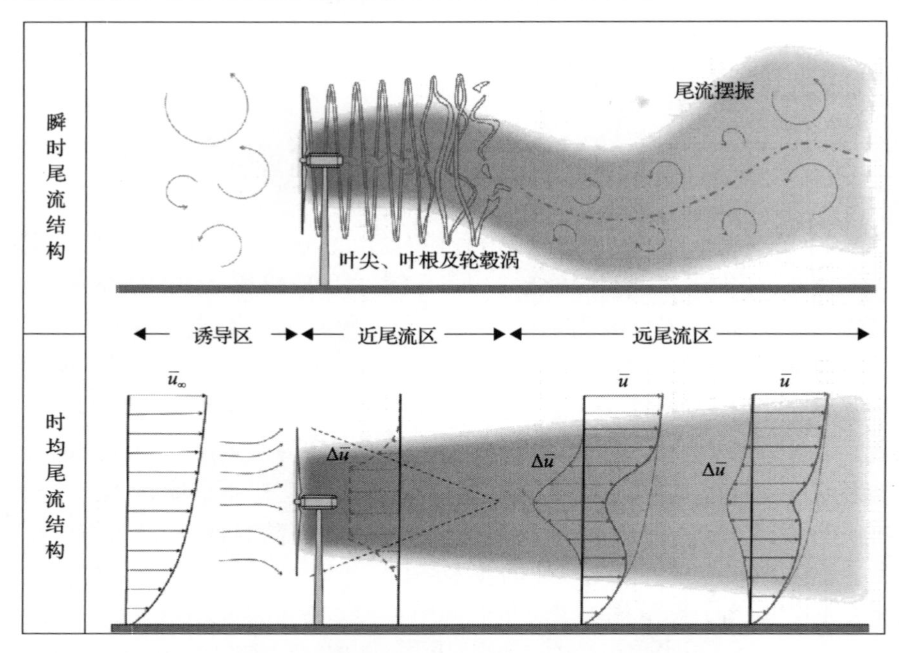

图 1-1　风电机组尾流瞬时结构及时间平均速度分布[37]

$\bar{u}_\infty$ -来流风廓线；$\bar{u}$ -尾流区风廓线；$\Delta\bar{u}=\bar{u}_\infty-\bar{u}$ -尾流区速度损失

丹麦陆上风电场 Nørrekær 通过测量发现，首排风电机组尾流可导致下游机组发电量减少 60%[14]。Barthelmie 等[15]对 Horns Rev 和 Nysted 海上风电场进行观测发现，当风电机组完全处于尾流区内时，其运行功率损失高达 40%。美国加利福尼亚风电场的实测数据显示，在不同地形、地貌、机组排布方式和来流特性下，尾流造成的功率损失为 2%～30%。瑞典 FFA 风电场的实测结果表明，当机组间距为 5 倍风轮直径时，尾流区内风电机组的输出功率损失约为 40%；当间距增加到 9.5 倍风轮直径时，输出功率损失约 20%。同时，由于尾流湍流度增加，浸没在尾流中的风电机组疲劳载荷会增加 5%～15%[16]。可见，尾流效应对于风电场微观选址和优化运行具有重要意义。目前人们主要从两个方面减小风电场尾流损失：①对于待建风电场，在微观选址阶段，通过风电机组点位优化减少风电场尾流损失，提高风电场运行效率[17-22]；②对于已建成的风电场，通过场内优化控制技术(包括偏航角控制、桨距角控制、转矩控制等)减少风电机组间的相互作用，提高发电量。对于微观选址问题，研究人员对 CFD (Computational Fluid Dynamics, 计算流体力学)方法[23,24]、尾流模型[19,21,22]和优化算法[17-22]等开展了大量研究，有效减少了尾流损失并开发了多种风电场微观选址软件，如 WindSim、WindFarmer、WT 等。但这些软件采用的尾流模型多是基于“顶帽假设”的一维模型，精度较低，无法满足我国多场景、大规模风电开发的工程需求。对于已建成的风电场，尤其是海上风电场，近期研究表明，通过风电场整场偏航协同控制可显著提高风电场整场效率[25-28]，且已被证实可行[28-36]，具有较好的应用前景，成为当前研究的前沿和热点。

在风电场运行过程中，大量风电机组的尾流进行掺混、叠加，产生了复杂扰动效应，如图 1-2 所示。对于大阵列机组分布的风电场，内部产生的尾流继续抬升和扩散，与风电场上方大气边界层的气流相互作用，形成多尺度的湍流运动，从而显著改变了大气边界层流动的整体结构和基本特性，如平均流动、湍流度、温度等，大规模的风力发电甚至可以对局地气候产生影响[38]。

扫码见彩图

图 1-2 实拍丹麦 Horns Rev 海上风电场

相对于大型风电场，城市风电是分散式风电开发的重要形式，它无需借助大型电网远距离输送，靠近负荷中心可就地消纳，对绿色智慧城市建设具有积极推动作用，近些年来发展迅速。城市风电是未来风力发电发展的一个方向，但由于城市建筑物多、植被冠层密布、表面不均匀，导致流场结构复杂、速度各向异性强、湍流脉动剧烈。在城市环境中，风电机组将和城市街区发生强烈的相互作用，这会极大地改变风电机组尾流的演化过程；另外，风电机组尾流也将显著影响城市街区环境，如速度、湍流度、污染物扩散等。

下面将从研究方法、风电机组尾流解析模型、风电场边界层模型、风电场偏航协同控制及城市风电与城市街区的相互影响五方面对风电场多尺度流动的研究进展进行简要介绍。

1.1 研究方法

目前本领域的研究方法主要有风电场实测、风洞实验、CFD数值模拟、数学模型等手段。

1.1.1 风电场实测

风电场实测实验一般是指在风电机组自然工作条件下进行的长期测风活动，包括采集并分析自然风数据、风电机组状态、压力及载荷等参数。测试场地一般选在空旷开阔、地形平坦、风速和风向较稳定的地区，尽量避免周围地形和障碍物的影响[39]。实测结果原则上可直接作为真实数据使用，但是由于测试环境具有高度复杂性和不确定性，风轮空气动力特性和尾流演化会受到很多因素的影响，这就降低了数据准确性，加大了数据处理难度。目前较有影响力的现场实测研究包括国际能源署(International Energy Agency，IEA)的Wind Annex XVIII项目[40]，DAN-AERO测风实验[41]，美国虚拟尾流实验室在Horns Rev、Nysted和Vindeby风电场进行的测风活动[42]等。

风电场实测数据常用来验证各类模型。20世纪80年代，研究人员对位于丹麦西部Nibe的两台机组[43,44]进行了现场测风实验，其结果用于验证大涡模拟方法中的大气边界层模型[45]和雷诺时均方法中的$k-\varepsilon$湍流模型[46]。1992年，Cleijne在位于荷兰北部的Sexbierum风电场分别进行了单尾流[47]和双尾流测风实验[48]，主要测量了风速、湍流和切应力等流动参量；2005～2009年，研究人员在ECN(Energy Research Centre of the Netherlands)实验风电场EWTW进行了四年多的现场测量[49]，实验结果可信度高、可靠性强，具有很高的研究价值。上述几个现场测试结果都可用于验证尾流模型和风电场模型[49,50]。此外，丹麦科技大学的Risø实验室还采用脉冲激光雷达对测试站内的Nordtank机组进行了单尾流测试[51,52]，其结果也可用于评估尾流模型[53]。

1.1.2 风洞实验

实测实验的成本高、周期长、现场维护困难，因此许多学者选择测试条件可控的风洞实验进行风电机组空气动力学研究。风洞实验是在风洞中建立风电机组或风电场缩比模型，人为控制入流条件，利用皮托管、热线风速仪或PIV等装置获取缩比模型内流动信息的一种方法。从理论上说，在保证流动准则数及风电机组运行条件近似相同的前提下，风洞实验数据可以很好地替代现场实测数据，因此风洞实验在风电机组及风电场流动研究中扮演着十分重要的角色。美国国家可再生能源实验室(The National Renewable Energy Laboratory，NREL)的UAE-VI项目[54]、MEXICO项目[55]、中国空气动力研究与发展中心(China Aerodynamics Research and Development Center，CARDC)的大型风电机组风洞模拟实验[56]、挪威科技大学(Norges Teknisk-Naturvitenskapelige Universitet，NTNU)盲测风洞实验[57-59]等代表了当今风洞实验的世界先进水平。

技术人员通过风洞实验对风电机组尾流展开了多方面研究。1989年，为深入分析风电机组尾流效应，Schlez等[60]在英国MEL大气边界层风洞进行了一系列实验，获得了单机尾流和多尾流平均流动及湍流流动的综合数据。2003～2004年，ECN的研究人员在荷兰TNO风洞进行了三组实验，研究大型海上风电场中多尺度机组模型的性能和特性[61,62]。除此之外，学者们还借助风洞实验研究了机组偏航[63]、地表粗糙度[64]、大气热稳定性[65,66]和大气湍流强度[67]对机组尾流演化的影响。Espana等[68]还利用大气边界层风洞研究了尾流摆振现象。Hancock等[69-72]则利用风洞实验分别研究了中性、稳定和不稳定大气下单台机组和机组阵列的尾流演化规律。

表1-1从多个方面对比了现场测试实验和风洞实验。由表1-1可以看出，实测数据受环境影响较大，而风洞实验则会受到尺度效应和壁面效应的影响。总之，二者各有利弊，但它们都是研究风电机组空气动力特性和机组尾流的重要手段。

表1-1 现场测试实验和风洞实验对比[73]

影响因素	风洞实验	风电场实测实验	
		全尺寸风电场	等比例缩小风电场
尺度效应	––	++	+
壁面效应	–	++	++
外界随机性	++	––	–
测风塔测量误差	++	––	–
机组测量误差	+	––	++
机组运行状态	++	–	++
风电场布局	++	––	+

注：+表示不受影响，–表示受到影响，符号个数表示受影响程度。

1.1.3 CFD数值模拟

CFD数值模拟是一种利用计算机求解流体运动控制方程的方法，设置求解域及适当的边界条件，利用数值方法离散偏微分方程，通过计算获得流动信息。在 CFD 数值模拟中，往往需要对风电机组进行模化处理，即利用动量方程中的体积力代表风电机组。常用的 CFD 数值计算方法分为三类：直接数值模拟（Direct Numerical Simulation，DNS）、雷诺时均方法（Reynolds Average Navier-Stokes，RANS）和大涡模拟方法（Large Eddy Simulation，LES）。本书将采用 LES 进行风电场多尺度流动的研究，因此这里仅对 LES 的发展现状及其在风电场流动中的应用进行详细介绍，更多关于 DNS 和 RANS 的信息可参考综述类文章[8],[74]。

DNS 直接对流动的原始非稳态纳维-斯托克斯（Navier-Stokes，N-S）方程进行数值求解，无任何湍流模型，能够在时空尺度上精确模拟流场细节和运动规律。但由于湍流是多尺度的不规则流动，要获得所有尺度的流动信息，就必须采用很高的时空分辨率，因此 DNS 的计算量大、耗时长，对计算机内存要求高。Moin 和 Moser[75]的研究表明，即使模拟雷诺数仅为 3300 的槽流，DNS 也需要多达 2×10^6 个网格点，在向量计算机上运行 250h。目前，DNS 只能计算雷诺数较低的简单湍流运动，还无法大规模用于风电机组尾流等工程领域的研究。

RANS 应用湍流统计理论，将非稳态 N-S 方程作时间平均，求解工程中需要的时均量。该方法只计算大尺度平均流动及所有湍流脉动对平均流动的影响（雷诺应力），因此降低了时空分辨率，减少了计算量。虽然 RANS 严重依赖流场形状和边界条件，普适性较差，且无法描述流动机理[74]，但其对计算机要求较低，同时能够求解绝大多数雷诺数范围的工程问题，并可以得到符合工程要求的计算结果，因此在风电机组尾流的模拟中得到了广泛应用。

LES 是有别于 DNS 和 RANS 的一种数值模拟手段，其基于流动中的小尺度涡与流动几何形状无关的假设，对大尺度涡进行显式求解，对小尺度涡用亚格子模型进行模化处理。在数学上，先按照特定尺度对速度场进行空间滤波，将其分解为解析部分（大尺度）和非解析部分（小尺度）；再对原始 N-S 方程进行过滤，得到大尺度运动的控制方程，方程中新出现的亚格子应力表示小尺度涡对大尺度涡的影响。常用的亚格子模型有标准 Smagorinsky 模型、动态涡黏模型、动态混合模型、尺度相似模型、梯度模型、选择函数模型等[74]。虽然 LES 仍需要一定的计算时间和实验经费，但是其计算量远小于 DNS 并保证了足够的计算精度。LES 能够模拟一些流动细节，比 RANS 更具普适性。因此，自 20 世纪 80 年代起，LES 就已经成为研究大气边界层流动中湍流输运特性的重要工具[75,76]。由于 LES 能够处理非定常、大尺度涡主导的各向异性湍流及湍流混合等问题，近年来LES在风电机组尾流的研究中也得到了越来越多的应用[74]。

Jimenez 等使用动态亚格子模型和均匀致动盘模型研究了风电机组尾流的湍流特性[77]、湍流波动的谱相干特性[78]和机组偏航引起的尾流偏斜现象[79]，仿真结果与实验数据和解析模型都吻合得很好。

Troldborg 等[80,81]使用动态混合亚格子模型和致动线模型研究切变和入流湍流度对机组尾流的影响，结果表明切变和地形效应会使尾流非对称发展，即向上和横向的膨胀大于向下的膨胀。另外，湍流入流破坏了尾流中涡结构的稳定性，加快了速度损失的恢复，同时增加了湍流强度；当入流为均匀层流时，尾流也是不稳定的湍流，特别是在低叶尖速比的条件下。

Ivanell 等[82]采用LES方法进行风电场模拟，将非均匀致动盘和周期边界条件结合，以模拟Horns Rev风电场中的80台机组。同时，他们还通过在叶尖插入谐波扰动研究了叶尖涡的稳定性，并发现扰动频率(和湍流强度相关)和尾流中稳定结构的长度呈指数关系。

Wu 和 Porté-Agel[83]应用拉格朗日动力模型模拟风电机组的尾流，发现尾流区内的 Smagorinsky 系数不是一个常数，而是在尾流中心增大，在接近地面和剪切层内减小。Wu 和 Porté-Agel[84,85]用同样方法模拟了不同大气粗糙度下的单台机组尾流和单列机组尾流，研究大气湍流度对风电机组尾流演化的影响。Porté-Agel 等[86]在此基础上进一步研究风电场布局对尾流结构和机组性能的影响，并探究风电场和大气边界层之间的相互作用。2014 年，Wu 和 Porté-Agel[87]将 LES 和叶素动量理论相结合，分别采用旋转致动盘模型和无旋转致动盘模型计算风电场尾流及功率损失，研究表明仿真结果与Horns Rev风电场实测数据吻合得很好，且优于常用的商业软件WindSim和WAsP。Abkar 和 Porté-Agel[88,89]则采用相同方法分别研究了大气稳定度和科氏力对风电机组尾流流动结构和演化特征的影响，重点研究了速度和湍流特征量的空间分布特性。

此外，Calaf 等[90-92]利用LES中的致动盘模型研究了充分发展的单列风电机组边界层，量化分析了动量和动能的垂直输运过程、通过边界层的标量通量及风电场载荷。Meyers 和 Meneveau[93]使用非动态 Smagorinsky 模型研究了串列和错列排布的风电机组，结果表明串列排布的机组发电量更高。Archer 等[94]也研究了风电机组布局对海上风电场发电量的影响。

除了上述应用外，许多学者还利用LES研究了风电机组受到的风载荷[95]、近场尾流的演化规律[96]、机组致动模型的影响[97]等。可见，LES已经成为研究风电机组尾流的重要工具。本书主要以 LES 作为数值模拟方法，对其介绍详见第 2 章。

1.1.4 数学模型

相比于风电场实地测量及风洞实验，虽然 CFD 数值模拟精度高，花费较少，但是其计算时间较长，目前仍不适用于大规模工程应用，而真正在工程中应用的主要是一些数学模型。此类数学模型无需求解微分方程，直接给出平均流场信息，能很好地预测风电机组及风电场流动的主要特征，计算速度极快。

目前本领域采用的研究范式主要如下：首先通过风电场实测、风洞实验或 CFD 数值模拟方法确定风电场流动的主要特征；然后基于基本的流动控制定律(质量守恒、动量定理等)建立相关数学模型，进一步利用有关数据对模型预测精度进行验证；最终利用相关数学模型指导工程应用，从而提高风电场经济效益。因此，数学模型是风电场多尺度流动研究中的关键问题，是从认识到应用间的桥梁。目前的数学模型主要有风电机组尾流解析模型(详见 1.2 节)、风电场边界层模型(详见 1.3 节)等。

1.2 风电机组尾流解析模型研究进展

尾流解析模型是通过数学理论推导和实验数据修正得到的描述风电机组尾流结构的半经验模型，可以计算尾流区速度分布，量化尾流效应造成的功率损失。相比实验研究和数值模拟方法，具有真实物理含义的尾流解析模型结构简单、计算方便、耗时短、成本低，十分适合风电场实际工程应用。根据物理原理的不同，目前的尾流解析模型主要分为两大类：第一类基于质量守恒，如经典的 Jensen 模型[98,99]、Tian 等[100]的模型、Gao 等[101]的模型等；第二类基于动量定理，如 Frandsen 模型[102]、Bastankhah 和 Porté-Agel 的模型[103]、Xie 和 Archer 的模型[104]、Ishihara 模型[105]等。

1.2.1 基于质量守恒的尾流解析模型

质量守恒是尾流解析模型的重要理论依据之一。早期研究人员多根据经验和实测数据给出一些粗略指标来判断风电场中机组的发电量并进行机组优化排布。1979 年，Lissaman[106]基于 Abramovich 同向湍流射流理论[107]提出了一个单尾流模型，并用瑞典 Kalkugen 风电场实测数据[108]进行验证，得到了较好的结果。由于尾流存在于涡尺度更大的湍流场中，因此经典的尾流膨胀率不一定成立[109]。如果假设尾流横向膨胀和流向水平速度的比值不变，就会得到一个恒定的尾流膨胀率。

1983 年，Jensen[98]就采用尾流膨胀率恒定的线性模型，基于质量守恒和顶帽分布提出了经典的一维尾流模型；1986 年，Katic 等[99]利用轴向诱导因子对该模型进行修正，得到了目前工程中最常用的 Jensen 模型(详见 4.2 节)。由于具有计算简单、成本低、便于应用等众多优点，该模型一经提出就在工程实际中得到了广泛应用。例如，许多商用风资源计算软件都采用该模型评估尾流损失，包括 WindSim、WAsP、WindPRO、WindFarmer、OpenWind[60,110]等。除了用于解决工程问题外，Jensen 模型还在众多理论研究中得到了应用，如研究尾流效应对风电场稳态和动态运行及惯性响应的影响[111,112]、优化机组排布来提高风电场发电量[113-115]、风电场轮毂高度优化[116]、海上风电场微观选址[117]等。

虽然 Jensen 模型在理论研究和工程实际中都得到了广泛应用，但是其仍存在以下三个问题：①假设尾流区横截面上的速度损失符合顶帽分布。如 Katic 等[99]所述，顶帽模型无法准确描述尾流速度的空间分布，这会导致预测风电场发电量时出现很大误差，因为气流中可获取的能量和风速的立方成正比。②尾流膨胀率多凭经验确定，具有很大的不确定性。经过多年发展和应用，工程人员对于 Jensen 模型中尾流膨胀率的取值积累了一定经验，如对于陆上和海上风电场，分别取 0.075 和 0.05[42]。③忽略了近场尾流的膨胀和演化距离(图 4-2)。为了解决以上问题，研究人员主要从三个方面对 Jensen 模型进行了改进。

(1)考虑近场尾流的膨胀，对尾流模型进行修正。Mosetti 等[118]用紧邻风轮的下游半径代替风轮半径来考虑近场尾流的膨胀，并率先将修正模型与遗传算法结合，优化大型风电场的机组布局。后来，很多学者将这一修正模型与不同遗传算法相结合，进行风电场微观选址[119]、风电机组布局优化[120-122]、海上风电场优化[123]等。

(2)考虑实际运行环境，对尾流膨胀率进行参数化修正。基于 Peña 和 Rathmann 的研究[124]和大气边界层理论[125]，Peña 等[50]将尾流膨胀率表示为高度、粗糙度、大气稳定度和湍流强度的函数。对于 Sexbierum 陆上风电场，参数化后的尾流膨胀率为 0.038，其计算结果优于常用的经验值 0.075。

(3)考虑尾流分布的空间变化，将速度损失剖面进行二维化建模。许多前人研究(包括数值仿真、风洞实验和现场实测数据)表明风电机组真实尾流区速度不是均匀分布的，远场尾流区速度损失具有自相似性且近似呈高斯分布。基于这一现象，Haugland 等[126]直接对 Jensen 模型[98]进行速度损失的高斯化修正，并与实验最优方法相结合来进行风电场设计；Liang 和 Fang[127]则基于 Mosetti 近场修正的 Jensen 模型和高斯分布提出了一个类似的二维模型；2016年，Gao 等[101]也发展了一个二维 Jensen-Gaussian 模型，并与多种群遗传算法相结合来优化风电场内机组布局，结果表明该模型能够合理预测大型风电场中尾流效应引起的风功率损失。除了常见的高斯分布外，一些学者还利用其他形状的速度损失剖面对 Jensen 模型进行二维化修正。Tian 等[100]使用余弦分布表征尾流速度损失，发展了一个尾流膨胀系数可变的二维模型，其预测精度显著优于一维 Jensen 模型；崔岩松[128]假设速度损失符合抛物线分布，与实验结果的对比表明改进后的二维尾流模型精度显著提高。

1.2.2 基于动量定理的尾流解析模型

除了质量守恒外，动量定理是尾流解析模型的另一个重要理论依据。2006年，Frandsen 等[102]应用动量定理发展了一个解析尾流模型，简称 Frandsen 模型。尽管该模型也采用了顶帽分布假设，但其与经典 Jensen 模型的理论基础和数学表达式完全不同(详见 3.2.1 节)。Frandsen 模型具有结构简单、计算方便、成本低等优点，在理论研究中得到了一定的应用和改进。

González 等在 2010～2013 年应用 Frandsen 模型进行了大量风电场布局优化研究。在 Frandsen 模型计算尾流速度和功率损失的基础上，一方面，将风电场成本模型和进化算法相结合来解决风电机组布局优化问题[129]，或在考虑风数据不确定性的条件下，进行包括风险性决策的风电场优化[130]；另一方面，将风电场经济模型与遗传算法相结合来优化设计大型海上风电场，得到机组的最优微观选址方案[129-131]。

除了直接将 Frandsen 模型用于风电机组布局优化外，一些学者也对该模型中的顶帽分布进行了二维化改进。其中，Bastankhah 和 Porté-Agel[103]基于动量定理和高斯分布发展的高精度二维解析尾流模型(简称 BP 模型，详见 3.2.2 节)在学术研究中得到了广泛应用。Xie 和 Archer[104]针对 BP 模型中尾流各向同性膨胀的假设进行改进，在水平和垂直方向使用两个不同的方差，即采用二维椭圆高斯分布来表征尾流速度损失剖面，从而考虑各向异性的尾流膨胀，改进后的模型显著提高了远场尾流的预测精度；Abkar 和 Porté-Agel[88]也采用类似方法计算不同大气稳定度下单台机组后方的尾流速度损失。除了计算单台机组的尾流速度外，BP 模型还可以与尾流叠加模型相结合形成风电场模型，从而准确预测整个风电场的输出功率和发电量[132]。除了上面提到的 BP 模型外，Ishihara 等[105]也基于动量定理和高斯分布提出了一个二维尾流模型，并考虑了环境湍流对尾流恢复速率的影响。与风洞实验的对比结果表明，该模型在不同湍流强度和推力系数下的预测精度都较高。

1.2.3　现存不足和待研究的问题

解析尾流模型具有高效、准确、适用性强等诸多优点，是工程实际中对风电机组尾流效应进行计算和后评估的重要工具，但是目前解析尾流模型仍存在一定问题。由上文可以看出，对于一维模型，最有效的改进方法就是采用随径向变化的尾流速度剖面，其中高斯速度损失剖面的预测精度最高。但是，此类采用自相似高斯速度损失剖面的二维尾流模型的尾流膨胀率取决于描述速度损失剖面的特征量，而不是和真实尾流边界相关，因此该参数具有很大的不确定性，这阻碍了此类模型的大规模工程应用(详见第 3 章)。另外，目前基于质量守恒的二维尾流模型都必须先通过一维 Jensen 模型求出尾流速度，然后在横截面上重置尾流速度损失，这样会破坏微元流管内的局部质量守恒，降低模型预测精度(详见第 4 章)。

综上所述，未来需要继续深入研究解析尾流模型，特别是研究真实尾流边界的位置及其与尾流膨胀系数的关系；另外，还需要对以 Jensen 模型为基础的二维尾流模型进行改进，使其在整个流管内都满足质量守恒。

1.3　风电场边界层模型研究进展

对于充分发展的大型风电场来说，尾流模型仅限于分析风电场内部的流动情况，不能用于整个风电场大气边界层的流动特性研究。因此，为了定量描述风电场对大气边界层的影响，有学者基于垂直方向上的流动物理特征提出了风电场边界层模型，此类模型将风电场简化为地表粗糙元，风电场的存在导致大气边界层中参数化的等效粗糙度有所增加。

1.3.1　风电场边界层模型

1961 年，Kutzbach[133]完成了量化大气边界层有效表面粗糙度的开拓性研究；随后，Lettau[134]在此基础上进行了改进，利用地表粗糙元的结构特征计算表面粗糙度。Templin[135]、Newman[136]和 Bossanyi 等[137]首次将粗糙度效应与大气边界层中的大型风电场效应联系起来。在风电场边界层模型中，

Lettau 模型是早期计算等效粗糙度的简化模型，该模型适用于研究大型风电场对全局气候的影响[138]。Lettau 模型基于风电场内可以目测的几何参数来估算表面粗糙度，计算公式为 $z_{0,\mathrm{lett}} = 0.5 z_{\mathrm{h}} A / S$，其中 z_{h} 是轮毂高度，A 是风轮面积，S 是机组单位占地面积。该模型计算简单，对于实际风电场等效粗糙度的预测准确性较差。Frandsen 模型[102,139]是通常用于描述冠层湍流的一维、单柱型模型，该方法将风电场大气层沿垂直方向分为两个应力层。在轮毂高度以上存在一个外部应力层，其摩擦速度用 $u_{*,\mathrm{hi}}$ 表示；在轮毂高度以下存在一个内部应力层，其摩擦速度用 $u_{*,\mathrm{lo}}$ 表示。Frandsen 模型利用水平平均速度代替了复杂的风电场三维结构，基于动量方程的垂直积分建立了平均水平速度方程，并根据垂直方向上的应力守恒得到等效粗糙度的表达式(详见 5.2 节)。近年来，Frandsen 模型中的两个应力层的存在已经在大涡模拟中被证实[90]，但是结果也证实了第三个应力层(风轮尾流层)的存在，所以 Frandsen 模型对于一些具有复杂风轮尾流区的风电场不再适用[140]。Calaf 提出的 top-down 模型[90]在 Frandsen 模型的基础上考虑了风轮尾流层，预测了底部对数律、平均尾流层和顶部对数律这三层上的水平平均速度分布。通过比较不同边界层模型计算的风电场等效粗糙度，top-down 模型对充分发展风电场的有效粗糙度长度的预测更接近数值模拟结果(详见 5.2 节)。

1.3.2　风电场边界层模型的应用

为了提高边界层模型对大型风电场流动性能的预测能力，有学者基于尾流模型和边界层模型提出了改进。Yang 等[141]考虑风电机组的间距效应和实际流场中风速分布的不均匀，对 Frandsen 模型进行了修正，进一步提升了模型的预测精度。Stevens 等[142]提出了耦合尾流边界层模型，将传统的 Jensen 尾流模型与 top-down 模型相耦合，通过匹配两种模型预测的风轮平面平均速度获得尾流膨胀系数，尾流模型捕捉风电机组排布的影响，因此粗糙度模型的有效展向机组间距由尾流模型确定，而 top-down 模型则考虑了风电机组尾流与大气边界层之间的相互作用。

1.3.3　现存不足和待研究的问题

尽管 Frandsen 模型和 Calaf 的 top-down 模型较 Lettau 模型大幅提高了等效粗糙度的预测精度，但其仍然存在一些问题。例如，Frandsen 模型的两个应力层假设对于具有显著尾流层的风电场来说不适用，而在风场与大气边界层作用不充分的情况下，top-down 模型的预测精度下降。另外，上述两个模型都没有考虑风电机组具体排布的影响，在建模过程中将风轮的入流速度简化为轮毂平面的水平平均速度，因此其计算结果与数值模拟的值仍然存在较大的差异。

综上所述，现有的边界层模型的物理假设存在缺陷，同时缺少对现有边界层模型适用范围的讨论，因此需要对边界层模型进行系统的研究并加以改进，使其符合真实风电场的流动分布特征。

1.4 风电场偏航协同控制研究进展

偏航状态下，风电机组的尾流会发生明显偏转。Grant 和 Parkin 等[143,144]通过风洞实验研究发现偏航风电机组的尾流会向偏航方向的反向偏转。如图 1-3 所示，Jiménez 等[79]和 Howland 等[145]进一步通过风洞实验和大涡模拟对不同偏航角度的风电机组尾流进行了研究，他们发现当风电机组在 30°偏航角下运行时，尾流在下游 $7D$(D 为风轮直径)处偏转量可达 $0.5D$～$0.7D$。尾流偏转为风电场整场偏航协同控制提供了思路。

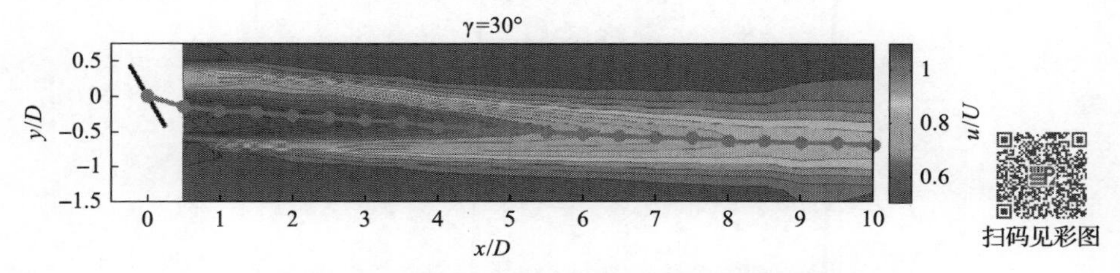

图 1-3 风电机组偏航 30°时尾流中心偏转[146]

u-尾流区风速；U-入流风速

1.4.1 串列风电机组偏航协同控制研究进展

Fleming 等[146,147]采用 LES 发现，上游风电机组偏航产生的尾流偏转会提高下游机组发电量，同时降低其疲劳载荷。Adaramola 和 Krogstad[148]通过风洞测量对流向间距为 $4D$ 的两个串列模型风电机组偏航控制进行了研究，结果显示，当上游风电机组偏航 30°，两机组展向间距为 $0.4D$ 时，上游风电机组对下游风电机组的遮挡效应明显减小，总发电量可提升 12%。Bartl 等[29]在不同湍流来流条件、不同风向下对两台串列风电机组的偏航控制进行了研究，结果显示，偏航协同控制可使发电量提升 3.5%～11%。如图 1-4 所示，上游机组尾流的偏转会大幅减少对下游机组的遮挡效应，增加下游机组发电效率。

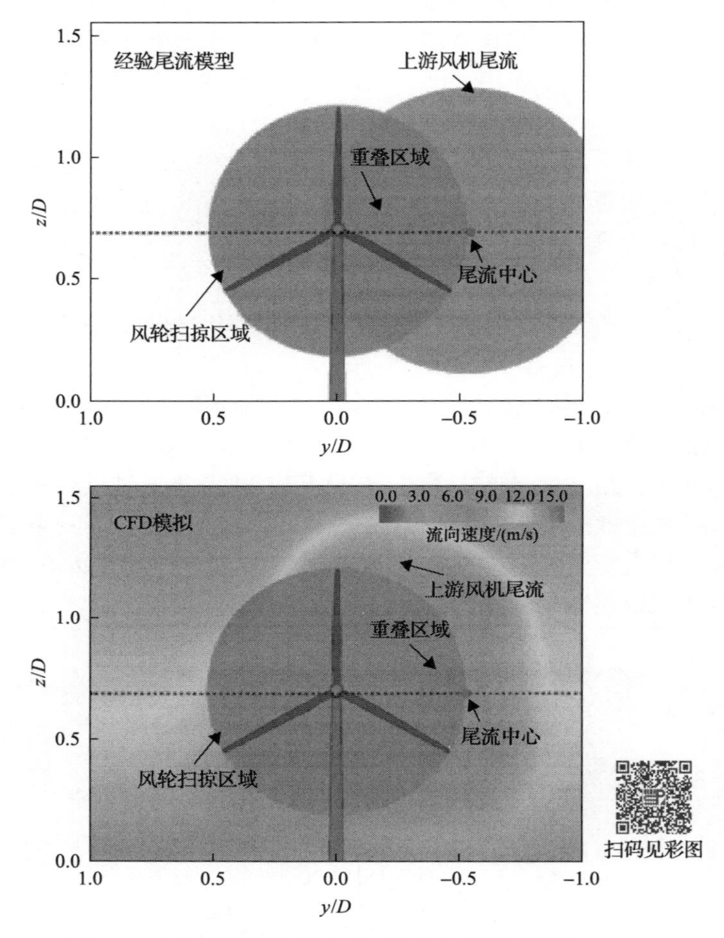

图 1-4　上游偏航机组尾流对下游机组的影响[152]

学者们尝试将偏航协同控制应用于更多的风电机组。Park 和 Law 采用了基于贝叶斯上升算法的数据驱动方法，通过实时控制风电机组的俯仰角和偏航角对串列 4 台机组进行协同控制，数值仿真结果显示，该方法可使总功率提高约 27%[149]。Bastankhah 和 Porté-Agel 通过风洞实验对 5 台串列风电机组偏航协同控制进行了研究，他们发现，在最优偏航控制方案中，风电机组的偏航角会随流向逐步减小至 0°，发电量提升可高达 17%[30,150,151]。

Howland 等[33]首次通过现场实验对 6 台串列风电机组偏航协同控制进行了研究，结果表明入流风速在接近平均风速时功率可提升 7%～13%，而在夜间，同样风向、低风速时功率可提升 28%～47%。

图 1-5 所示为串列机组偏航协同控制现场实验结果，结果表明，偏航协同优化可以明显提高串列机组的总功率。

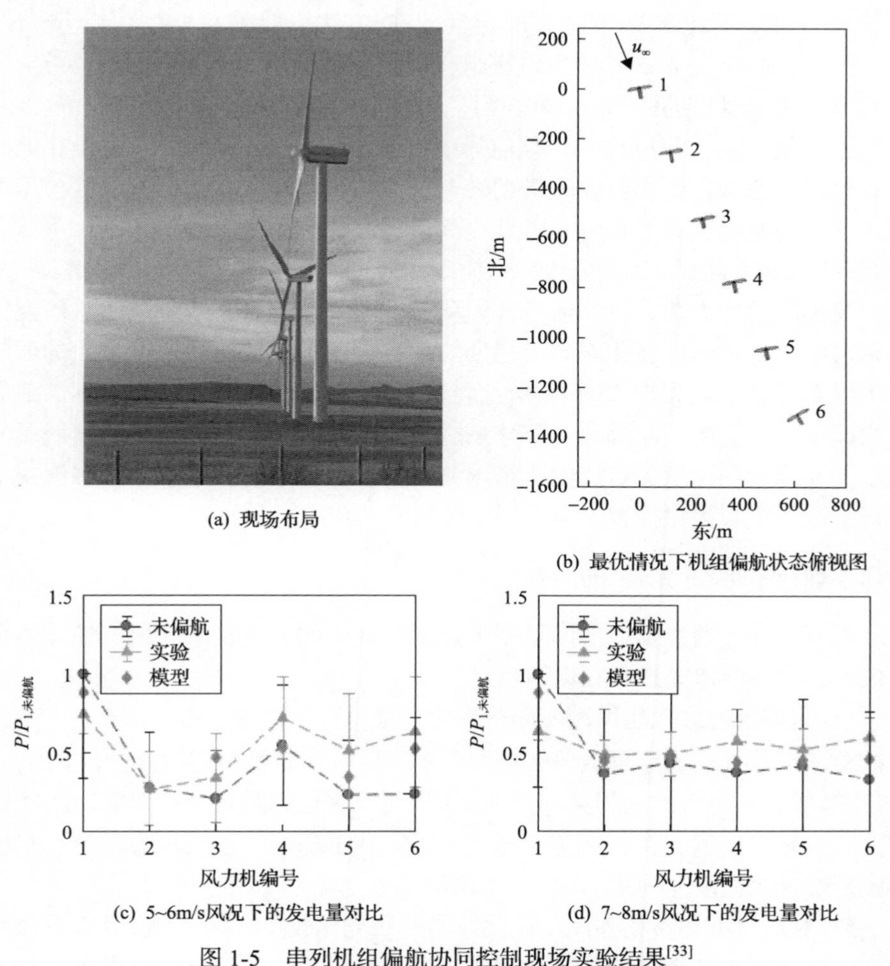

(a) 现场布局

(b) 最优情况下机组偏航状态俯视图

(c) 5~6m/s风况下的发电量对比

(d) 7~8m/s风况下的发电量对比

图 1-5　串列机组偏航协同控制现场实验结果[33]

u_∞ -入流风速；P-风电机组功率；$P_{1,未偏航}$-1 号风电机组未偏航状态下的发电量

1.4.2　阵列风电机组偏航协同控制研究进展

Gebraad 等[153]通过大涡模拟对 3 行×2 列风电机组阵列偏航协同控制进行了数值仿真，结果显示，偏航协同控制可以使风电场的发电量增加 13%，并显著减少多数风电机组的疲劳载荷。Archer 和 Vasel-Be-Hagh[32]进一步通过大涡模拟对某个实际风电场的 28 台风电机组协同控制进行了研究，结果发

现，由于科氏力的作用，在北半球正的偏航角可增大整场发电量，当前排风电机组偏航角为 20°，而后排风电机组偏航角为 10°时，控制效果最佳。

2018 年，缪维跑等[154]通过非定常 CFD 方法模拟在大气边界层影响下 2 台串列布置的全尺寸 5MW 风电机组，研究上游风电机组尾迹的偏移效应及其对下游风电机组的影响。结果表明，上游风电机组偏航 30°可有效提高风场全局发电量；速度场分析显示，偏航风电机组的尾迹在传播过程中逐渐扭曲，尽管尾迹中心偏移距离与经验模型吻合，但功率曲线表明该尾迹经验模型可能低估了偏航尾迹对下游风电机组的影响。清华大学的窦秉政、Guala 等联合研究[155]，在风洞中以小型风电机组模型为研究对象，采用变叶尖速比、变桨距、变偏航角的方法，对尾流特性和尾流空间演化进行了系统的实验研究。结果表明，桨距角的变化对尾流速度的影响大于叶尖速比，风电机组的偏航角不仅会导致功率和推力的下降，而且还会导致尾迹的偏移和不对称。他们利用速度最小值的空间分布对偏移量进行了定量分析，提出了新的偏航尾流模型，较好地预测了偏航风电机组尾流的偏转。随后他们采用所提尾流模型进行了偏航协同优化控制，得到了比较明显的功率提升效果。

1.4.3 现存不足和待研究的问题

可以看到，通过偏航协同控制可显著提升串列风电机组和风电场总体发电效率，但目前研究还存在以下不足：

(1) 目前研究多采用风洞实验或者数值模拟，计算或实验成本高，大多通过枚举或经验方式确定机组偏航角，没有对偏航控制策略进行充分优化。

(2) 机组间尾流的偏移量和推力系数、尾流膨胀系数及机组流向间距密切相关，但现有研究大多在特定工况下开展，缺少适用于不同推力系数、尾流膨胀系数及机组流向间距的偏航控制策略。

(3) 对于风电场整场各风向优化策略的研究比较少，少有的研究也只针对阵列风电场内的几个风向展开优化，而这些风向下，风电机组呈现出多行串列的排布形式。

1.5 城市风电与城市街区的相互影响研究进展

1.5.1 城市中的风力发电机

城市风电是分布式能源的重要组成部分，目前已经有了快速的发展和应用。安装在城市中的风电机组可以分为三类，即建筑集成风电机组、安装在建筑屋顶的风电机组和空旷区域的风电机组[156]。

城市新建筑设计的趋势正经历着从减少能源消耗到通过可持续设计从而产生部分能源的转变，集成风电机组主要适宜于高层建筑，目前已经有大量的工程应用。2008 年落成的巴林世界贸易中心是世界上首座将风力发电机与大楼融为一体的超高层建筑，两座楼体之间支撑着三台直径 29m 的风力发电机，其充分利用海湾风和狭管效应，产生了其每年所需电力的 11%～15%，大大减少了碳排放[157]；迪拜利亚德的能量塔顶部集成先进的 Darrieus 风电机组，同时配备其他的能量节约、生产和存储设备，实现了能源的自给自足；美国旧金山的跨湾运输中心，其谐波风电机组安装在高层楼顶，产生的电能用于塔顶照明；中国广州的珠江大厦内部集成了两个垂直轴风电机组，利用建筑的空气动力学结构设计将风引导至风力发电机位置，推动风电机组发电，为建筑物的供暖、通风和空调系统供能；伦敦某城堡顶部三台直径 9m 的风力发电机嵌入建筑结构内部，风轮与主风向对齐，产生的电力用于城堡照明[156,158]。城市建筑集成风电机组产生的电力自给自消，建筑的阻塞效应、狭管效应使来流风速增大，增加了风电机组的功率输出，减小了远距离电力输送的损耗，同时省去了塔筒结构，减少了成本投入，因此被广泛纳入城市的建筑设计中。

除了建筑集成风电机组外，还有很多安装在城市建筑屋顶和街区周围的风电机组，例如，在都柏林圣殿酒吧屋顶安装有三台直径 3.2m 的 Bergey 风电机组(额定功率 1.5kW，额定速度 12m/s)，通过安装橡胶座和固定拉杆加重来改变共振频率，解决振动问题，与太阳能电池板配合给电池充电；位于英格兰东北部达勒姆郡的 15 座常规平顶建筑屋顶安装了多台功率 500W 的风电机组，用于建筑供电；位于格斯拉灯塔大厦的管道式风电机组由思克莱德大学研发而成，该设计有一个 90°弯曲的管道，入口与建筑物的壁面成一直线，出口位于建筑屋顶，理论输出功率为每年 205kWh[156]。城市建筑屋顶风电机组与太阳能电池板互补，产生的电能可自产自用，近年来在绿色城市建设、改善城市空气质量上起到了一定作用。

虽然风电机组在城市中已经得到了一定的应用，但城市中小型风电机组功率特性的研究目前还处于探索阶段，其中 Micallef 等[159]采用 RANS 方法研究了单个建筑对不同轮毂高度屋顶风电机组输出功率的影响，发现当轮毂高度高于 1.3 h_b (h_b 是建筑物高度)时，风电机组的输出功率大于单独风机时的输出功率，且轮毂高度从 1.3 h_b～1.7 h_b，风电机组功率持续增大；Victor 等[160]研究了建筑对屋顶上垂直轴风电机组性能的影响，发现安装在建筑边缘和远离边缘的风电机组，其风能利用系数显著增加，输出功率增大，但边缘处湍流强度大，输出功率波动大；Lee 等[161]采用 1min 时间间隔的湍流强度测量数据和输出功率数据研究了湍流强度对建筑屋顶上垂直轴风电机组输出功率的影响，发现湍流强度与风电机组功率波动呈正相关。

1.5.2　城市大气流动相关研究进展

城市大气环境是集中天、地、生相互作用的复杂生态系统，是一种在复杂地面几何边界条件下跨尺度、多物理过程的复杂湍流运动[162]。根据空间尺度的不同，Collier[163]将城市大气运动划分为城市区域尺度、小区尺度和街区尺度三个不同尺度的大气流动，如图 1-6 所示。

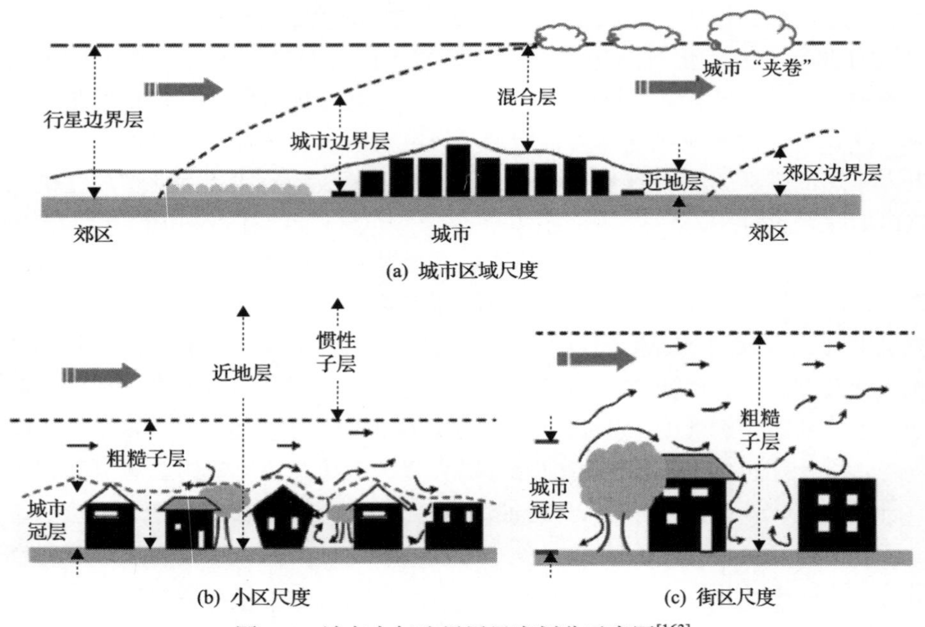

图 1-6　城市大气边界层尺度划分示意图[163]

城市街区风能资源主要由城市冠层内空气流动产生，它受城市尺度大气运动控制，同时又和城市小尺度复杂地表密切相关，如由于地表的非均匀性，在建筑群和绿地间可产生局部环流等复杂湍流运动。人们对城市环境局部影响研究多集中于植被。Abreu-Harbich 等[164]采用长期实地测量的方法研究了不同种类植被对热舒适度的影响，结果发现树的尺寸、形状、树干、渗透率都会对城市的热舒适度产生影响。Wang 等[165]和 Mullaney 等[166]发现城市树木和草坪可以改善气候，但也会影响污染物的扩散、产生树影效应等。Li 和 Wang[167]通过大涡模拟研究发现，高树可显著改变城市边界层的上抛下扫运动，抑制高动量流体的向下输运。这一结论进一步获得了 Parlange 等[168]的支持，他们发现植被降低了大气边界层湍流输运强度，显著减少了城市冠层的平均动能。

此外，在城市街区中，由于建筑或建筑群的阻塞作用，街区建筑周围的风资源分布会发生显著改变。大量研究表明，楼顶风电机组是实现建筑可再生能源利用的有效解决方案[169]。Abohela 等[170]对方形、山形、楔形、拱形、棱柱形、半球形屋顶周围流动进行了数值仿真，结果发现，不同类型的建筑屋顶均出现了加速特征。Walker[171]进一步指出，当风绕过具有脊线形状的建筑屋顶时，建筑上方加速效果强，屋顶脊线上方的速度最大。Mertens[172]发现当风绕过平坦屋顶建筑时，由于建筑物两侧的气流上升，屋顶上方中部的风资源最好，风能密度最高；但由于建筑的扰动作用，当轮毂高度小于 $1.3h_b$（h_b 为建筑物高度）时，湍流强度较大，对机组疲劳寿命不利[169]。Heath 等[173]研究了 gabled 形屋顶的建筑群流动，结果发现处于阵列中的建筑上方由于周围屋顶的遮挡作用，几乎不加速；但 Cheng 和 Porté-Agel[174]研究发现对于平坦屋顶建筑群流动，阵列中的建筑上方仍具有显著加速效应。对于高度不等的密集建筑群，Balduzzi 等[175]的研究发现，周围建筑高度、建筑间距对嵌入式建筑流动具有显著影响，在特定建筑布局下，由于“坡道效应”，高层嵌入式建筑屋顶上方风速加大。

目前针对城市风电与城市街区的相互影响的研究还比较缺乏，但城市街区是一种典型的复杂地形，与其他复杂地形（如二维山、三维山等）对风电机组尾流演化的影响有共同之处。下面将对复杂地形下风电机组尾流演化的研究进展进行简要介绍。Santoni 等[176]采用大涡模拟方法，对位于波浪形壁面波峰和波谷的风电机组开展了数值研究，发现波浪形壁面造成的压力梯度变化对风电机组的尾流速度恢复具有重要作用。当风电机组位于波峰时，塔筒后方的再循环区范围大于平滑壁面条件下塔筒后方的范围；而当风电机组位于波谷时，有利压力梯度使更多的流体进入风电机组尾流，促进了尾流速度恢复。Tian 等[177]通过大气边界层风洞实验研究了单个二维高斯形状山丘和风电机组的相互作用，结果发现，山顶是最佳的布机点，其速度大，湍流小，相比于平坦地形，上游风电机组对位于山顶上风电机组的尾流影响显著降低；此外，当风电机组位于山体后方时，相比于平缓山体，陡峭山体后方的风电机组速度变化基本不受山体前方风电机组尾流的影响，但承受极端风载荷的可能性大。Shamsoddin 和 Porté-Agel[178]研究了二维山体绕流，发现当风电机组布置于山体前方时，受山体阻挡作用，风电机组尾流被显著抬升，山体迎风侧湍流强度明显降低；同时，考虑压力梯度的影响，迎风侧有利压力梯度促进了尾流速度恢复，背风侧的不利压力梯度则使尾流恢复减速；同时，还对风电机组相对山体的不同位置进行了参数化研究，进一步阐明了山丘引起的压力梯度对风电机组尾流恢复的影响，为风电机组在山体周围的安装提供了参考。Howard 等[179]采用实验方法对三维正弦山后方风电机组电压波动情况进行了研究，结果发现，在入流边界层湍流结构作用下，高湍流使风电电压波动显著增加；Yang 等[180]对放置在山体后方风电机组的尾流特性进行了研究，发现山丘产生的高湍流使得风电机组尾流的恢复速率加快，且距山体越近，尾流恢复速度越快，但同时风电机组所受的疲劳载荷越大。国内端和平、左薇等[181-185]也对三维山体绕流进行了研究，为复杂地形风电机组尾流演化研究和风电机组排布提供了一定的理论和数据支持。

1.5.3 现存不足和待研究的问题

基于上述研究进展的概述，可以认识到人们对城市风电和城市环境的相互作用还不够清楚，对于典型的复杂地形，研究多集中于二维山体或三维山体，对风电机组尾流在城市街区的演化规律还不清楚，但可以借鉴山体与风电机组相互作用的研究方法建立风电机组与城市街区的组合模型研究城市街区对风电机组尾流演化及出力特性的影响，揭示城市地形条件下风电机组尾流演化机理。

随着城市风电的发展，街区周围风电机组和屋顶风电机组与街区流动会发生相互作用，必将对城市环境产生显著影响，因此亟须开展相关研究。

本章小结

本章概述了风电场多尺度流动的主要特征，介绍了本领域的主要研究方法，并针对风电机组尾流解析模型、风电场边界层模型及其应用、风电场偏航协同控制及城市风电与城市街区的相互影响等领域的研究进展做了专节论述。

参考文献

[1] 周亚敏. 以碳达峰与碳中和目标促我国产业链转型升级[J]. 中国发展观察, 2021(Z1): 56-58.

[2] 杜祥琬, 冯丽妃. 碳达峰与碳中和引领能源革命[N]. 中国科学报, 2020-12-22(1).

[3] 张运洲, 代红才, 吴潇雨, 等. 中国综合能源服务发展趋势与关键问题[J]. 中国电力, 2021, 54(2): 1-10.

[4] Renewable Capacity Statistics 2021[R]. Abu Dhabi: International Renewable Energy Agency(IRENA), 2021.

[5] 王秀强. 朝阳之晖, 与时并明: 2020年中国风电行业回顾与展望[J]. 能源, 2021(2): 60-65.

[6] 郭海涛, 刘力, 王静怡. 2020年中国能源政策回顾与2021年调整方向研判[J]. 国际石油经济, 2021, 29(2): 53-61.

[7] 邹才能, 熊波, 薛华庆, 等. 新能源在碳中和中的地位与作用[J]. 石油勘探与开发, 2021, 48(2): 411-420.

[8] Vermeer L J, Sørensen J N, Crespo A. Wind turbine wake aerodynamics[J]. Progress in Aerospace Sciences, 2003, 39(6-7): 467-510.

[9] Ivanell S, Mikkelsen R, Sørensen J N, et al. Stability analysis of the tip vortices of a wind turbine[J]. Wind Energy, 2010, 13(8): 705-715.

[10] Medici D, Alfredsson P H. Measurements behind model wind turbines: Further evidence of wake meandering[J]. Wind Energy, 2008, 11(2): 211-217.

[11] Larsen G C, Madsen H A, Thomsen K, et al. Wake meandering: A pragmatic approach[J]. Wind Energy, 2008, 11(4): 377-395.

[12] Espana G, Aubrun S, Loyer S, et al. Spatial study of the wake meandering using modelled wind turbines in a wind tunnel[J]. Wind Energy, 2011, 14(7): 923-937.

[13] Howard K B, Singh A, Sotiropoulos F, et al. On the statistics of wind turbine wake meandering: An experimental investigation[J]. Physics of Fluids, 2015, 27(7): 075103.

[14] Archer C L, Vasel-Be-Hagh A, Yan C, et al. Review and evaluation of wake loss models for wind energy applications[J]. Applied Energy, 2018(226): 1187-1207.

[15] Barthelmie R J, Pryor S C, Frandsen S T, et al. Quantifying the impact of wind turbine wakes on power output at offshore wind farms[J]. Journal of Atmospheric and Oceanic Technology, 2010, 27(8): 1302-1317.

[16] Thomsen K, Madsen H A, Larsen G C, et al. Comparison of methods for load simulation for wind turbines operating in wake[C]//Journal of Physics: Conference Series. London: IOP Publishing, 2007, 75(1): 012072.

[17] Liu F, Ju X, Wang N, et al. Wind farm macro-siting optimization with insightful bicriteria identification and relocation mechanism in genetic algorithm[J]. Energy Conversion and Management, 2020(217): 112964.

[18] Wilson D, Rodrigues S, Segura C, et al. Evolutionary computation for wind farm layout optimization[J]. Renewable Energy, 2018(126): 681-691.

[19] Mahulja S, Larsen G C, Elham A. Engineering an optimal wind farm using surrogate models[J]. Wind Energy, 2018, 21(12): 1296-1308.

[20] Bansal J C, Farswan P. Wind farm layout using biogeography based optimization[J]. Renewable Energy, 2017(107): 386-402.

[21] Gualtieri G. Comparative analysis and improvement of grid-based wind farm layout optimization[J]. Energy Conversion and Management, 2020(208): 112593.

[22] Stanley A P J, Ning A, Dykes K. Optimization of turbine design in wind farms with multiple hub heights, using exact analytic gradients and structural constraints[J]. Wind Energy, 2019, 22(5): 605-619.

[23] Cruz L E B, Carmo B S. Wind farm layout optimization based on CFD simulations[J]. Journal of the Brazilian Society of Mechanical Sciences and Engineering, 2020, 42(8): 1-18.

[24] Kuo J Y J, Romero D A, Beck J C, et al. Wind farm layout optimization on complex terrains–Integrating a CFD wake model with mixed-integer programming[J]. Applied Energy, 2016(178): 404-414.

[25] Wu Y T, Lin C Y, Chang T J. Effects of inflow turbulence intensity and turbine arrangements on the power generation efficiency of large wind farms[J]. Wind Energy, 2020, 23(7): 1640-1655.

[26] Bastankhah M, Porté-Agel F. Experimental and theoretical study of wind turbine wakes in yawed conditions[J]. Journal of Fluid Mechanics, 2016(806): 506-541.

[27] Marathe N, Swift A, Hirth B, et al. Characterizing power performance and wake of a wind turbine under yaw and blade pitch[J]. Wind Energy, 2016, 19(5): 963-978.

[28] Park J, Law K H. Cooperative wind turbine control for maximizing wind farm power using sequential convex programming[J]. Energy Conversion and Management, 2015(101): 295-316.

[29] Bartl J, Mühle F, Stran L. Wind tunnel study on power and loads optimization of two yaw-controlled model wind turbines[J]. Wind Energy Science, 2018, 3(2): 489-502.

[30] Bastankhah M, Porté-Agel F. Wind farm power optimization via yaw angle control: A wind tunnel study[J]. Journal of Renewable and Sustainable Energy, 2019, 11(2): 023301.

[31] Fleming P, King J, Dykes K, et al. Initial results from a field campaign of wake steering applied at a commercial wind farm–Part 1[J]. Wind Energy Science, 2019, 4(2): 273-285.

[32] Archer C L, Vasel-Be-Hagh A. Wake steering via yaw control in multi-turbine wind farms: Recommendations based on large-eddy simulation[J]. Sustainable Energy Technologies and Assessments, 2019(33): 34-43.

[33] Howland M F, Lele S K, Dabiri J O. Wind farm power optimization through wake steering[J]. Proceedings of the National Academy of Sciences, 2019, 116(29): 14495-14500.

[34] Qian G W, Ishihara T. Wind farm power maximization through wake steering with a new multiple wake model for prediction of turbulence intensity[J]. Energy, 2021(220): 119680.

[35] Dou B, Qu T, Lei L, et al. Optimization of wind turbine yaw angles in a wind farm using a three-dimensional yawed wake model[J]. Energy, 2020(209): 118415.

[36] Liu Z, Peng J, Hua X, et al. Wind farm optimization considering non-uniformly distributed turbulence intensity[J]. Sustainable Energy Technologies and Assessments, 2021(43): 100970.

[37] Porté-Agel F, Bastankhah M, Shamsoddin S. Wind-turbine and wind-farm flows: A review[J]. Boundary-Layer Meteorology, 2020, 174(1): 1-59.

[38] Li Y, Kalnay E, Motesharrei S, et al. Climate model shows large-scale wind and solar farms in the Sahara increase rain and vegetation[J]. Science, 2018, 361(6406): 1019-1022.

[39] Hansen M O L. 风电机组空气动力学[M]. 肖劲松，译. 北京：中国电力出版社, 2009.

[40] Schepers J G, Brand A J, Bruining A, et al. Final report of IEA Annex XVIII: Enhanced field rotor aerodynamics database[R]. Energy Research Center of the Netherlands, 2002.

[41] Madsen H A, Bak C, Paulsen U S, et al. The DAN-AERO MW experiments. Final report[R].Roskilde: Risø National Laboratory, 2010.

[42] Barthelmie R J, Pryor S C. An overview of data for wake model evaluation in the Virtual Wakes Laboratory[J]. Applied energy, 2013(104): 834-844.

[43] Taylor G J. Wake measurements on the Nibe turbines in Denmark[R]. Copenhagen: National Power Technology and Environment Centre, 1990.

[44] Hansen K S, Madsen P H, Nielsen P. Evaluation of test results from the two Danish Nibe turbines[C]. European Wind Energy Association Conference and Exhibition, 1987: 347-353.

[45] Troldborg N, Sørensen J N, Mikkelsen R, et al. A simple atmospheric boundary layer model applied to large eddy simulations of wind turbine wakes[J]. Wind Energy, 2014, 17(4): 657-669.

[46] van der Laan M P, Sørensen N N, Réthoré P E, et al. An improved k-ϵ model applied to a wind turbine wake in atmospheric turbulence[J]. Wind Energy, 2015, 18(5): 889-907.

[47] Cleijne J W. Results of sexbierum wind farm: Single wake measurements[R]. Apeldoorn: The Netherlands Organization, 1993.

[48] Cleijne J W. Results of sexbierum wind farm: Double wake measurements[R]. Apeldoorn: The Netherlands Organization, 1992.

[49] Schepers J G, Obdam T S, Prospathopoulos J. Analysis of wake measurements from the ECN wind turbine test site wieringermeer, EWTW[J]. Wind Energy, 2012, 15(4): 575-591.

[50] Peña A, Réthoré P E, van der Laan M P. On the application of the Jensen wake model using a turbulence-dependent wake decay coefficient: The Sexbierum case[J]. Wind Energy, 2016, 19(4): 763-776.

[51] Machefaux E, Larsen G C, Troldborg N, et al. Single wake meandering, advection and expansion-An analysis using an adapted pulsed lidar and CFD LES-ACL simulations[C]//European Wind Energy Conference & Exhibition 2013. Brussels: European Wind Energy Association(EWEA), 2013.

[52] Rettenmeier A, Bischoff O, Hofsäß M, et al. Wind field analyses using a nacelle-based lidar system[C]// Brussels: European Wind Energy Conference, 2010.

[53] Machefaux E, Larsen G C, Koblitz T, et al. An experimental and numerical study of the atmospheric stability impact on wind turbine wakes[J]. Wind Energy, 2016, 19(10): 1785-1805.

[54] Hand M M, Simms D A, Fingersh L J, et al. Unsteady aerodynamics experiment phase VI: Wind tunnel test configurations and available data campaigns[R]. Golden: National Renewable Energy Lab., 2001.

[55] Snel H, Schepers J G, Montgomerie B. The MEXICO project (Model Experiments in Controlled Conditions): The database and first results of data processing and interpretation[C]//Journal of Physics: Conference Series. London: IOP Publishing, 2007, 75(1): 012014.

[56] 肖京平, 陈立, 许波峰, 等. 1.5MW 风电机组气动性能研究[J]. 空气动力学学报, 2011, 29(4): 529-534.

[57] Krogstad P Å, Eriksen P E. “Blind test” calculations of the performance and wake development for a model wind turbine[J]. Renewable Energy, 2013(50): 325-333.

[58] Pierella F, Krogstad P Å, Sætran L. Blind test 2 calculations for two in-line model wind turbines where the downstream turbine operates at various rotational speeds[J]. Renewable Energy, 2014(70): 62-77.

[59] Krogstad P Å, Sætran L, Adaramola M S. “Blind Test 3” calculations of the performance and wake development behind two in-line and offset model wind turbines[J]. Journal of Fluids and Structures, 2015(52): 65-80.

[60] Schlez W, Tindal A, Quarton D. GH wind farmer validation report[R]. Bristol: Garrad Hassan and Partners Ltd, 2003.

[61] Blaas M, Corten G P, Schaak P. TNO boundary layer tunnel. Quality of velocity profiles[R]. Petten: Energy Research Center of the Netherlands, 2005.

[62] Corten G P, Hegberg T, Schaak P. Turbine interaction in large offshore wind farms wind tunnel measurements[R]. Petten: Energy Research Center of the Netherlands, 2004.

[63] Bastankhah M, Porté-Agel F. A wind-tunnel investigation of wind-turbine wakes in yawed conditions[C]// Journal of Physics: Conference Series. London: IOP Publishing, 2015, 625(1): 012014.

[64] Barlas E, Buckingham S, van Beeck J. Roughness effects on wind-turbine wake dynamics in a boundary-layer wind tunnel[J]. Boundary-Layer Meteorology, 2016, 158(1): 27-42.

[65] Chamorro L P, Porté-Agel F. Effects of thermal stability and incoming boundary-layer flow characteristics on wind-turbine wakes: A wind-tunnel study[J]. Boundary-Layer Meteorology, 2010, 136(3): 515-533.

[66] Zhang W, Markfort C D, Porté-Agel F. Wind-turbine wakes in a convective boundary layer: A wind-tunnel study[J]. Boundary-Layer Meteorology, 2013, 146(2): 161-179.

[67] Bastankhah M, Porté-Agel F. Wind tunnel investigation of wind-turbine wakes[J]. Boundary-Layer Meteorology, 2009, 132(1):129-149.

[68] Espana G, Aubrun S, Loyer S, et al. Wind tunnel study of the wake meandering downstream of a modelled wind turbine as an effect of large scale turbulent eddies[J]. Journal of Wind Engineering and Industrial Aerodynamics, 2012(101): 24-33.

[69] Hancock P E, Zhang S. A wind-tunnel simulation of the wake of a large wind turbine in a weakly unstable boundary layer[J]. Boundary-Layer Meteorology, 2015, 156(3): 395-413.

[70] Hancock P E, Pascheke F. Wind-tunnel simulation of the wake of a large wind turbine in a stable boundary layer. Part 1: The boundary-layer simulation[J]. Boundary-Layer Meteorology, 2014, 151(1): 3-21.

[71] Hancock P E, Pascheke F. Wind-tunnel simulation of the wake of a large wind turbine in a stable boundary layer: Part 2, the wake flow[J]. Boundary-Layer Meteorology, 2014, 151(1): 23-37.

[72] Hancock P E, Farr T D. Wind-tunnel simulations of wind-turbine arrays in neutral and non-neutral winds[C]//Journal of Physics: Conference Series. London: IOP Publishing, 2014, 524(1): 012166.

[73] Hendriks B. Tunnel experiments, full scale experiments, scale farm[R]. Petten: The Dutch Wind Workshops, 2006.

[74] Sanderse B, van der Pijl S P, Koren B. Review of computational fluid dynamics for wind turbine wake aerodynamics[J]. Wind energy, 2011, 14(7): 799-819.

[75] Moin P, Moser R D. Characteristic-eddy decomposition of turbulence in a channel[J]. Journal of Fluid Mechanics, 1989(200): 471-509.

[76] Shaw R H, Schumann U. Large-eddy simulation of turbulent flow above and within a forest[J]. Boundary-Layer Meteorology, 1992, 61(1): 47-64.

[77] Jimenez A, Crespo A, Migoya E, et al. Advances in large-eddy simulation of a wind turbine wake[C]//Journal of Physics: Conference Series. London: IOP Publishing, 2007, 75(1): 012041.

[78] Jimenez A, Crespo A, Migoya E, et al. Large-eddy simulation of spectral coherence in a wind turbine wake[J]. Environmental Research Letters, 2008, 3(1): 015004.

[79] Jiménez Á, Crespo A, Migoya E. Application of a LES technique to characterize the wake deflection of a wind turbine in yaw[J]. Wind energy, 2010, 13(6): 559-572.

[80] Troldborg N, Sørensen J N, Mikkelsen R. Actuator line simulation of wake of wind turbine operating in turbulent inflow[C]//Journal of Physics: Conference Series. London: IOP Publishing, 2007, 75(1): 012063.

[81] Troldborg N, Sorensen J N, Mikkelsen R. Numerical simulations of wake characteristics of a wind turbine in uniform inflow[J]. Wind Energy, 2010, 13(1): 86-99.

[82] Ivanell S, Sørensen J N, Henningson D. Numerical Computations of Wind Turbine Wakes[M]//Berlin: Springer, 2007.

[83] Wu Y T, Porté-Agel F. Large-eddy simulation of wind-turbine wakes: Evaluation of turbine parametrisations[J]. Boundary-Layer Meteorology, 2011, 138(3): 345-366.

[84] Wu Y T, Porté-Agel F. Atmospheric turbulence effects on wind-turbine wakes: An LES study[J]. Energies, 2012, 5(12): 5340-5362.

[85] Wu Y T, Porté-Agel F. Simulation of turbulent flow inside and above wind farms: Model validation and layout effects[J]. Boundary-Layer Meteorology, 2013, 146(2): 181-205.

[86] Porté-Agel F, Lu H, Wu Y T. Interaction between large wind farms and the atmospheric boundary layer[J]. Procedia Iutam, 2014(10): 307-318.

[87] Wu Y T, Porté-Agel F. Modeling turbine wakes and power losses within a wind farm using LES: An application to the Horns Rev offshore wind farm[J]. Renewable Energy, 2015(75): 945-955.

[88] Abkar M, Porté-Agel F. Influence of atmospheric stability on wind-turbine wakes: A large-eddy simulation study[J]. Physics of Fluids, 2015, 27(3): 035104.

[89] Abkar M, Porté-Agel F. Influence of the Coriolis force on the structure and evolution of wind turbine wakes[J]. Physical Review Fluids, 2016, 1(6): 063701.

[90] Calaf M, Meneveau C, Meyers J. Large eddy simulation study of fully developed wind-turbine array boundary layers[J]. Physics of Fluids, 2010, 22(1): 015110.

[91] Calaf M, Parlange M B, Meneveau C. Large eddy simulation study of scalar transport in fully developed wind-turbine array boundary layers[J]. Physics of Fluids, 2011, 23(12): 126603.

[92] Calaf M, Meneveau C, Parlange M. Large Eddy Simulation Study of a Fully Developed Thermal Wind-Turbine Array Boundary Layer[M]. Dordrecht: Springer, 2011: 239-244.

[93] Meyers J, Meneveau C. Large eddy simulations of large wind-turbine arrays in the atmospheric boundary layer[C]//48th AIAA Aerospace Sciences Meeting Including the New Horizons Forum and Aerospace Exposition, Orlando, 2010: 827.

[94] Archer C L, Mirzaeisefat S, Lee S. Quantifying the sensitivity of wind farm performance to array layout options using large-eddy simulation[J]. Geophysical Research Letters, 2013, 40(18): 4963-4970.

[95] Wußow S, Sitzki L, Hahm T. 3D-simulation of the turbulent wake behind a wind turbine[C]//Journal of Physics: Conference Series. London: IOP Publishing, 2007, 75(1): 012033.

[96] Zhong H, Du P, Tang F, et al. Lagrangian dynamic large-eddy simulation of wind turbine near wakes combined with an actuator line method[J]. Applied Energy, 2015(144): 224-233.

[97] Porté-Agel F, Wu Y T, Lu H, et al. Large-eddy simulation of atmospheric boundary layer flow through wind turbines and wind farms[J]. Journal of Wind Engineering and Industrial Aerodynamics, 2011, 99(4):

154-168.

[98] Jensen N O. A note on wind generator interaction[R]. Roskilde: Risø National Laboratory, 1983.

[99] Katic I, Højstrup J, Jensen N O. A simple model for cluster efficiency[C]//European Wind Energy Association Conference and Exhibition, Amsterdam, 1986(1): 407-410.

[100] Tian L, Zhu W, Shen W, et al. Development and validation of a new two-dimensional wake model for wind turbine wakes[J]. Journal of Wind Engineering and Industrial Aerodynamics, 2015(137): 90-99.

[101] Gao X, Yang H, Lu L. Optimization of wind turbine layout position in a wind farm using a newly-developed two-dimensional wake model[J]. Applied Energy, 2016(174): 192-200.

[102] Frandsen S, Barthelmie R, Pryor S, et al. Analytical modelling of wind speed deficit in large offshore wind farms[J]. Wind Energy, 2006, 9(1-2): 39-53.

[103] Bastankhah M, Porté-Agel F. A new analytical model for wind-turbine wakes[J]. Renewable Energy, 2014(70): 116-123.

[104] Xie S, Archer C. Self-similarity and turbulence characteristics of wind turbine wakes via large-eddy simulation[J]. Wind Energy, 2015, 18(10): 1815-1838.

[105] Ishihara T, Yamaguchi A, Fujino Y. Development of a new wake model based on a wind tunnel experiment[J]. Global Wind Power, 2004, 105(1): 33-45.

[106] Lissaman P B S. Energy effectiveness of arbitrary arrays of wind turbines[J]. Journal of Energy, 1979, 3(6): 323-328.

[107] Abramovich G N, Girshovich T A, Krasheninnikov S I, et al. The Theory of Turbulent Jets[M]. Moscow: Moscow Izdatel Nauka, 1984.

[108] Faxen T, Smedman H A S, Hoegstroem U. The meteorological field project at the wind energy test site Kalkugnen, Sweden[J]. Rapporter-Meteorologiska Institutionen vid, 1978, 51: 1-27.

[109] 陈坤，贺德馨. 风电机组尾流数学模型及尾流对风电机组性能的影响研究[J]. 实验流体力学，2003, 17(1): 84-87.

[110] Crasto G, Gravdahl A R, Castellani F, et al. Wake modeling with the actuator disc concept[J]. Energy Procedia, 2012(24): 385-392.

[111] González-Longatt F, Wall P, Terzija V. Wake effect in wind farm performance: Steady-state and dynamic behavior[J]. Renewable Energy, 2012, 39(1): 329-338.

[112] Kuenzel S, Kunjumuhammed L P, Pal B C, et al. Impact of wakes on wind farm inertial response[J]. IEEE Transactions on Sustainable Energy, 2013, 5(1): 237-245.

[113] Kusiak A, Song Z. Design of wind farm layout for maximum wind energy capture[J]. Renewable Energy, 2010, 35(3): 685-694.

[114] Pérez B, Mínguez R, Guanche R. Offshore wind farm layout optimization using mathematical programming techniques[J]. Renewable Energy, 2013(53): 389-399.

[115] Feng J, Shen W Z. Design optimization of offshore wind farms with multiple types of wind turbines[J]. Applied Energy, 2017(205): 1283-1297.

[116] Vasel-Be-Hagh A, Archer C L. Wind farm hub height optimization[J]. Applied Energy, 2017(195): 905-921.

[117] Hou P, Hu W, Soltani M, et al. Combined optimization for offshore wind turbine micro siting[J]. Applied

Energy, 2017(189): 271-282.

[118] Mosetti G, Poloni C, Diviacco B. Optimization of wind turbine positioning in large windfarms by means of a genetic algorithm[J]. Journal of Wind Engineering and Industrial Aerodynamics, 1994, 51(1): 105-116.

[119] Yang J, Zhang R, Sun Q, et al. Optimal wind turbines micrositing in onshore wind farms using fuzzy genetic algorithm[J]. Mathematical Problems in Engineering, 2015(2015): 324203.

[120] Grady S A, Hussaini M Y, Abdullah M M. Placement of wind turbines using genetic algorithms[J]. Renewable Energy, 2005, 30(2): 259-270.

[121] Marmidis G, Lazarou S, Pyrgioti E. Optimal placement of wind turbines in a wind park using Monte Carlo simulation[J]. Renewable Energy, 2008, 33(7): 1455-1460.

[122] Emami A, Noghreh P. New approach on optimization in placement of wind turbines within wind farm by genetic algorithms[J]. Renewable Energy, 2010, 35(7): 1559-1564.

[123] Gao X, Yang H, Lu L. Study on offshore wind power potential and wind farm optimization in Hong Kong[J]. Applied Energy, 2014(130): 519-531.

[124] Peña A, Rathmann O. Atmospheric stability-dependent infinite wind-farm models and the wake-decay coefficient[J]. Wind Energy, 2014, 17(8): 1269-1285.

[125] Stull R B. An Introduction to Boundary Layer Meteorology[M]. Berlin: Springer, 1988.

[126] Haugland J K, Haugland D. Computing the optimal layout of a wind farm[R]. Bergen: Norsk Informatikkonferanse, 2012.

[127] Liang S, Fang Y. Analysis of the Jensen's model, the Frandsen's model and their Gaussian variations[C]// 2014 17th International Conference on Electrical Machines and Systems(ICEMS). New York: IEEE, 2014: 3213-3219.

[128] 崔岩松. 风电机组半经验尾流模型改进方法研究[D]. 北京: 华北电力大学, 2017.

[129] González J S, Rodriguez A G G, Mora J C, et al. Optimization of wind farm turbines layout using an evolutive algorithm[J]. Renewable Energy, 2010, 35(8): 1671-1681.

[130] Gonzalez J S, Payan M B, Riquelme-Santos J M. Optimization of wind farm turbine layout including decision making under risk[J]. IEEE Systems Journal, 2011, 6(1): 94-102.

[131] González J S, Rodríguez Á G G, Mora J C, et al. Overall design optimization of wind farms[J]. Renewable Energy, 2011, 36(7): 1973-1982.

[132] Niayifar A, Porté-Agel F. Analytical modeling of wind farms: A new approach for power prediction[J]. Energies, 2016, 9(9): 741.

[133] Kutzbach J E. Investigations of the modification of wind profiles by artificially controlled surface roughness[J]. Studies of the Three Dimensional Structure of the Planetary Boundary Layer, 1961: 71-113.

[134] Lettau H. Note on aerodynamic roughness-parameter estimation on the basis of roughness-element description[J]. Journal of Applied Meteorology(1962-1982), 1969, 8(5): 828-832.

[135] Templin R J. An estimation of the interaction of windmills in widespread arrays[R]. Ottawa: National Aeronautical Establishment, 1974.

[136] Newman B G. The spacing of wind turbines in large arrays[J]. Energy Conversion, 1977, 16(4): 169-171.

[137] Bossanyi E A, Whittle G E, Dunn P D, et al. The efficiency of wind turbine clusters[C]//3rd International

Symposium on Wind Energy Systems, Lyngby, 1980: 401-416.

[138] Barrie D B, Kirk-Davidoff D B. Weather response to management of a large wind turbine array[J]. Atmospheric Chemistry & Physics Discussions, 2009, 9(1): 2917-2931.

[139] Frandsen S. On the wind speed reduction in the center of large clusters of wind turbines[J]. Journal of Wind Engineering and Industrial Aerodynamics, 1992, 39(1-3): 251-265.

[140] Meneveau C. The top-down model of wind farm boundary layers and its applications[J]. Journal of Turbulence, 2012(13): N7.

[141] Yang X, Kang S, Sotiropoulos F. Computational study and modeling of turbine spacing effects in infinite aligned wind farms[J]. Physics of Fluids, 2012, 24(11): 115107.

[142] Stevens R J A M, Gayme D F, Meneveau C. Coupled wake boundary layer model of wind-farms[J]. Journal of Renewable and Sustainable Energy, 2015, 7(2): 023115.

[143] Grant I, Parkin P, Wang X. Optical vortex tracking studies of a horizontal axis wind turbine in yaw using laser-sheet, flow visualisation[J]. Experiments in Fluids, 1997, 23(6): 513-519.

[144] Grant I, Parkin P. A DPIV study of the trailing vortex elements from the blades of a horizontal axis wind turbine in yaw[J]. Experiments in Fluids, 2000, 28(4): 368-376.

[145] Howland M F, Bossuyt J, Martínez-Tossas L A, et al. Wake structure in actuator disk models of wind turbines in yaw under uniform inflow conditions[J]. Journal of Renewable and Sustainable Energy, 2016, 8(4): 043301.

[146] Fleming P, Gebraad P M O, Lee S, et al. Simulation comparison of wake mitigation control strategies for a two-turbine case[J]. Wind Energy, 2015, 18(12): 2135-2143.

[147] Fleming P A, Gebraad P M O, Lee S, et al. Evaluating techniques for redirecting turbine wakes using SOWFA[J]. Renewable Energy, 2014(70): 211-218.

[148] Adaramola M S, Krogstad P Å. Experimental investigation of wake effects on wind turbine performance[J]. Renewable Energy, 2011, 36(8): 2078-2086.

[149] Park J, Law K H. A data-driven, cooperative wind farm control to maximize the total power production[J]. Applied Energy, 2016(165): 151-165.

[150] Bastankhah M, Porté-Agel F. A wind-tunnel investigation of wind-turbine wakes in different yawed and loading conditions[R]. Vienna: EGU General Assembly, 2015.

[151] Bastankhah M, Porté-Agel F. Wind tunnel study of the wind turbine interaction with a boundary-layer flow: Upwind region, turbine performance, and wake region[J]. Physics of Fluids, 2017, 29(6): 065105.

[152] Miao W, Li C, Yang J, et al. Numerical investigation of the yawed wake and its effects on the downstream wind turbine[J]. Journal of Renewable and Sustainable Energy, 2016, 8(3): 033303.

[153] Gebraad P M O, Teeuwisse F W, van Wingerden J W, et al. Wind plant power optimization through yaw control using a parametric model for wake effects: A CFD simulation study[J]. Wind Energy, 2016, 19(1): 95-114.

[154] 缪维跑，李春，阳君. 偏航尾迹特性及对下游风电机组的影响研究[J]. 太阳能学报，2018，39(9): 2462-2469.

[155] Dou B, Guala M, Lei L, et al. Experimental investigation of the performance and wake effect of a small-scale

wind turbine in a wind tunnel[J]. Energy, 2019(166): 819-833.

[156] Beller C. Urban wind energy. State of the art 2009[R]. Roskilde: Risø National Laboratory, 2009.

[157] 郭廓, 张延鑫. 浅析风能应用在建筑规划中的意义: 以 BWTC 为例[J]. 城市建筑, 2019, 16(30): 41-42.

[158] Lu L, Ip K Y. Investigation on the feasibility and enhancement methods of wind power utilization in high-rise buildings of Hong Kong[J]. Renewable and Sustainable Energy Reviews, 2009, 13(2): 450-461.

[159] Micallef D, Sant T, Ferreira C. The influence of a cubic building on a roof mounted wind turbine[C]//Journal of Physics: Conference Series. London: IOP Publishing, 2016, 753(2): 022044.

[160] Victor S, Paraschivoiu M. Performance of a Darrieus turbine on the roof of a building[J]. Transactions of the Canadian Society for Mechanical Engineering, 2018, 42(4): 341-349.

[161] Lee K Y, Tsao S H, Tzeng C W, et al. Influence of the vertical wind and wind direction on the power output of a small vertical-axis wind turbine installed on the rooftop of a building[J]. Applied Energy, 2018(209): 383-391.

[162] Cui G X, Zhang Z S, Xu C X, et al. Research advances in large eddy simulation of urban atmospheric environment[J]. Adv Mech, 2013, 43(3): 295-328.

[163] Collier C G. The impact of urban areas on weather[J]. Quarterly Journal of the Royal Meteorological Society, 2006, 132(614): 1-25.

[164] De Abreu-Harbich L V, Labaki L C, Matzarakis A. Effect of tree planting design and tree species on human thermal comfort in the tropics[J]. Landscape and Urban Planning, 2015(138): 99-109.

[165] Wang Z H, Zhao X, Yang J, et al. Cooling and energy saving potentials of shade trees and urban lawns in a desert city[J]. Applied Energy, 2016(161): 437-444.

[166] Mullaney J, Lucke T, Trueman S J. A review of benefits and challenges in growing street trees in paved urban environments[J]. Landscape and Urban Planning, 2015(134): 157-166.

[167] Li Q, Wang Z H. Large-eddy simulation of the impact of urban trees on momentum and heat fluxes[J]. Agricultural and Forest Meteorology, 2018(255): 44-56.

[168] Parlange M B, Giometto M G, Christen A, et al. Effects of trees on momentum exchange within and above a real urban environment[C]. Vienna: EGU General Assembly, 2018.

[169] Tabrizi A B, Whale J, Lyons T, et al. Performance and safety of rooftop wind turbines: Use of CFD to gain insight into inflow conditions[J]. Renewable Energy, 2014(67): 242-251.

[170] Abohela I, Hamza N, Dudek S. Effect of roof shape, wind direction, building height and urban configuration on the energy yield and positioning of roof mounted wind turbines[J]. Renewable Energy, 2013(50): 1106-1118.

[171] Walker S L. Building mounted wind turbines and their suitability for the urban scale: A review of methods of estimating urban wind resource[J]. Energy and Buildings, 2011, 43(8): 1852-1862.

[172] Mertens S. The energy yield of roof mounted wind turbines[J]. Wind Engineering, 2003, 27(6): 507-518.

[173] Heath M A, Walshe J D, Watson S J. Estimating the potential yield of small building-mounted wind turbines[J]. Wind Energy, 2007, 10(3): 271-287.

[174] Cheng W C, Porté-Agel F. Adjustment of turbulent boundary-layer flow to idealized urban surfaces: A large-eddy simulation study[J]. Boundary-Layer Meteorology, 2015, 155(2): 249-270.

[175] Balduzzi F, Bianchini A, Ferrari L. Microeolic turbines in the built environment: Influence of the installation site on the potential energy yield[J]. Renewable Energy, 2012 (45) : 163-174.

[176] Santoni C, Ciri U, Leonardi S. Effect of topography on wind turbine power and load fluctuations[C]. Boston: APS Division of Fluid Dynamics Meeting, 2015.

[177] Tian W, Ozbay A, Yuan W, et al. An experimental study on the performances of wind turbines over complex terrain[C]//51st AIAA Aerospace Sciences Meeting Including the New Horizons Forum and Aerospace Exposition, Grapevine, 2013: 7-10.

[178] Shamsoddin S, Porté-Agel F. Wind turbine wakes over hills[J]. Journal of Fluid Mechanics, 2018 (855) : 671-702.

[179] Howard K B, Hu J S, Chamorro L P, et al. Characterizing the response of a wind turbine model under complex inflow conditions[J]. Wind Energy, 2015, 18 (4) : 729-743.

[180] Yang X, Howard K B, Guala M, et al. Effects of a three-dimensional hill on the wake characteristics of a model wind turbine[J]. Physics of Fluids, 2015, 27 (2) : 025103.

[181] 端和平, 许昌, 李林敏, 等. 基于对称山丘地形与风电机组耦合的流场数值模拟研究[J]. 可再生能源, 2019, 37 (9) : 1386-1392.

[182] 左薇, 李惠民, 芮晓明, 等. 风电场典型复杂地形的数值模拟研究[J]. 太阳能学报, 2018, 39 (11) : 3202-3208.

[183] 梁思超, 张晓东, 康顺. 复杂地形风场绕流数值模拟方法[J]. 工程热物理学报, 2011, 32 (6) : 945-948.

[184] 张德胜. 基于 OpenFOAM 的风电场流场的数值计算[D]. 北京: 华北电力大学, 2013.

[185] 毛凌志. 复杂地形风电场绕流与风电机组尾流干涉研究[D]. 北京: 华北电力大学, 2018.

第 2 章　大涡模拟方法

本章首先介绍高精度计算流体力学方法——大涡模拟，然后通过与实验结果对比对其进行验证，最后对单台风电机组及偏航状态下风电机组的尾流演化过程进行数值模拟研究。

2.1　大涡模拟方法介绍

2.1.1　控制方程

在大涡模拟方法中，通过滤波函数将流体的瞬态变量分为两个部分，即大尺度分量和小尺度分量。由于不考虑大气热力分层效应，控制方程为滤波后的连续性方程和不可压缩动量方程[1]：

$$\frac{\partial \tilde{u}_i}{\partial x_i}=0 \tag{2-1}$$

$$\frac{\partial \tilde{u}_i}{\partial t}+\tilde{u}_j\frac{\partial \tilde{u}_i}{\partial x_j}=-\frac{1}{\rho}\frac{\partial \tilde{p}^*}{\partial x_i}-\frac{\partial \tau_{ij}^d}{\partial x_j}-\frac{f_i}{\rho}+\frac{\delta_{i1}}{\rho}\frac{\partial p_\infty}{\partial x_i} \tag{2-2}$$

式中，~——$\tilde{\Delta}$ 尺度的空间过滤；

t——时间；

$x_i(x_j)$——$i(j)$=1,2,3 分别表示流向 x、展向 y 和垂直方向 z；

ρ——流体密度；

$\tilde{u}_i\,(\tilde{u}_j)$——过滤后 $i\,(j)$方向的速度场，$(\tilde{u}_1,\tilde{u}_2,\tilde{u}_3)=(\tilde{u},\tilde{v},\tilde{w})$ 是三个方向上的速度分量；

τ_{ij}——亚格子应力，$\tau_{ij}=\widetilde{u_i u_j}-\tilde{u}_i\tilde{u}_j$；

$\tilde{p}^*$——滤波后的修正压力，$\tilde{p}^*=\tilde{p}+\rho\tau_{kk}/3$，其中 $\tilde{p}$ 为施加平均压力场的压力偏差；

δ_{i1}——克罗内克函数 δ_{ij} 中 j 取 1；

τ_{ij}^{d}——亚格子偏应力，$\tau_{ij}^{d}=\tau_{ij}-\delta_{ij}\tau_{kk}/3$，可通过拉格朗日尺度相关动态模型计算（详见 2.1.2 节）；

$\dfrac{\delta_{i1}}{\rho}\dfrac{\partial p_{\infty}}{\partial x_i}$——在 x_1 方向施加的压力梯度，用以产生垂直于风轮平面的平均入流；

f_i——体积力，模拟动量方程中风电机组的影响（详见 2.1.4 节）。

由于大气边界的雷诺数很高（通常大于 10^7），分子耗散可以忽略，且没有求解近地面的黏性流动，因此在动量方程中忽略了黏性项。

2.1.2 拉格朗日动力模型

在大涡模拟中，所有大于过滤尺寸的湍流结构都可解，不可解的小尺度涡对流场的作用需要通过建模计算。亚格子应力代表小尺度涡结构对大尺度运动的影响，表征了可解尺度脉动和不可解小尺度脉动之间进行动量交换。由于在数值仿真中无法同时求出 $\tilde{u}_i$ 和 $\tilde{u}_i\tilde{u}_j$，控制方程中的亚格子应力是未知的，因此必须构造亚格子应力模型，以使方程组封闭。由此可见，建立合理的亚格子尺度模型是大涡模拟方法的关键。

目前常见的模化方法是利用 1963 年 Smagorinsky 提出的涡黏模型[2]计算亚格子应力的偏应力：

$$\tau_{ij}^{d}=\tau_{ij}-\frac{1}{3}\tau_{kk}\delta_{ij}=-2\nu_{\text{sgs}}\tilde{S}_{ij} \tag{2-3}$$

式中，$\tilde{S}_{ij}$——可解尺度湍流的应变率张量，$\tilde{S}_{ij}=(\partial\tilde{u}_i/\partial x_j+\partial\tilde{u}_j/\partial x_i)/2$，其大小为 $|\tilde{S}|=\sqrt{2\tilde{S}_{ij}\tilde{S}_{ij}}$（应变率）；

ν_{sgs}——亚格子涡黏度，一般用混合长度近似法求解，$\nu_{\text{sgs}}=C_{\text{s}}^2\tilde{\varDelta}^2|\tilde{S}|$，其中 C_{s} 为 Smagorinsky 系数。

涡黏模型概念简单，易于实施，因此得到了广泛应用。但是，获得 Smagorinsky 系数是该模型的一大难点，实际中需要不断调试以获取最优值。在各向同性的均匀湍流中，C_{s} 为常数，如果在惯性子区使用截断滤波函数，且过滤尺寸 $\tilde{\varDelta}$ 等于网格大小，那么 $C_{\text{s}}\approx 0.17$ [1]。但是，数值仿真结果和实验数据都表明，对于各向异性流动，特别是在近壁面有较大平均切变的高雷诺数大气边界层流动，C_{s} 的值应该较小。

为了改进涡黏模型，Germano[3]提出了动态 Smagorinsky 模型。该模型使用检测滤波函数 $\bar{f}$ 按照检测尺寸 $\bar{\varDelta}=\alpha\tilde{\varDelta}$（一般情况下，$\alpha=2$）进行滤波，得到可解的流动场，再求解 C_s，并假设 C_s 的值不随尺度发生变化。仿真和实验结果[4,5]表明，这种尺度不变性假设在靠近壁面处不成立，因为此处滤波尺寸落在湍流的惯性子区之外，而幂指数相关性假设则适用于求解模型系数。

尺度相关动态模型进一步改进了标准动态模型中的尺度不变性假设，C_s 由 Smagorinsky 模型中的常数转化为时间和空间的函数。为了考虑复杂的风电场尾流流动中模型系数的时空变化，本研究应用拉格朗日尺度相关动态模型[6]计算 C_s 的局部最优值。基于 Germano 的理论[3]，将误差最小化过程和式(2-3)相结合，得到：

$$C_\mathrm{s}^2\left(\tilde{\varDelta}\right)=\frac{\left\langle L_{ij}M_{ij}\right\rangle_\mathrm{L}}{\left\langle M_{ij}M_{ij}\right\rangle_\mathrm{L}} \tag{2-4}$$

式中，$\langle\cdots\rangle_\mathrm{L}$——拉格朗日平均后的物理量；

L_{ij}——伦纳德应力张量，$L_{ij}=\overline{\tilde{u}_i\tilde{u}_j}-\bar{\tilde{u}}_i\bar{\tilde{u}}_j$；

M_{ij}——$M_{ij}=2\tilde{\varDelta}^2\left(\overline{\left|\tilde{S}\right|\tilde{S}_{ij}}-\alpha^2\beta\left|\bar{\tilde{S}}\right|\bar{\tilde{S}}_{ij}\right)$。其中，$\bar{}$ 为按照检测过滤尺寸 $\bar{\varDelta}=\alpha\tilde{\varDelta}$ 进行滤波后的物理量；β 为尺寸相关系数，是检测过滤尺寸 $\alpha\tilde{\varDelta}$ 和网格过滤尺寸 $\tilde{\varDelta}$ 得到的 C_s^2 之比，即 $\beta=C_\mathrm{s}^2(\alpha\tilde{\varDelta})/C_\mathrm{s}^2(\tilde{\varDelta})$。

在尺度无关模型中，$\beta=1$；在拉格朗日尺度相关动态模型中，β 未知，需要使用二阶测量滤波函数 $\hat{f}$ 按照 $\hat{\varDelta}=\alpha^2\tilde{\varDelta}$ 尺寸进行过滤，从而通过动态计算得到 β 的值。

此外，该模型还假设模型系数和尺度呈幂指数相关，因此：

$$\beta=\frac{C_\mathrm{s}^2(\alpha\tilde{\varDelta})}{C_\mathrm{s}^2(\tilde{\varDelta})}=\frac{C_\mathrm{s}^2(\alpha^2\tilde{\varDelta})}{C_\mathrm{s}^2(\alpha\tilde{\varDelta})} \tag{2-5}$$

可以看出，这一假设的限制比 Smagorinsky 模型中的尺度无关性假设（$\beta=1$）弱得多，且经实测结果证明更符合实际情况。再次将误差最小化过程和式(2-3)结合起来，可以得到模型系数的另一个解：

$$C_\mathrm{s}^2\left(\tilde{\varDelta}\right)=\frac{\left\langle L'_{ij}M'_{ij}\right\rangle_\mathrm{L}}{\left\langle M'_{ij}M'_{ij}\right\rangle_\mathrm{L}} \tag{2-6}$$

式中，L'_{ij}——$L'_{ij} = \widehat{\tilde{u}_i \tilde{u}_j} - \hat{\tilde{u}}_i \hat{\tilde{u}}_j$；

M'_{ij}——$M'_{ij} = 2\tilde{\Delta}^2 \left(\widehat{\left|\tilde{S}\right| \tilde{S}_{ij}} - \alpha^4 \beta^2 \left|\hat{\tilde{S}}\right| \hat{\tilde{S}}_{ij} \right)$。

也就是说，在亚格子模型中，标准滤波尺寸为 $\tilde{\Delta} = (\Delta_x \Delta_y \Delta_z)^{1/3}$，尺度相关过程所需的测量滤波尺寸为 $\bar{\Delta} = 2\tilde{\Delta}$ 和 $\hat{\Delta} = 4\tilde{\Delta}$，采用谱截断滤波器完成。该模型的准确性已经得到了不同大气边界层流动仿真研究的验证[7-11]。不同平均过程(水平面、局部、拉格朗日)的对比表明，拉格朗日平均可以把自洽模型系数和一阶及二阶流动统计量很好地结合起来，且对网格分辨率的敏感度较小[9]；Wan 和 Porté-Agel 等[10,11]用该模型对简单地形的中性和稳定边界层流动进行数值计算，结果表明该模型可以动态调整 C_s 和 β 的值，使其在各项异性流动中(靠近山顶位置)较小，结果更准确；Wu 和 Porté-Agel[7]则用该模型对单台机组的中性边界层流动进行数值计算，结果显示在靠近地表和机组尾流边界处(切变较大)，动态计算得到的模型系数较小。

综上所述，基于解析尺度的局部动力学，无需调优的拉格朗日尺度相关动态模型不仅能够随着流动的时空发展动态计算涡黏性系数(C_s)，而且能够反映模型系数和尺度的相关性(β)，因此非常适合大气边界层流动的模拟计算。

2.1.3 边界条件

在本研究中，大涡模拟仿真的计算域边界条件设置如下：水平方向采用周期边界条件，计算域顶部采用垂向零速和无应力边界条件，即

$$\partial_3 \tilde{u}_{1,2} = \tilde{u}_3 = 0 \left(\frac{d\tilde{u}}{dz} = \frac{d\tilde{v}}{dz} = \tilde{w} = 0 \right) \tag{2-7}$$

计算域底部采用平衡壁面模型，底面上的垂直速度设为零。由于采用交错网格，水平速度仅存储在表面上方 $\Delta z/2$ 距离处，因此不需要设置边界条件。

为了计算每个网格点的瞬时局部表面切应力，底面采用典型的壁面应力边界条件，使用标准对数率[12]将瞬时壁面应力和第一个网格点速度联系起来。尽管这一理论仅适用于稳定均匀条件下的平均量，但是也常用于大气边界层流动中大涡模拟仿真的波动量[6]。计算得到的壁面应力如下：

$$\tau_w(x,y) = -u_*^2 = -\left[\frac{\hat{\tilde{u}}_r \kappa}{\ln(z/z_{0,\mathrm{lo}})} \right]^2 = -\left[\frac{\kappa}{\ln(z/z_{0,\mathrm{lo}})} \right]^2 (\hat{\tilde{u}}^2 + \hat{\tilde{v}}^2) \tag{2-8}$$

式中，u_*——摩擦速度；

$\hat{\tilde{u}}_{\mathrm{r}}$——第一个水平面（$z=\Delta z/2$）的局部过滤水平速度；

$\hat{\tilde{u}}$、$\hat{\tilde{v}}$——按照 2Δ 尺寸过滤速度场得到的局部平均速度；

$z_{0,\mathrm{lo}}$——空气动力学表面粗糙度；

κ——卡门常数。

将瞬时局部壁面应力划分为流向和横向两个分量：

$$\tau_{i3}\big|_w(x,y)=\tau_w(x,y)\frac{\hat{\tilde{u}}_i}{\hat{\tilde{u}}_{\mathrm{r}}}=-\left[\frac{\kappa}{\ln(z/z_{0,\mathrm{lo}})}\right]^2\sqrt{\hat{\tilde{u}}^2+\hat{\tilde{v}}^2}\,\hat{\tilde{u}}_i \tag{2-9}$$

即

$$\tau_{13}\big|_w=-\left[\frac{\kappa}{\ln(z/z_{0,\mathrm{lo}})}\right]^2\sqrt{\hat{\tilde{u}}^2+\hat{\tilde{v}}^2}\,\hat{\tilde{u}}$$

$$\tau_{23}\big|_w=-\left[\frac{\kappa}{\ln(z/z_{0,\mathrm{lo}})}\right]^2\sqrt{\hat{\tilde{u}}^2+\hat{\tilde{v}}^2}\,\hat{\tilde{v}} \tag{2-10}$$

需要注意的是，本研究使用 2Δ 过滤后的速度来计算表面应力，以确保壁面上的平均应力接近经典对数律预测的应力。在高雷诺数边界层流动的大涡模拟中(黏性底层不可解)，常见方法是在严格的局部意义上使用壁面法则：

$$\tau_w=-\left[\frac{\kappa}{\ln(z/z_0)}\right]^2\left(\tilde{u}^2+\tilde{v}^2\right) \tag{2-11}$$

式中，τ_w——壁面动态应力 τ/ρ (摩擦速度的平方)。

利用这一关系可以得到从 LES 中获得的平均应力：

$$\left\langle\tau_w^{\mathrm{LES}}\right\rangle=-\left[\frac{\kappa}{\ln(z/z_0)}\right]^2\left(\left\langle\tilde{u}^2\right\rangle+\left\langle\tilde{v}^2\right\rangle\right) \tag{2-12}$$

但是，研究表明在平均意义上应该使用对数律计算应力：

$$\left\langle\tau_w^{\log}\right\rangle=-\left[\frac{\kappa}{\ln(z/z_0)}\right]^2\left\langle\tilde{u}\right\rangle^2 \tag{2-13}$$

在式(2-13)中，平均横向速度分量$\langle \tilde{v} \rangle$为零。由于在$z = \Delta z/2$平面上的速度会波动，因此$\langle \tilde{u}^2 \rangle > \langle \tilde{u} \rangle^2$（施瓦尔兹不等式）、$\langle \tau_w^{\mathrm{LES}} \rangle > \langle \tau_w^{\log} \rangle$。因此，施加局部壁面应力会导致在给定近壁面速度下平均应力增加。在给定压力梯度和平均应力的大涡模拟中，会导致表面附近流动放缓。一个解决方法是将应力分为平均项和局部项，这和在表面施加速度梯度类似。局部项的平均值为零，可以恰当地估计平均应力。但是，这一方法只适用于均匀地形仿真，不适用于复杂地形仿真。

按照$2\varDelta$尺寸过滤速度能够显著减少速度的小尺度波动，所以速度变化很小。采用这一尺寸过滤后的局部速度可以得到一个不需要平均的应力公式。这种过滤方法保留了重要的大尺度(大于$2\varDelta$)变化，同时可以得到和均匀表面上利用平均相似理论预测的应力十分接近的平均应力。

2.1.4 风电机组模型

在对经过风电机组的流动进行数值仿真时，致动盘模型是计算机组产生力(如推力、升力和阻力)的一个简单有效的方法[13]。该模型假设风电机组周围流体是无黏的，且不需要求解围绕机组表面的边界层流动问题，因此大大减小了计算成本。图 2-1 所示为致动盘模型[14]。

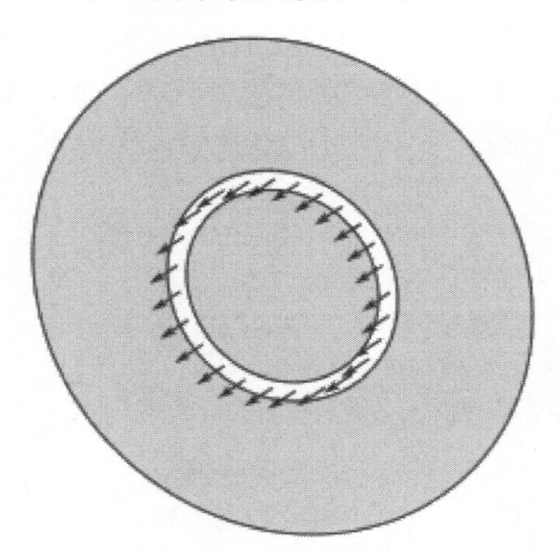

图 2-1 致动盘模型[14]

致动盘模型假设负载均匀分布在风轮平面上且产生的力仅沿轴向分布，忽略了尾流旋转效应。因此，在流向x上，作用在整个风电机组上的总推力F_{t}为

$$F_{\mathrm{t}}=-\frac{1}{2}\rho C_{\mathrm{T}}U_{\infty}^{2}\frac{\pi}{4}D^{2}=-\frac{1}{2}\rho C_{\mathrm{T}}\frac{U_{\mathrm{d}}^{2}}{(1-a)^{2}}\frac{\pi}{4}D^{2} \tag{2-14}$$

式中，C_{T}——推力系数；

U_{d}——致动盘速度；

U_{∞}——无穷远处风速，$U_{\infty}=U_{\mathrm{d}}/(1-a)$；

a——轴向诱导因子，通过一维动量理论解得 $a=(1-\sqrt{1-C_{\mathrm{T}}})/2$；

D——风轮直径。

对于流体和旋转叶片之间相互作用产生的作用在流体上的推力，需要使用致动盘平均速度进行求解。在一定时间 T 内，对风轮平面区域进行平均，得到速度 $\left\langle\overline{u}^{T}\right\rangle_{\mathrm{d}}$。那么，总推力可以表示为[15]

$$F_{\mathrm{t}}=-\frac{1}{2}\rho C_{\mathrm{T}}'\left\langle\overline{u}^{T}\right\rangle_{\mathrm{d}}^{2}\frac{\pi}{4}D^{2} \tag{2-15}$$

式中，下标 d——在风轮平面内进行平均；

上标 T——在时间 T 内进行平均；

C_{T}'——局部推力系数，$C_{\mathrm{T}}'=C_{\mathrm{T}}/(1-a)^{2}$。

对于贝兹极限（$C_{\mathrm{T}}=8/9$，$a=1/3$），$C_{\mathrm{T}}'=2$；对于机组常见工况（$C_{\mathrm{T}}=0.75$，$a=1/4$），$C_{\mathrm{T}}'=4/3$。

接下来引入加权函数及高斯型函数滤波器，通过卷积方法计算对应风电机组网格点处的体积力。此时任一网格点处体积力有如下形式：

$$f(x)=F_{t}R(x)\hat{\boldsymbol{x}} \tag{2-16}$$

式中，x——以风电机组致动盘中心为坐标中心，网格点到坐标中心的距离；

$f(x)$——网格点处的体积力矢量；

$R(x)$——归一化诱导函数；

$\hat{\boldsymbol{x}}$——风电机组致动盘的单位法向矢量。

对一个有限厚度的圆盘而言，归一化诱导函数$\left(\int I(x)\mathrm{d}^{3}x=1\right)$可以写成如下形式：

$$I(x)=\frac{1}{s\pi R^{2}}\left[H\left(x+\frac{s}{2}\right)-H\left(x-\frac{s}{2}\right)\right]H(R-r) \tag{2-17}$$

式中，x——以风电机组致动盘中心为原点坐标建立的柱坐标下点的 x 坐标；

r——柱坐标系下空间点距离 x 轴的距离；

s——风电机组致动盘的厚度；

R——风电机组致动盘的半径；

$H(x)$——阶跃函数。

为避免将上述体积力直接施加到方程上在数值计算中可能引起的数值振荡现象，需将上述诱导函数利用高斯型函数滤波器进行卷积运算，以获得平滑的体积力分布，保证数值计算的稳定性。其中，归一化诱导函数有如下表达式：

$$R(x)=\int G(x-x')I(x')\mathrm{d}^3x' \tag{2-18}$$

高斯型函数滤波器采用如下表达式：

$$G(x)=\left(\frac{6}{\pi\varDelta^2}\right)^{3/2}\exp\left(-\frac{6\|x\|^2}{\varDelta^2}\right) \tag{2-19}$$

式中，$\varDelta=1.5\sqrt{\Delta x^2+\Delta y^2+\Delta z^2}$，$\Delta x$、$\Delta y$、$\Delta z$ 分别为计算域流向、展向、垂向的网格间距；

$\|x\|$——网格点与风电机组致动盘中心连线的长度。

对于采用高斯型滤波函数卷积的诱导函数而言，可以将诱导函数分解成轴向部分与径向部分的乘积，即

$$R(x)=R_1(x)R_2(x) \tag{2-20}$$

式中，轴向部分有如下形式：

$$R_1(x)=\frac{1}{s}\left(\frac{6}{\pi\varDelta^2}\right)^{1/2}\int\left[H\left(x'+\frac{s}{2}\right)-H\left(x'-\frac{s}{2}\right)\right]\exp\left[-\frac{6(x-x')^2}{\varDelta^2}\right]\mathrm{d}x' \tag{2-21}$$

上述方程有如下解析解：

$$R_1(x)=\frac{1}{2s}\left\{\mathrm{erf}\left[\frac{\sqrt{6}}{\varDelta}\left(x+\frac{s}{2}\right)\right]-\mathrm{erf}\left[\frac{\sqrt{6}}{\varDelta}\left(x-\frac{s}{2}\right)\right]\right\} \tag{2-22}$$

式中，$\mathrm{erf}(x)$——高斯误差函数，其表达式为 $\mathrm{erf}(x)=\frac{2}{\sqrt{\pi}}\int_0^x\exp(-\eta^2)\,\mathrm{d}\eta$。

径向部分有如下形式：

$$R_2(r)=\frac{1}{\pi R^2}\frac{6}{\pi \varDelta^2}\iint H\left(R-\sqrt{y'^2+z'^2}\right)\exp\left[-6\frac{(y-y')^2+(z-z')^2}{\varDelta^2}\right]\mathrm{d}y'\mathrm{d}z' \tag{2-23}$$

需要采用数值方法求解[16]。

在计算网格点处的诱导函数时，设置一个合理的数值计算区域，并设置一个诱导函数下限值，从而对归一化诱导函数 $R(x)$ 进行一定的约束，在保证数值计算稳定性的同时节约计算资源，即

$$R(x)=\begin{cases}R(x), & R(x)\geqslant 10^{-2}\\ 0, & R(x)<10^{-2}\end{cases} \tag{2-24}$$

风电机组致动盘的体积平均风速采用如下方程获得：

$$\langle u\rangle_{\mathrm{d}}=\int R(x)u(x)\cdot\hat{x}\mathrm{d}^3x \tag{2-25}$$

对 $\left\langle \overline{u}^T\right\rangle_{\mathrm{d}}$ 的求解基于对时间序列风速 $\langle u\rangle_{\mathrm{d}}$ 的单边指数滤波器的形式，即

$$\left\langle \overline{u}^T\right\rangle_{\mathrm{d}}=\int_0^t\frac{\langle u\rangle_{\mathrm{d}}}{T}\exp\left(-\frac{t-t'}{T}\right)\mathrm{d}t' \tag{2-26}$$

式中，T——时间窗口，常取 10min。

2.1.5 数值求解方法

采用伪谱法和有限差分法结合求解偏微分方程，即水平方向的空间导数采用伪谱法计算，垂直方向的空间导数采用二阶中心有限差分法计算。网格平面在垂直方向上交错分布，即在高度 $j\Delta z$ 或 $(j+1/2)\Delta z$ 上存储变量，j 从 0 到 N 变化(垂直网格点数)。因此，第一个垂直速度平面距离底面 Δz，第一个水平速度平面距离底面 $\Delta z/2$。对应的混淆误差对于亚格子偏应力的准确计算是不利的,因为它们会影响用于计算动态 Smagorinsky 系数的最小可解尺度。因此，采用 3/2 原则修正非线性对流项，即在傅里叶空间进行非线性项的全局退模糊处理[17]。

在数值求解过程中采用分步法[18]：

$$\frac{\partial \tilde{u}_i}{\partial t}=-\frac{1}{\rho}\frac{\partial \tilde{p}^*}{\partial x_i}+\mathrm{RHS}_i \tag{2-27}$$

式中

$$\mathrm{RHS}_i=-\tilde{u}_j\frac{\partial \tilde{u}_i}{\partial x_j}-\frac{\partial \tau_{ij}^d}{\partial x_j}-\frac{f_i}{\rho}+\frac{\delta_{i1}}{\rho}\frac{\partial p_\infty}{\partial x_i} \tag{2-28}$$

分步法是指引入一个中间速度 u^*，实现速度场与压强场的解耦运算：

$$\frac{u_i^*-u_i^n}{\Delta t}=\mathrm{RHS}_i \tag{2-29}$$

$$\frac{u_i^{n+1}-u_i^*}{\Delta t}=-\frac{1}{\rho}\Delta\tilde{p}^* \tag{2-30}$$

时间积分采用二阶精度 Adams-Bashforth 方法，即

$$u_i^*=u_i^n+\left[\mathrm{tadv1}*\mathrm{RHS}_i^n+(1-\mathrm{tadv1})*\mathrm{RHS}_i^{n-1}\right] \tag{2-31}$$

式中

$$\mathrm{tadv1}=1+0.5\frac{\mathrm{d}t}{\mathrm{d}t_\mathrm{f}} \tag{2-32}$$

式中，$\mathrm{d}t_\mathrm{f}$ ——上一步的时间步长；

$\mathrm{d}t$ ——结合上一步速度场及预设的收敛条件判断数(Courant-Friedrichs-Lewy，CFL)计算出的时间步长的最小值或是给定的时间步长。

压强场通过求解下面的泊松方程[综合式(2-30)和式(2-1)可得]获得：

$$\frac{1}{\rho}\nabla^2\tilde{p}^*=\frac{\Delta u^*}{\Delta t} \tag{2-33}$$

求得压强场后，将其影响施加到 u_i^{n+1} 上，即

$$u_i^{n+1} = u_i^* - \text{tadv1} * \frac{1}{\rho}\frac{\partial \tilde{p}^*}{\partial x_i} \tag{2-34}$$

从而获得下一时刻的流场。

2.2　大涡模拟方法验证

为了对 2.1 节提到的大涡模拟方法进行验证，设计了图 2-2 所示的验证算例几何模型。在水平地面上放置 4 个高度为 h 的等间距立方体，计算域为 $8h(L_x)\times 8h(L_y)\times 3.5h(L_z)$，计算域顶部采用自由滑移边界条件，水平方向采用周期性边界条件，地面和立方体壁面都使用式(2-11)建模，表面粗糙度 z_0 设置为 $10^{-4}h$。采用两组网格验证网格无关性，粗糙网格节点数为 $64(N_x)\times 64(N_y)\times 29(N_z)$，精细网格节点数为 $128(N_x)\times 128(N_y)\times 57(N_z)$，分别对应于立方体内部每个方向上 8 个网格点和 16 个网格点。图 2-3 显示了 LES 的计算结果与 Meinders 和 Hanjalić[19]实验结果的对比，所有数据均通过参考点 $(1.3h, 0, 2.25h)$ 处的来流速度进行了归一化。由图 2-3 所示对比结果可以看出，LES 结果对当前网格分辨率不敏感，且均与给定实验数据的速度轮廓非常吻合，这表明本书中采用的大涡模拟方法可以获得较为合理的结果。

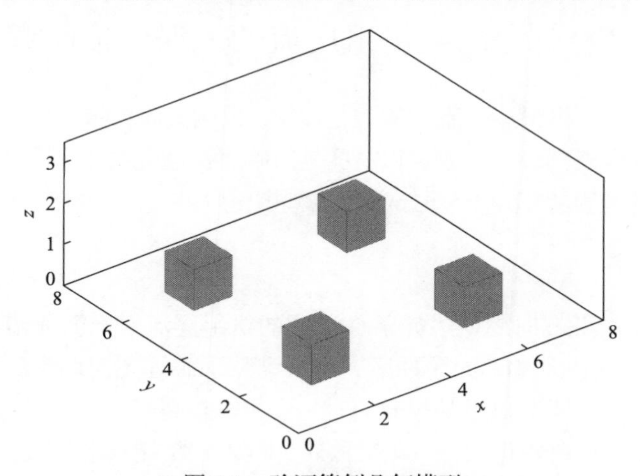

图 2-2　验证算例几何模型

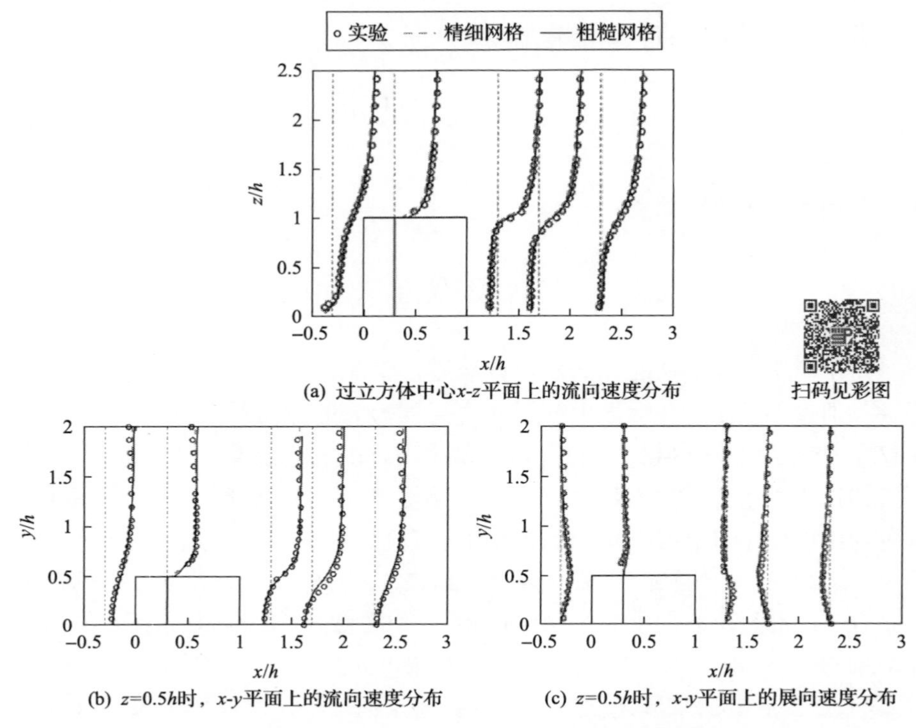

(a) 过立方体中心x-z平面上的流向速度分布

(b) z=0.5h时，x-y平面上的流向速度分布

(c) z=0.5h时，x-y平面上的展向速度分布

图 2-3 LES 的计算结果与 Meinder 和 Hanjalić 的实验结果对比

2.3 单台风电机组尾流的大涡模拟研究

为了揭示风电机组尾流流动的演化规律，采用大涡模拟方法对单台风电机组尾流演化过程进行研究。地表粗糙度是影响尾流演化的重要因素[7]，本节通过设置不同的地表粗糙度（z_0=1m, 0.1m, 0.01m）对其进行研究。

2.3.1 算例设置

为了避免水平方向周期边界条件造成的机组尾流对上游入流的影响，在机组前方设置一个长 $4D$ 的缓冲区，将流动从下游远尾流调整到充分发展的湍流边界层入流。风电机组的风轮直径（D）和轮毂高度（z_h）均为 100m，放置在计算域中心，距离入口边界 $4D$ 位置处。图 2-4 给出了计算域，水平计算域的流向长度为 $L_x = 2400\text{m}$，展向长度为 $L_y = 1200\text{m}$。为了和机组高度保持合理的比例，计算域高度设置为 $L_z = 1000\text{m}$。

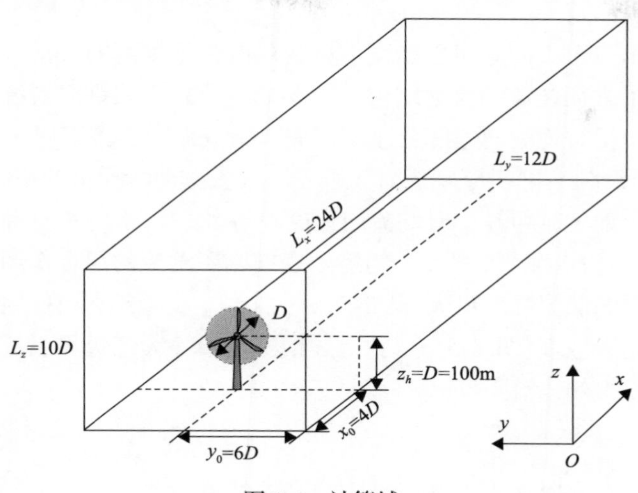

图 2-4　计算域

为了对控制方程进行数值求解，将计算域离散。在流向、展向和壁面法向上均匀分布着 $N_x \times N_y \times N_z = 128^3$ 个网格点，空间分辨率为 $\Delta x:\Delta y:\Delta z = 18.75:9.375:7.874$，其中 $\Delta x = L_x / N_x$，$\Delta y = L_y / N_y$，$\Delta z = L_z / N_z$。$N_{t,y} = D / \Delta y = 10$ 和 $N_{t,z} = D / \Delta z = 12$ 分别为展向和垂向上覆盖风轮区域的网格点。

为了便于对比，通过设置不同的压强梯度，保持入流在轮毂高度处的平均速度相同，均为 U_{hub}=9m/s。表 2-1 所示为三个不同地表粗糙度算例对应的摩擦速度。

表 2-1　三个不同地表粗糙度算例对应的摩擦速度

地表粗糙度算例	z_0 /m	u_* /(m/s)
算例 1	1	0.6876
算例 2	0.1	0.5003
算例 3	0.01	0.3736

在仿真中，推力系数保持 $C_{\text{T}}' = 1.33$ 不变。算例 1 和算例 2 运行了 270 个无量纲时间单位（以 L_z / u_* 为参考）进行初始化，算例 3 运行了 180 个无量纲时间单位进行初始化，这使得流动充分发展达到平稳状态。然后，分别在 90 和 180 个无量纲时间单位上进行数据统计。

2.3.2 尾流演化过程分析

本节给出三个不同地表粗糙度下单台风电机组尾流的大涡模拟结果并进行分析。为了表征尾流的流动结构，主要分析了几个关键湍流统计量的空间分布情况，包括时均流向速度及速度损失、湍流强度、雷诺切应力等。

图 2-5 所示为不同粗糙度下大气边界层入流流动特征量的空间垂直分布。与预期相符，地表越粗糙，时均流向速度 U 在轮毂以下的垂直梯度越大，即风切变越强[图 2-5(a)]。另外，粗糙地表加剧了湍流的混合作用，因此在相同入流风速下的湍流强度更大[图 2-5(c)～(e)]。类似地，粗糙地表的雷诺切应力也大于光滑地表[图 2-5(b)]。上述模拟的中性大气边界层流动将作为风电机组尾流模拟的入流条件。

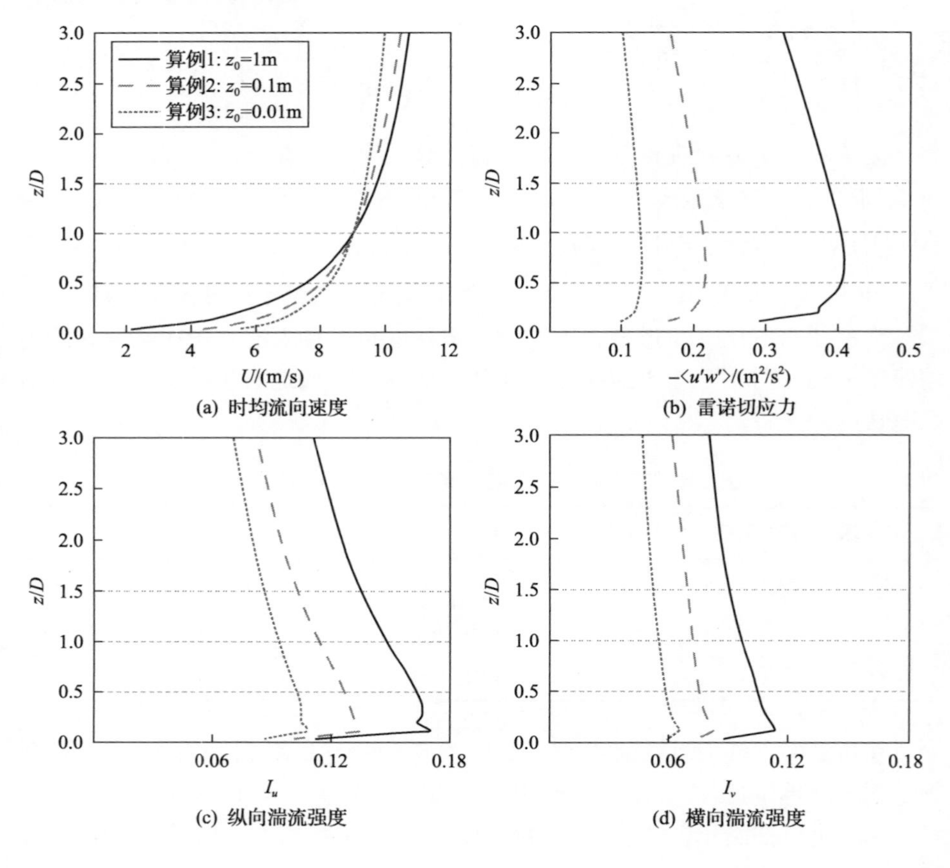

(a) 时均流向速度　　(b) 雷诺切应力

(c) 纵向湍流强度　　(d) 横向湍流强度

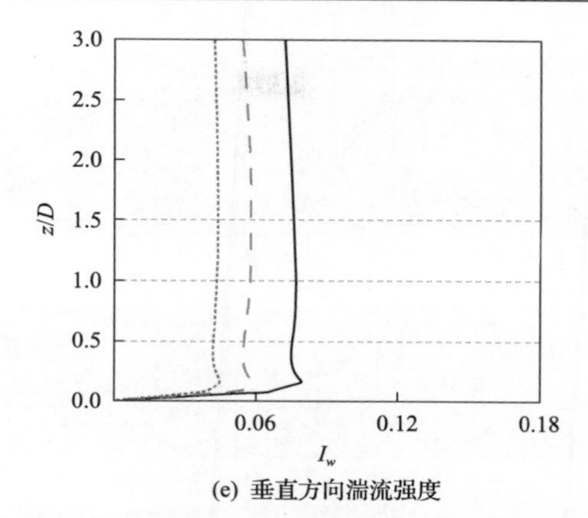

(e) 垂直方向湍流强度

图 2-5　不同粗糙度下大气边界层入流流动特征量的空间垂直分布

图 2-6 和图 2-7 给出了不同粗糙度下时均流向速度损失（$\Delta U = U_{\text{in}} - U_{\text{w}}$ 其中 U_{in} 为入流的时均速度，U_{w} 是尾流区域的时均速度）在不同平面上的分布云图，包括通过尾流中心的 *x-z* 平面和轮毂高度处的 *x-y* 平面。模拟结果表明，地表粗糙度会对风电机组尾流的恢复速度产生显著影响。地表粗糙度越大，湍流强度越高，尾流恢复就越快，这是由于粗糙地表促进了湍动能的生成，加剧了尾流区内的湍流掺混和动量输运，从而促进了尾流恢复；反之，光滑地表的湍流强度较小，尾流需要经过一段更长的距离才能恢复，即尾流区更长。

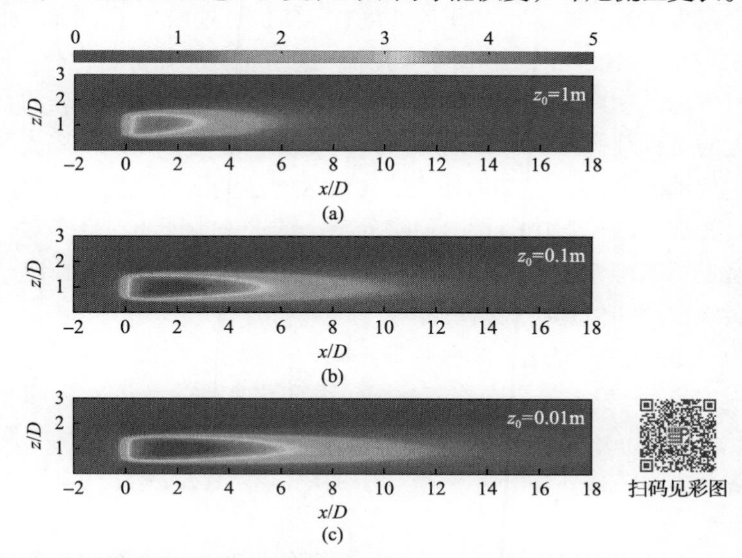

图 2-6　不同粗糙度下时均流向速度损失在 *x-z* 平面上的分布云图

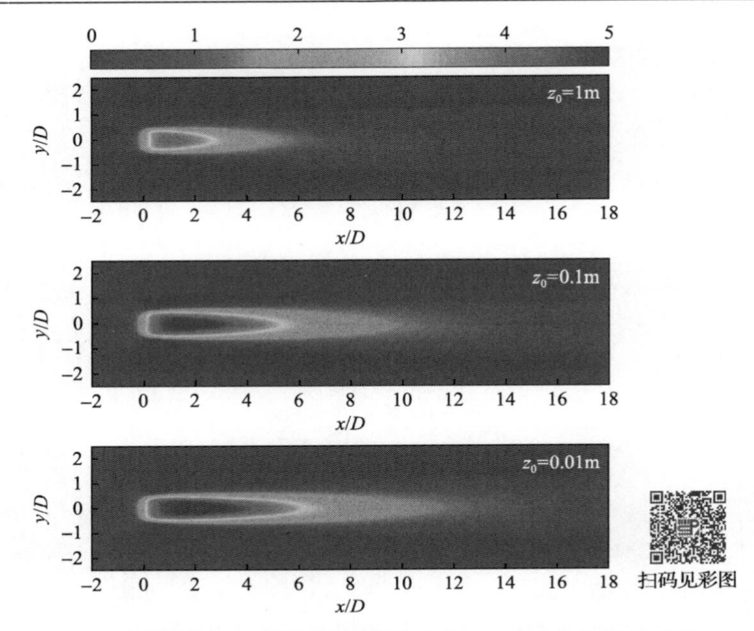

图 2-7　不同粗糙度下时均流向速度损失在 x-y 平面上的分布云图

图 2-8 展示了不同地表粗糙度下速度损失 $\Delta U/U_{\mathrm{hub}}$ 沿流向、横向和垂直方向的变化情况。由图 2-8 可以看出，地表越光滑，在同一下游位置处的尾流速度损失越大；算例 1 的尾流速度在 4*D* 位置处恢复了 80%，而算例 2 和算例 3 在 9*D*～10*D* 才恢复至同一水平，这和前面的分析相吻合。另外，横向和垂直方向的速度损失剖面呈轴对称分布，但是由于粗糙地表的存在，垂直方向上的对称结构在机组后方约 8*D* 位置处被破坏，而此处尾流区的影响范围已达到地表附近。图 2-8 还表明尾流区的速度损失剖面近似呈高斯分布，而不是经典一维模型中假设的顶帽分布。这进一步证明在众多对一维解析尾流模型进行二维化改进的方法中，高斯分布可能最接近真实情况，这也和前人的实验数据和仿真结果相吻合[20-22]。

为了进一步研究尾流膨胀规律，本章用高斯函数拟合下游不同距离处的速度损失剖面，发现高斯分布标准差 σ 与下游距离 x 之间存在明显的线性关系（图 2-9）。Bastankhah 和 Porté-Agel[21]也发现了同样的线性膨胀规律，这些发现有力地支撑了解析尾流模型中的尾流线性膨胀假设（详见第 3 章和第 4 章）。

作为表征风电机组尾流速度波动程度的重要参数，湍流强度和机组部件

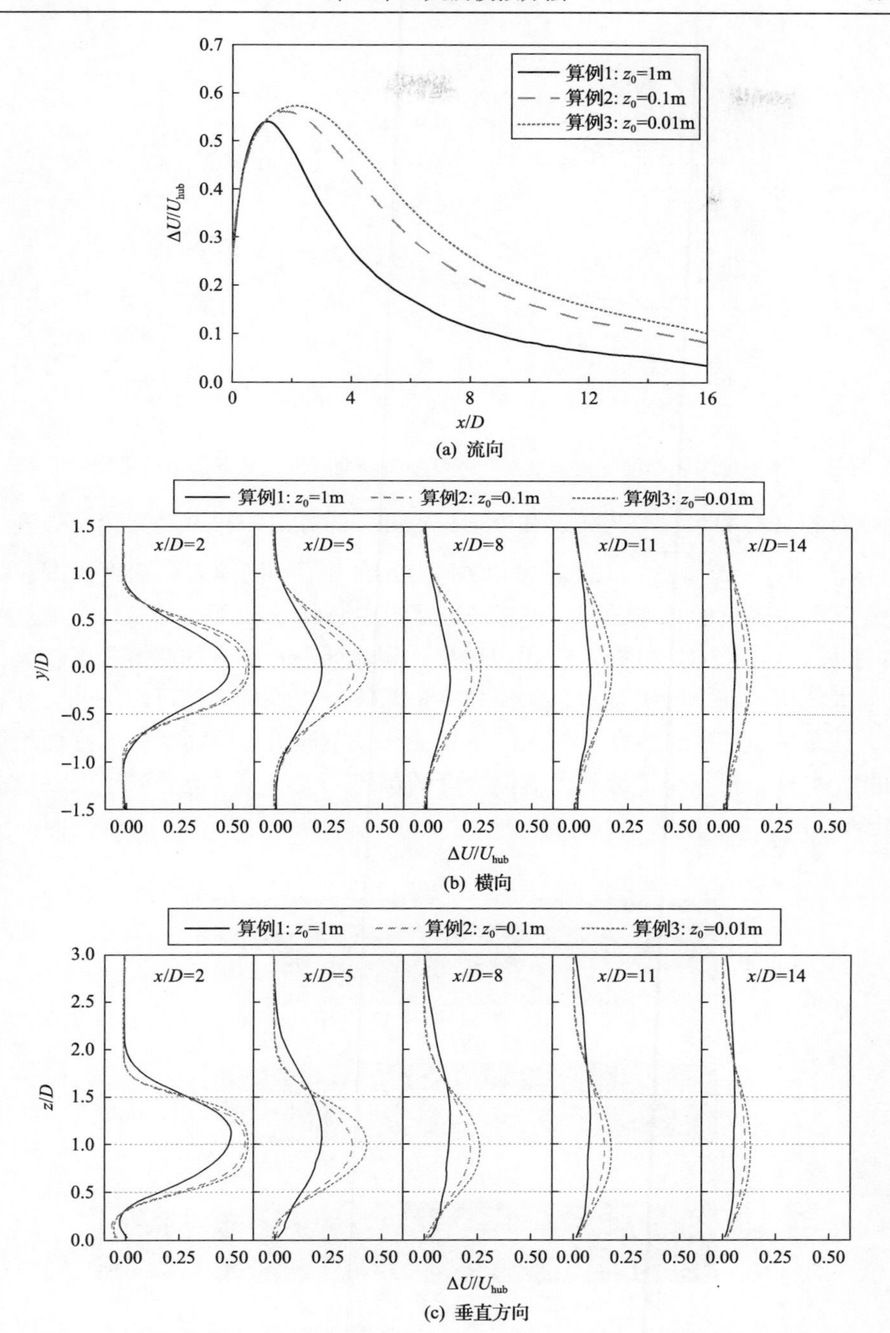

图 2-8　不同地表粗糙度下速度损失 $\Delta U/U_{hub}$ 沿流向、横向和垂直方向的变化情况

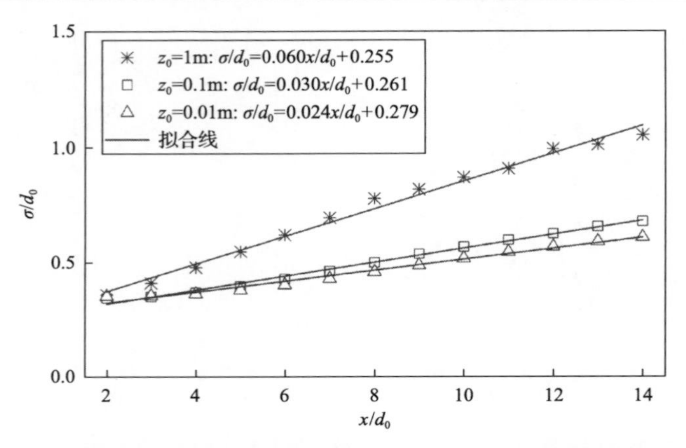

图 2-9　不同地表粗糙度下尾流区高斯速度损失剖面标准差随下游距离呈线性关系

故障有着直接关系。与 Abkar 和 Porté-Agel[22]的方法一样，定义湍流强度为 $\mathrm{TI}=\sqrt{1/3(I_u^2+I_v^2+I_w^2)}$。图 2-10 和图 2-11 给出了不同地表粗糙度下湍流强度在不同平面上的分布云图，包括通过尾流中心的 x-z 平面和轮毂高度处的 x-y 平面。由图 2-10 和图 2-11 可以看出，尾流区上半部分的湍流强度较大，且最大值出现在上叶尖位置，湍流强度呈双峰模式，且在靠近两侧叶尖处较大，这是由于这些位置存在较大的风切变和动量通量，因而产生了强烈的湍动能。另外，机组尾流区最大湍流强度的位置和大小显然也受到了入流湍流的影响。

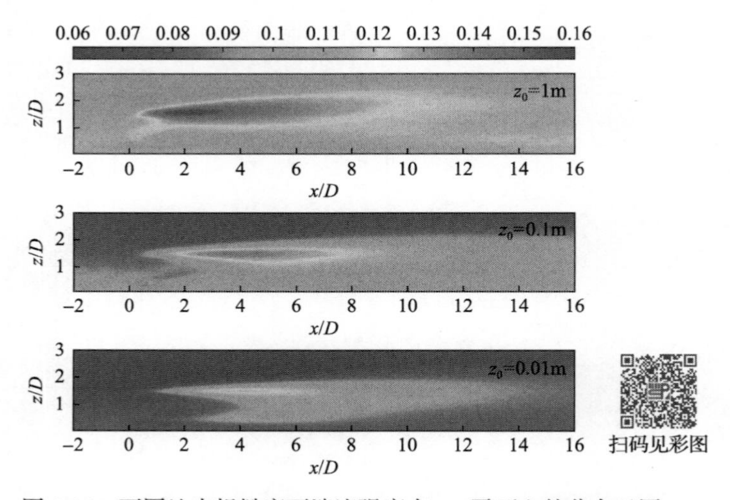

图 2-10　不同地表粗糙度下湍流强度在 x-z 平面上的分布云图

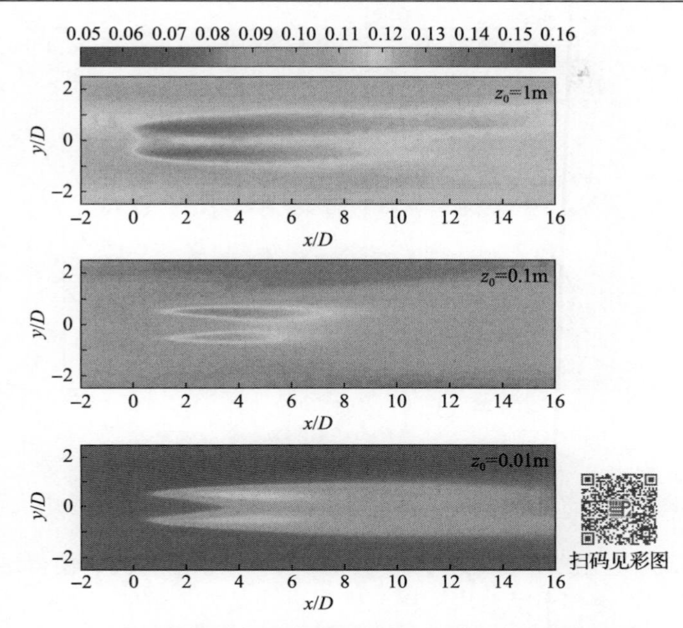

图 2-11　不同地表粗糙度下湍流强度在 x-y 平面上的分布云图

为了对机组引起的湍流进行定量分析，图 2-12 给出了机组下游 5 个位置处($x=2D$、$5D$、$8D$、$11D$、$14D$)湍流强度沿横向和垂直方向的变化情况。如前所述，入流湍流影响了机组尾流的最大湍流强度：对于粗糙度最大的算例 1，湍流强度最大值出现在机组后方 2D 位置处的叶尖部分，约为 0.15；对于较光滑的算例 3，湍流强度最大值出现在机组后方 5D 位置处的叶尖部分，

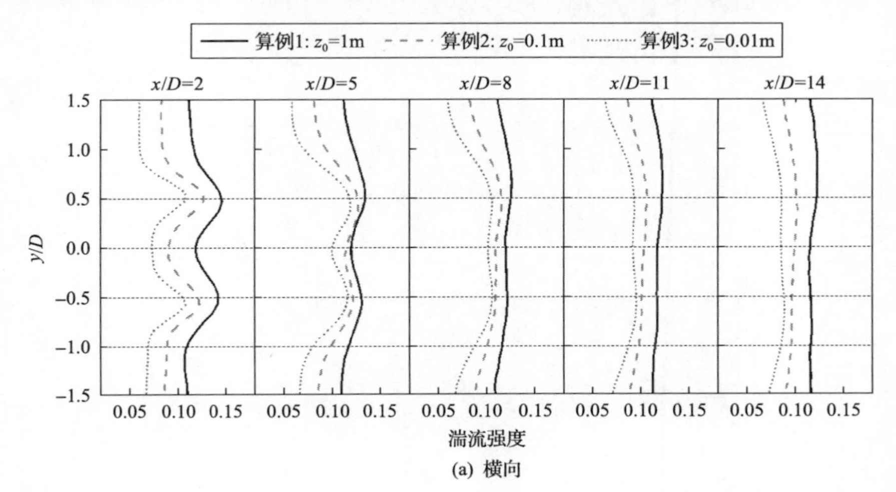

(a) 横向

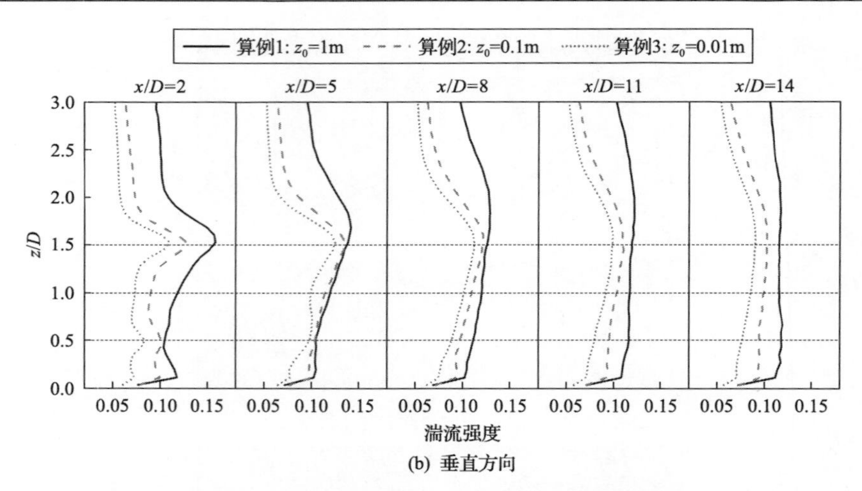

图 2-12　机组下游 5 个位置处湍流强度沿横向和垂直方向的变化情况

约为 0.12。这是由于粗糙地表的入流湍流水平本身较高，使得尾流区的湍流强度也较大，这和粗糙地表下尾流恢复更快是相一致的。此外，从图 2-12 中可以看出，湍流强度随着下游距离逐渐减小；且对于光滑表面，由于入流的湍流强度较小，因此湍流强度恢复更慢。

为了进一步探究地表粗糙度对风电机组尾流演化的影响机理，图 2-13 给

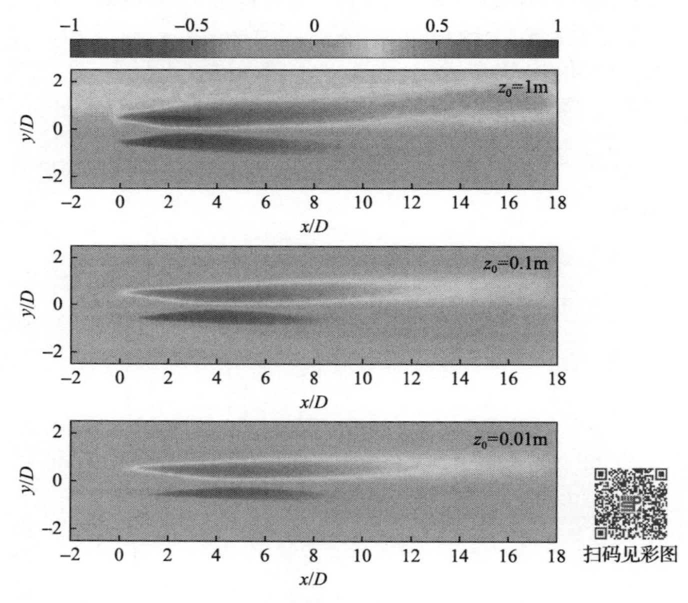

图 2-13　不同粗糙度下雷诺切应力 $-\overline{u'v'}$ 在 x-y 平面上的分布云图

出了不同粗糙度下雷诺切应力 $-\overline{u'v'}$ 在 x-y 平面上的分布云图。由图 2-13 可以看出，表征横向动量输运的 $-\overline{u'v'}$ 在尾流区一侧为正，另一侧为负，这是由于周围边界层流动向尾流区的剧烈夹带作用引起的。另外，表面越粗糙，雷诺切应力的值越大，湍流动量通量越大，夹带更多平均动能进入尾流区，使得尾流恢复更快。

2.3.3　小结

本节利用大涡模拟研究了单台风电机组尾流的演化规律。在三个不同地表粗糙度下，重点分析了大气边界层的入流特征、尾流区流向速度损失、湍流强度、雷诺切应力等典型流动统计量。数值模拟结果表明，地表越粗糙，尾流区湍流强度越高，湍流掺混作用和动量输运越剧烈，尾流恢复越快，且地表粗糙度会直接影响尾流膨胀系数。在不同粗糙度下，尾流区域速度损失近似呈高斯分布，速度损失标准差具有线性膨胀规律，这将大大简化尾流二维解析模型的推导过程及最终形式(详见第 3 章和第 4 章)。

2.4　偏航风电机组尾流的大涡模拟研究

2.4.1　算例设置

风电机组模型采用致动盘模型[23]，忽略了尾流旋转效应，因此在优化中不考虑正负偏航角的影响，分别在均匀入流与湍流入流速度入口下模拟不同偏航角(0°、10°、20°、30°)的尾流。

均匀入流和湍流入流算例中的风轮推力系数均取为 $C_{\mathrm{T}}=0.75$，风轮直径和轮毂高度均为 100m，流向、展向和垂向网格采用 256×128×120（$N_x \times N_y \times N_z$），计算域为 32$D$×10$D$×10$D$（$L_x \times L_y \times L_z$）。风电机组置于距计算域入口 5$D$ 和距两侧边界均为 5D 位置，如图 2-14 所示。湍流入流时，地表粗糙度为 0.1m，采用充分发展的湍流场作为速度入口，即在定压力梯度下生成充分发展的湍流，并将其作为风电机组的入流。在本算例中，入流湍流强度为 10%。为使风电机组尾流光滑过渡至给定来流，在计算域后端设置嵌边区，嵌边区长度约为计算域流向长度的 1/8，详细方法参见文献[24]。

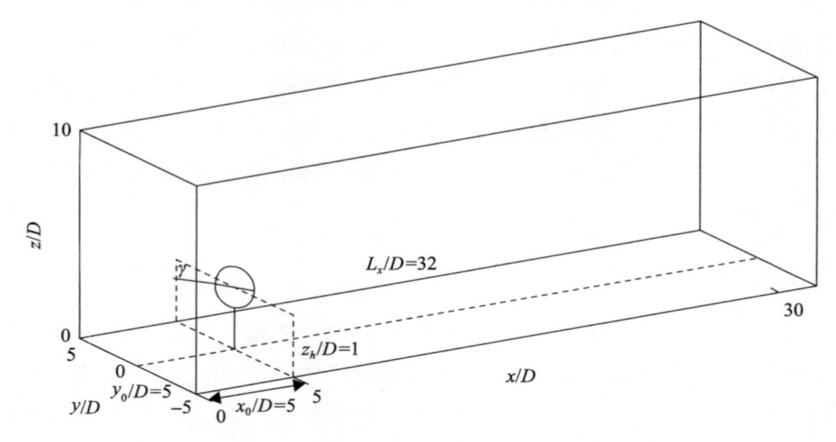

图 2-14　风电机组放置位置示意图

2.4.2　不同偏航角下风电机组的尾流演化过程

图 2-15 给出了均匀入流条件下不同偏航角度轮毂高度平面的流向速度云图。此时，尾流膨胀效应不明显，且随着偏航角增大，尾流逐渐向偏航反向偏转，下游尾流速度的恢复程度也逐渐增大。

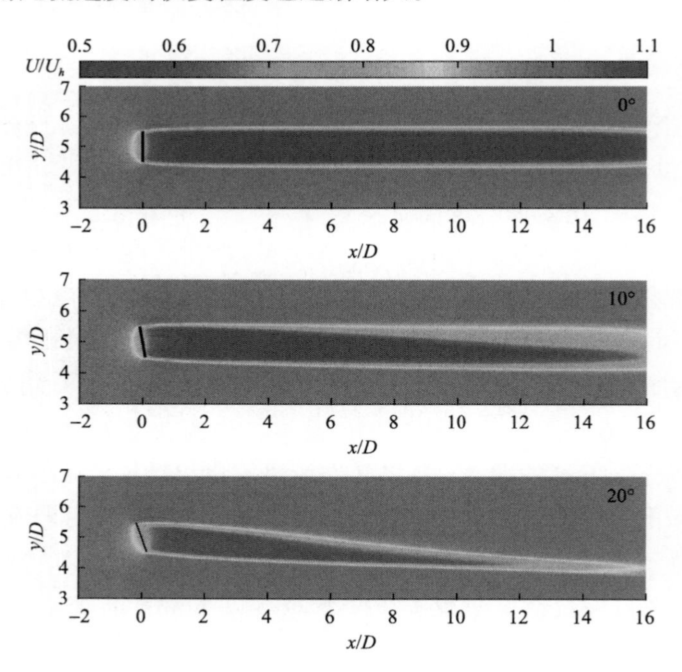

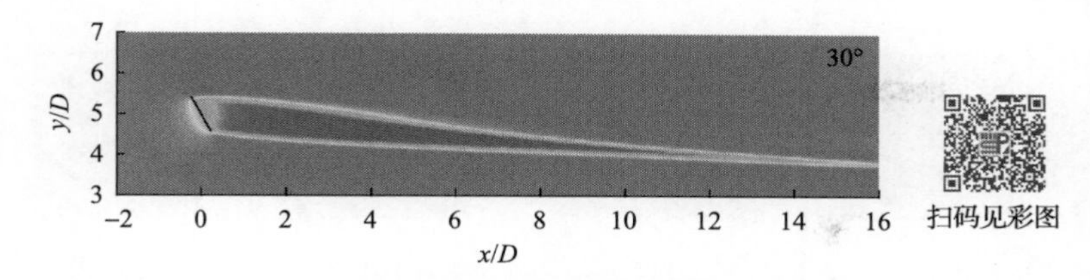

图 2-15　均匀入流条件下不同偏航角度轮毂高度平面的流向速度云图

图 2-16 给出了均匀入流条件下不同下游截面的流向速度损失云图及反向涡对结构(Counter-rotating Vortex Pair，CVP)。可以看出，在均匀入流条件下，当风电机组不偏航时，尾流恢复较慢；而随着偏航角增大，速度损失逐渐减小，尾流向-y 方向的偏转，尾流形状逐渐变化为月牙形。在比较理想的情况下，当上游风电机组偏航 30°时，下游 $8D$ 的机组可以完全避开上游风电机组的尾流。

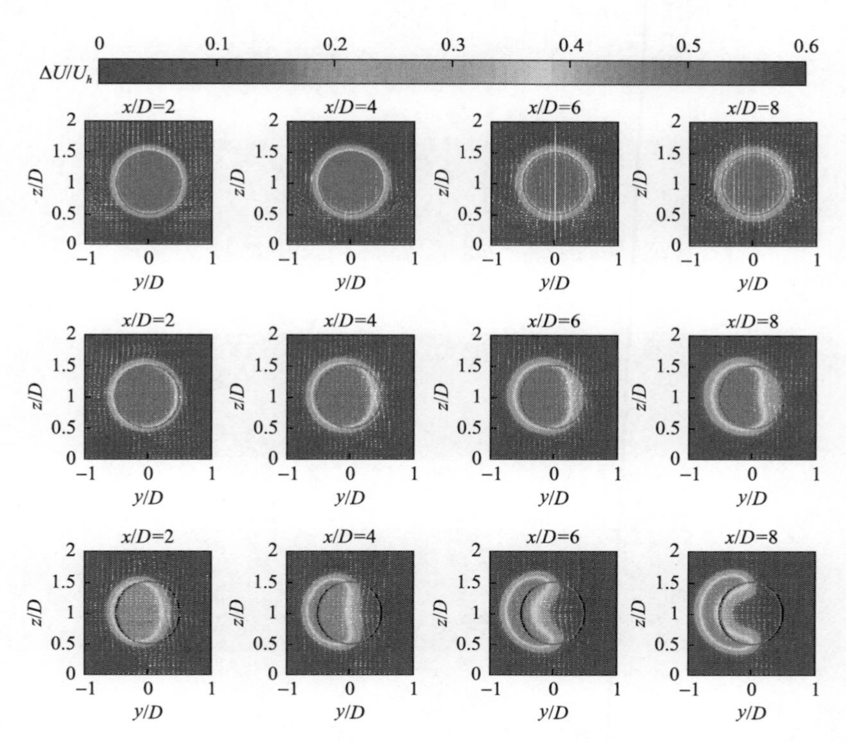

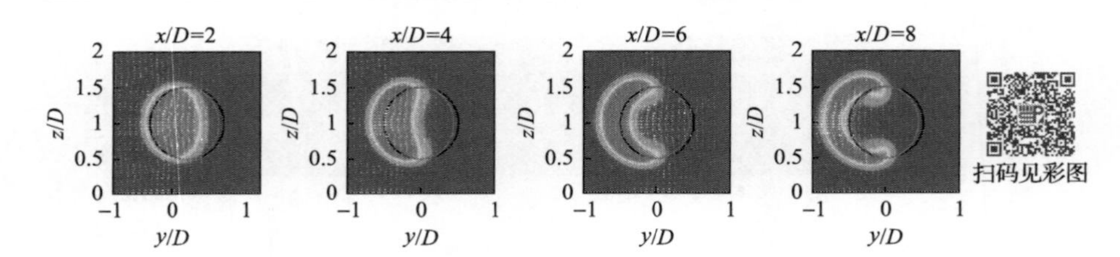

图 2-16　均匀入流时 y-z 平面流向时均速度损失云图及 CVP 结构

白色矢量线为速度矢量，第 1～4 行分别代表 0°、10°、20°、30°偏航角时的尾流

图 2-17 进一步给出了湍流入流时，风电机组不同偏航角度下的流向速度损失云图。可以看到，湍流入流时，即使在未偏航状态下，尾流速度损失在

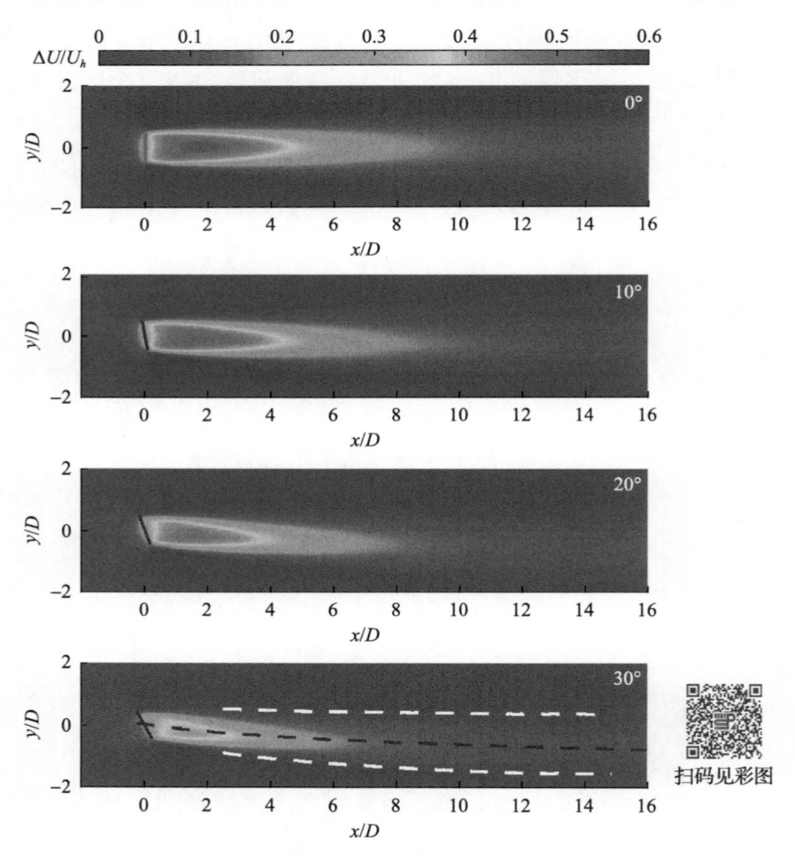

图 2-17　湍流入流时尾流速度损失云图

白色虚线代表流管边界，黑色虚线代表尾流中心线

下游 10D 左右位置处已比较小，这说明湍流显著促进了风电机组尾流的恢复；偏航状态下，风电机组尾迹出现明显偏转，尾流区速度损失云图的尾流中心逐渐向$-y$方向偏转。

按文献[25],[26]所述的方法，基于风轮 0.9r 处的扫掠圆环，建立通过风轮平均流动的流管，通过对流管横截面流体速度积分计算尾流中心：

$$y_{\mathrm{c}}(x)=\frac{\iint_{\Omega} y\delta u(x,y,z)\mathrm{d}y\mathrm{d}z}{\iint_{\Omega}\delta u(x,y,z)\mathrm{d}y\mathrm{d}z} \tag{2-35}$$

式中，δu——尾流流向速度损失；

Ω——流管的横截面。

图 2-18 给出了湍流入流条件下不同下游截面的流向时均速度损失云图及 CVP 结构，与均匀来流情况不同，此时尾流恢复速度明显加快；虽然尾流依然向$-y$方向偏转，但受地表影响，偏航状态下尾流形状呈现明显的“肾形”特征，影响范围也更加广泛。CVP 结构与尾流恢复机理及尾流形状密切相关，湍流入流时，偏航状态下的 CVP 结构也更加明显。可以初步断定，湍流入流结果更加符合实际工况。

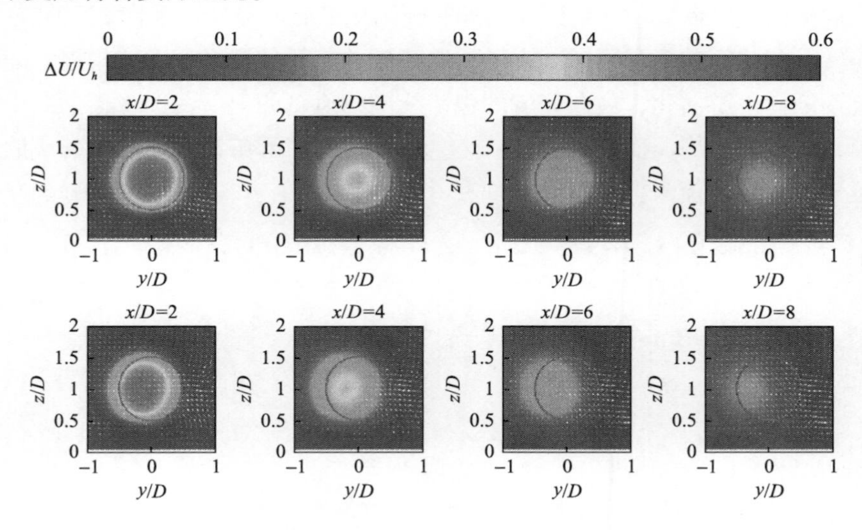

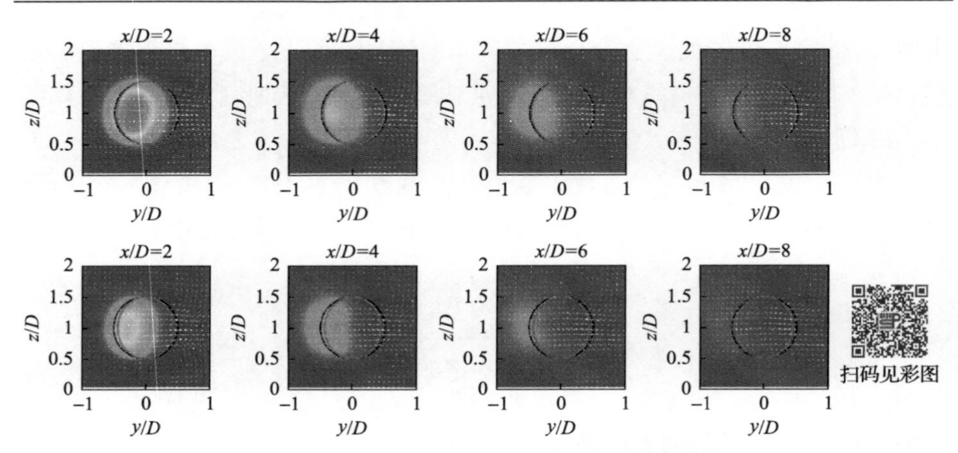

图 2-18　湍流入流时 y-z 平面流向时均速度损失云图及 CVP 结构

第 1～4 行分别代表 0°、10°、20°、30°偏航角时的尾流

图 2-19 给出了偏航 30°时风电机组在下游 $2D$、$4D$、$6D$ 和 $8D$ 处 y-z 截面的流向速度损失和展向速度包络线。图中蓝色包络线包含 95%的速度恢复区域，绿色实线为最大展向速度 95%的包络线，而黑色和红色实线分别是风轮偏航前后在 y-z 平面的投影轮廓线。通过积分可以算出流向速度与展向速度恢复包络线的面积 S_u 与 S_v，可以看出，随着尾流逐渐向下游演化，偏航风电机组的流向速度恢复包络线逐渐向外非规则地膨胀，流向速度恢复区向$-y$ 方向偏转，包络面的面积逐渐增大。展向速度的恢复呈现出相反的规律，随着尾流逐渐向下游演化，展向速度的包络线围绕风轮的上下两边缘逐渐向中间坍缩，相应的包络面面积也逐步减小，但尾流越向下游演变，面积减小的速度越慢。近场尾流展向速度包络面在$-y$ 方向延伸至$-1.5D$ 距离，在$+y$ 方向

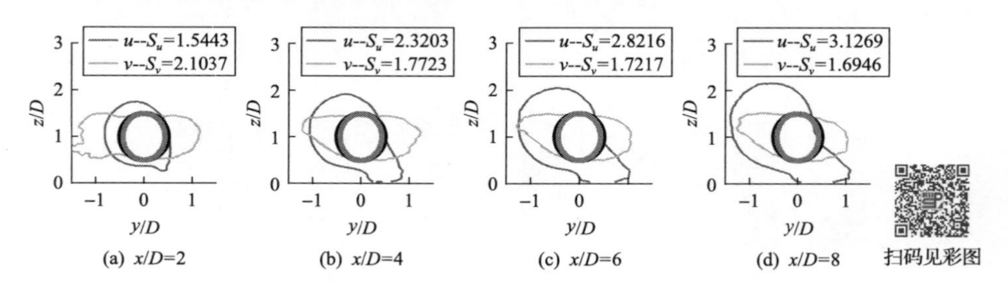

(a) x/D=2　(b) x/D=4　(c) x/D=6　(d) x/D=8

图 2-19　流向速度损失与展向速度包络线(30°偏航角)

u-95%入流速度的等值线；S_u-等值线 u 的面积；v-95%最大展向速度的等值线；S_v-等值线 v 的面积

上延伸至 1D 多距离；随着尾流向下游演化，在$-y$ 方向上逐渐收缩至$-1D$，而在$+y$ 方向上只收缩至 1D 距离处，这说明与流向速度恢复包络线在$-y$ 方向上急剧蔓延的情形相反，展向速度包络线在$-y$ 方向上急剧收缩，尾流在此处区域发生了剧烈的动量交换，这一交换是尾流向$-y$ 方向偏转的内在原因。

图 2-20 展示了流向速度损失与展向速度随垂向变化的曲线，u_2～u_8、v_2～v_8 分别是流向速度损失和展向速度在风轮下游 2D～8D 处的曲线。在远场尾流区，流向速度损失呈现出明显的单峰值特征，由于风轮的遮挡，流向速度损失呈现出较大的峰值；而在超出风轮遮挡高度时，流向速度损失变化趋于平缓。展向速度大致呈现出相似的规律，但是在超出风轮遮挡高度后，展向速度会发生反转，说明在风轮的上下两侧存在 CVP 结构，反映了动量在垂向上的输运，会使得峰谷特性快速消失。进一步可以发现风轮上半部分高度内的速度损失大于下半部分高度内的速度损失，这一现象可能是由尾流在垂直方向上的偏斜所引起。展向速度关于轮毂中心高度对称分布，且随尾流发展，展向速度在风轮遮挡高度外的速度反转越来越小，这意味着与其相关的一类涡系强度正随流向减弱。更为详细的速度损失分布云图如图 2-18 所示。

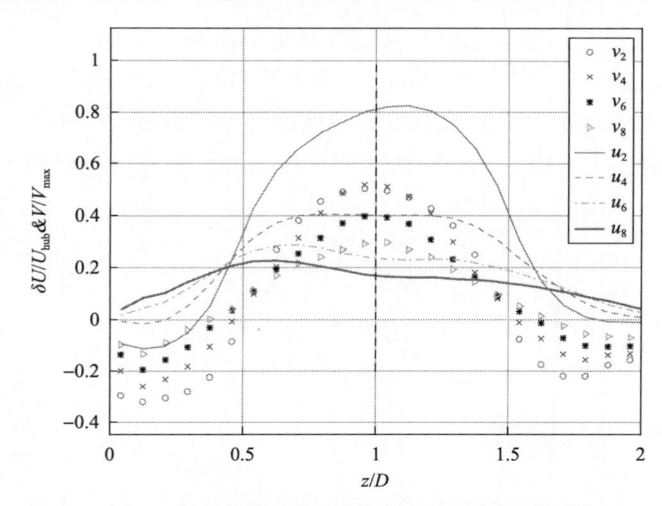

图 2-20　流向速度损失与展向速度随垂向变化曲线

δU-尾流流向速度损失；U_{hub}-轮毂高度平面入流平均风速；v-尾流区域的展向速度；V_{max}-尾流区域的最大展向速度

图 2-21 显示了流向速度损失与展向速度随展向的变化，u_2～u_8、v_2～v_8 分别是流向和展向 2D～8D 处的速度损失，轮毂中心位置为 0D。如图 2-21 所示，流向速度损失呈现明显的高斯分布特征，尾流中心向$-y$ 方向偏转，最

大速度损失沿流向逐渐减小；与此对应，展向速度也呈现出类高斯分布特性，中心也略有偏移，但与流向速度损失中心不重合。

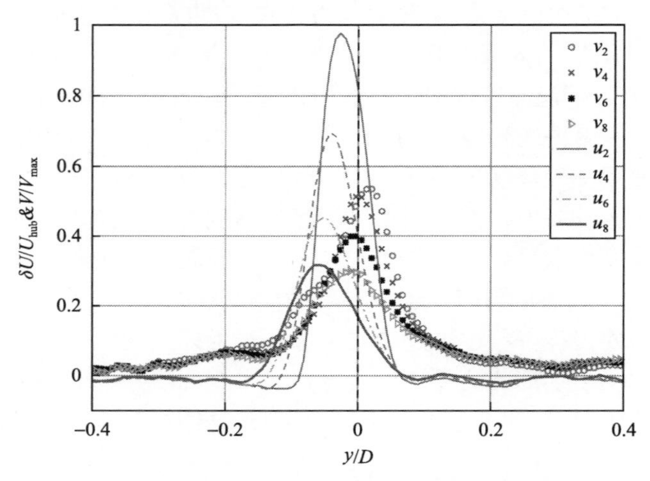

图 2-21　流向速度损失与展向速度随展向变化曲线

图 2-22 显示了尾流区的流向与展向动量沿流向的变化，可以看出，流向动量和展向动量恢复速度显著不同，这说明了它们的恢复机理具有显著差异。该发现可为后续发展新的偏航尾流模型提供参考。从绝对值上看，流向动量约为展向动量的 100 倍，这说明流向速度在尾流区中占有绝对的主导地位。

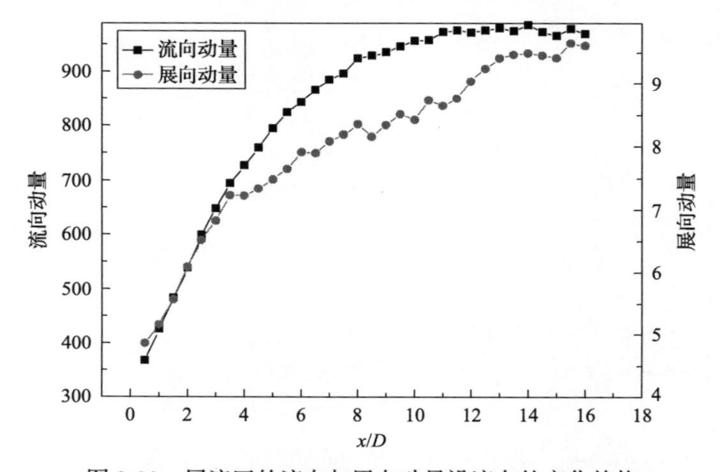

图 2-22　尾流区的流向与展向动量沿流向的变化趋势

2.4.3　小结

本节分别在均匀入流与湍流入流条件下，采用风电机组致动盘模型在偏航状态下进行了大涡模拟数值仿真，数值结果表明：当风电机组工作在偏航状态下时，风电机组远场尾流会发生明显偏转，具有明显的展向速度分量及“肾性”CVP 结构，但其产生机理仍需进一步研究。在偏航状态下，风电机组尾流的偏转为实现风电场偏航协同控制优化提供了可能。第 6 章将首先对单列机组的偏航协同优化策略进行研究，在此基础上，第 7 章研究了风电场的偏航协同优化策略。

本 章 小 结

本章介绍了风电场流动研究中广泛采用的大涡模拟方法并对其进行了验证，其可以有效解析大气边界层的大尺度流动，相比传统的 RNAS 方法具有模型适用性广、模拟精度高等优点。但是，它需要消耗大量的计算资源，目前主要被用于相关基础研究。随后，基于大涡模拟方法，分别对单台风电机组尾流及偏航风电机组的尾流进行了数值模拟研究，相关研究结果为后续研究提供了指导。

参 考 文 献

[1] 张兆顺，崔桂香，许春晓. 湍流大涡数值理论的模拟和应用[M]. 北京：清华大学出版社，2008.

[2] Smagorinsky J. General circulation experiments with the primitive equations: I. The basic experiment[J]. Monthly Weather Review, 1963, 91(3): 99-164.

[3] Germano M. Turbulence-the filtering approach[J]. Journal of Fluid Mechanics, 1992, 238(1): 325-336.

[4] Porté-Agel F, Parlange M B, Meneveau C, et al. A priori field study of the subgrid-scale heat fluxes and dissipation in the atmospheric surface layer[J]. Journal of the Atmospheric Sciences, 2001, 58(18): 2673-2698.

[5] Porté-Agel F, Pahlow M, Meneveau C, et al. Atmospheric stability effect on subgrid-scale physics for large-eddy simulation[J]. Advances in Water Resources, 2001, 24(9-10): 1085-1102.

[6] Stoll R, Porté-Agel F. Dynamic subgrid-scale models for momentum and scalar fluxes in large-eddy simulations of neutrally stratified atmospheric boundary layers over heterogeneous terrain[J]. Water Resources Research, 2006, 42(1):177-207.

[7] Wu Y T, Porté-Agel F. Atmospheric turbulence effects on wind-turbine wakes: An LES study[J]. Energies, 2012, 5(12): 5340-5362.

[8] Wu Y T, Porté-Agel F. Simulation of turbulent flow inside and above wind farms: Model validation and layout effects[J]. Boundary-Layer Meteorology, 2013, 146(2): 181-205.

[9] Bou-Zeid E, Meneveau C, Parlange M. A scale-dependent Lagrangian dynamic model for large eddy simulation of complex turbulent flows[J]. Physics of Fluids, 2005, 17(2):025105.

[10] Wan F, Porté-Agel F. Large-eddy simulation of stably-stratified flow over a steep hill[J]. Boundary-Layer Meteorology, 2011, 138(3): 367-384.

[11] Wan F, Porté-Agel F, Stoll R. Evaluation of dynamic subgrid-scale models in large-eddy simulations of neutral turbulent flow over a two-dimensional sinusoidal hill[J]. Atmospheric Environment, 2007, 41(13): 2719-2728.

[12] Businger J A, Wyngaard J C, Izumi Y, et al. Flux-profile relationships in the atmospheric surface layer[J]. Journal of Atmospheric Sciences, 1971, 28(2): 181-189.

[13] Manwell J F, McGowan J G, Rogers A L. Wind Energy Explained: Theory, Design and Application[M]. Hoboken: John Wiley & Sons, 2010.

[14] Sanderse B, van der Pijl S P, Koren B. Review of computational fluid dynamics for wind turbine wake aerodynamics[J]. Wind Energy, 2011, 14(7): 799-819.

[15] Meyers J, Meneveau C. Large eddy simulations of large wind-turbine arrays in the atmospheric boundary layer[C]//48th AIAA Aerospace Sciences Meeting Including the New Horizons Forum and Aerospace Exposition, Orlando, 2010: 827.

[16] Shapiro C R, Gayme D F, Meneveau C. Filtered actuator disks: Theory and application to wind turbine models in large eddy simulation[J]. Wind Energy, 2019, 22(10): 1414-1420.

[17] Orszag S A. On the elimination of aliasing in finite-difference schemes by filtering high-wavenumber components[J]. Journal of the Atmospheric Sciences, 1971, 28(6): 1074.

[18] Lyu P, Chen W L, Li H, et al. A numerical study on the development of self-similarity in a wind turbine wake using an improved pseudo-spectral large-eddy simulation solver[J]. Energies, 2019, 12(4): 643.

[19] Meinders E R, Hanjalić K. Vortex structure and heat transfer in turbulent flow over a wall-mounted matrix of cubes[J]. International Journal of Heat and fluid flow, 1999, 20(3): 255-267.

[20] Wu Y T, Porté-Agel F. Large-eddy simulation of wind-turbine wakes: Evaluation of turbine parametrisations[J]. Boundary-Layer Meteorology, 2011, 138(3): 345-366.

[21] Bastankhah M, Porté-Agel F. A new analytical model for wind-turbine wakes[J]. Renewable Energy, 2014(70): 116-123.

[22] Abkar M, Porté-Agel F. Influence of atmospheric stability on wind-turbine wakes: A large-eddy simulation study[J]. Physics of Fluids, 2015, 27(3): 035104.

[23] Li Z, Yang X. Evaluation of actuator disk model relative to actuator surface model for predicting utility-scale wind turbine wakes[J]. Energies, 2020, 13(14): 3574.

[24] Nordström J, Nordin N, Henningson D. The fringe region technique and the Fourier method used in the direct numerical simulation of spatially evolving viscous flows[J]. SIAM Journal on Scientific Computing, 1999, 20(4): 1365-1393.

[25] Archer C L, Vasel-Be-Hagh A. Wake steering via yaw control in multi-turbine wind farms: Recommendations

based on large-eddy simulation[J]. Sustainable Energy Technologies and Assessments, 2019(33): 34-43.

[26] Howland M F, Bossuyt J, Martínez-Tossas L A, et al. Wake structure in actuator disk models of wind turbines in yaw under uniform inflow conditions[J]. Journal of Renewable and Sustainable Energy, 2016, 8(4): 043301.

第3章　基于动量定理的尾流二维解析模型

3.1　引　　言

当前采用自相似高斯速度损失剖面的二维尾流模型的尾流膨胀率取决于描述速度损失剖面的特征量，而不是和真实尾流边界相关，因此该参数具有很大的不确定性，这阻碍了此类模型的大规模工程应用。本章将采用 2.3 节所提出的尾流自相似高斯速度损失剖面，基于动量定理发展一个形式简单、计算方便的高精度二维解析模型，并对模型精度进行综合验证[1]。

3.2　基于动量定理的经典尾流模型

3.2.1　一维尾流模型

作为流体力学和空气动力学的基本原理之一，动量定理是许多经典解析尾流模型的理论基础，其中最具代表性的就是 Frandsen 模型[2]。由图 3-1 可以看出，该模型同样假设尾流速度损失呈顶帽分布，但是尾流非线性膨胀，在控制体内应用动量定理可以得到尾流区速度为

$$\frac{U_{\mathrm{w}}}{U_{\infty}}=\frac{1}{2}+\frac{1}{2}\sqrt{1-2\frac{A_0}{A_{\mathrm{w}}}C_{\mathrm{T}}} \tag{3-1}$$

式中，U_{∞}——无穷远处的来流(m/s)；

U_{w}——机组后方尾流区的风速(m/s)；

A_0——风轮面积(m^2)，风轮直径为 d_0；

A_{w}——尾流区面积(m^2)，尾流直径为 d_{w}；

C_{T}——推力系数。

Frandsen 模型假设尾流非线性膨胀，尾流直径 d_{w} 表示为

$$d_{\rm w} = d_0 \left(\beta + k_{\rm wf}\, x/d_0\right)^{1/2} \tag{3-2}$$

式中，x——风轮后方的下游距离；

$k_{\rm wf}$——Frandsen 模型中的尾流膨胀率，且 $k_{\rm wf} = 10k_{\rm w}$；

β——一个和推力系数有关的常数，可以表示为

$$\beta = \frac{1}{2}\frac{\left(1+\sqrt{1-C_{\rm T}}\right)}{\sqrt{1-C_{\rm T}}} \tag{3-3}$$

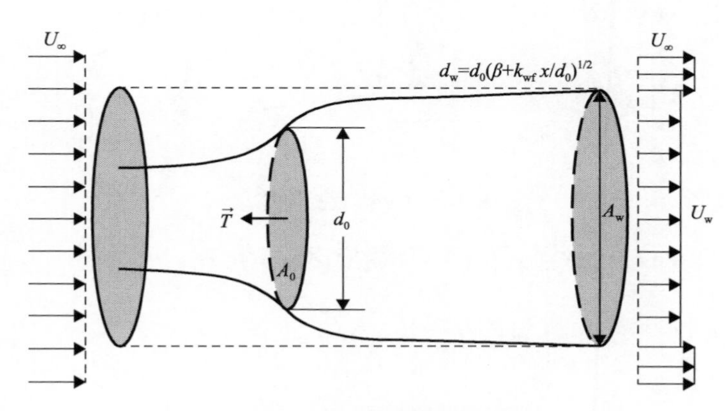

图 3-1　Frandsen 模型控制体

3.2.2　二维尾流模型

一维 Frandsen 模型假设尾流区速度损失符合顶帽分布，但实际中远场尾流区的速度损失更符合自相似的高斯分布。基于这一发现，Bastankhah 和 Porté-Agel[3]提出了一个高精度的二维尾流模型，简称 BP 模型。其具体推导过程如下。

图 3-2 所示为 BP 模型控制体。可以看出，和一维模型中的顶帽分布不同，BP 模型在尾流区假设了一个高斯速度损失剖面，即

$$\frac{U_w}{U_\infty} = 1 - C(x){\rm e}^{-\frac{r^2}{2\sigma^2}} \tag{3-4}$$

式中，$C(x)$——下游距离 x 处尾流中心的最大速度损失；

r ——到风轮轴线的横向距离(m)；

σ——高斯速度损失剖面的标准差。

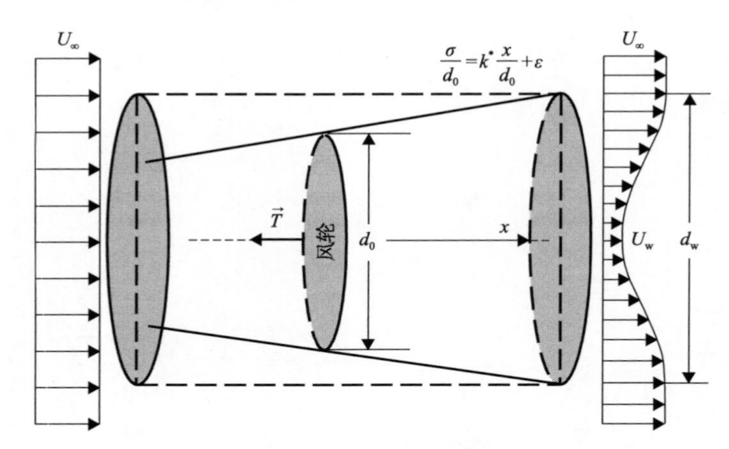

图 3-2　BP 模型控制体

和 Frandsen 模型一样，在控制体内应用动量定理，可得

$$T=\int_A \rho U_{\mathrm{w}}\left(U_\infty-U_{\mathrm{w}}\right)\mathrm{d}A=\frac{1}{2}C_{\mathrm{T}}\rho A_0 U_\infty^2 \tag{3-5}$$

式中，T ——风轮受到的总推力(N)；

ρ——来流的空气密度(kg/m^3)；

dA——面积微元。

将式(3-4)代入式(3-5)，并从 0 到∞积分，可得

$$C(x)=1-\sqrt{1-\frac{C_{\mathrm{T}}}{8\left(\sigma/d_0\right)^2}} \tag{3-6}$$

该模型也假设尾流线性膨胀，则标准差σ可以表示为

$$\frac{\sigma}{d_0}=k^*\frac{x}{d_0}+\varepsilon,\quad \varepsilon=0.2\sqrt{\beta} \tag{3-7}$$

式中，k^*——尾流膨胀率，$k^*=\partial\sigma/\partial x$，表示高斯分布标准差的膨胀快慢。

根据式(3-4)、式(3-6)和式(3-7)，可以得到尾流区速度损失：

$$\frac{\Delta U}{U_\infty}=\left[1-\sqrt{1-\frac{C_\mathrm{T}}{8\left(k^*\dfrac{x}{d_0}+\varepsilon\right)^2}}\right]\exp\left\{-\frac{1}{2\left(k^*\dfrac{x}{d_0}+\varepsilon\right)^2}\left[\left(\frac{z-z_h}{d_0}\right)^2+\left(\frac{y}{d_0}\right)^2\right]\right\} \tag{3-8}$$

式中，$(x/d_0,\ y/d_0,\ z/d_0)$——归一化坐标。

3.2.3　模型存在的问题

尽管采用高斯速度损失剖面的二维尾流模型显著提高了预测精度，并为风电机组尾流的理论研究提供了新的思路和方向，但是此类模型仍存在两个缺陷，阻碍了其广泛应用于工程实际当中。

第一，模型中的尾流膨胀率取决于表征速度损失剖面的特征变量。例如，BP 模型中的尾流膨胀率定义为 $k^*=\partial\sigma/\partial x$，但是工程人员目前对高斯分布标准差的膨胀率知之甚少，所以这一定义限制了该模型在工程领域的应用。鉴于此，我们可以采用具有显著物理意义的真实尾流边界来表征风电机组的尾流膨胀特性，当然与其对应的尾流膨胀率也要做一定修正。

第二，尾流膨胀系数的取值范围尚不清楚。值得一提的是，通过长期的研究和应用，技术人员已经对 Jensen 模型中尾流膨胀系数的取值积累了丰富经验。对于陆上和海上风电机组，k_w 分别取 0.075 和 0.05[4]，这样的经验值对于实际工程应用是非常有价值的。因此，针对二维尾流模型中的膨胀系数，我们也希望给出类似的推荐值。

3.3　MTG 模型

和 BP 模型一样，本节仍采用高斯分布来表征具有自相似特性的尾流速度损失，并基于真实尾流边界和标准高斯函数之间的差异，首次给出了物理尾流边界和高斯分布标准差之间的关系，并在此基础上得到了尾流的线性膨胀规律。最终，本节基于动量定理提出了十分简单、便于应用的二维解析尾流模型，简称 MTG(Momentum Theory-Gaussian)模型。其推导和验证流程如图 3-3 所示。

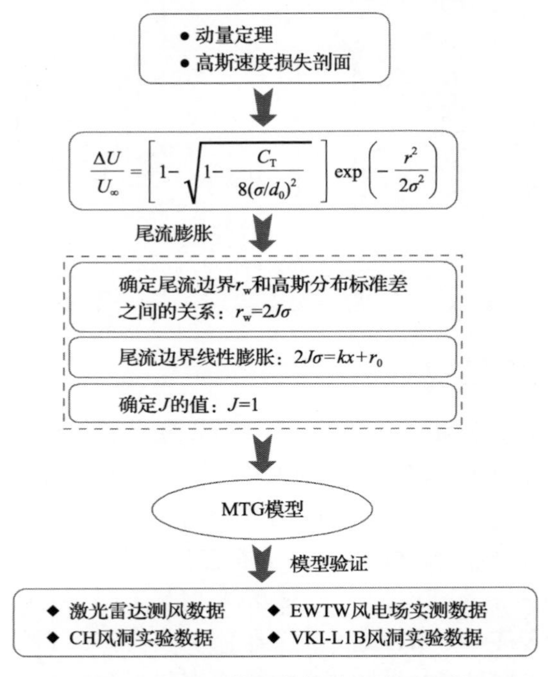

图 3-3　MTG 模型的推导和验证流程

在 MTG 模型的推导过程中，我们采用了一系列风洞实验数据[5]（算例 1）和大涡模拟数据[6]（算例 2～5），如表 3-1 所示。需要注意的是，Bastankhad 和 Porté-Agel[3]也采用这些数据对 BP 模型进行了推导和验证，这便于对这两个模型的预测精度进行对比。

表 3-1　推导 MTG 模型的风洞实验（算例 1）和大涡模拟仿真算例（算例 2～5）

算例	d_0 /m	z_h /m	U_{hub} /(m/s)	C_T	z_0 /m	$I_0(z=z_h)$
算例 1	0.15	0.125	2.2	0.42	0.00003	0.070
算例 2	80	70	9	0.8	0.5	0.134
算例 3	80	70	9	0.8	0.05	0.094
算例 4	80	70	9	0.8	0.005	0.069
算例 5	80	70	9	0.8	0.00005	0.048

3.3.1　真实尾流边界的确定

首先，通过机组尾流的自相似特性确定尾流边界的位置。图 3-4 所示为不同下游位置和叶尖速比下风洞实验数据和 LES 数据的自相似尾流速度损失剖面[3,7]。显然，尾流边界和高斯分布采用的置信区间(Confidence Interval，CI)直接相关。若 CI=95%，则尾流边界为$\pm 2\sigma$；若 CI=99.7%，则尾流边界为$\pm 3\sigma$。Gao 等[8]采用$\pm 2.58\sigma$作为尾流边界，对应的置信区间为 99.00%。但是，标准高斯函数并不能完全表征尾流区速度损失，特别是在靠近边界的位置。由图 3-4 可以看出，虽然不同下游位置和叶尖速比下的真实尾流速度损失近似符合高斯分布，但是二者在靠近尾流边界处会发生较大分离。实际上，标准高斯函数仅在距离尾流中心无穷远处趋近于零，而风洞实验和大涡模拟得到的速度损失剖面则以更快的速度趋于零，这意味着真实尾流边界比标准高斯函数更“窄”。我们首次考虑了这一差异来确定真实尾流边界的位置和尾流膨胀率。假设当速度损失达到最大速度损失的 5%($\Delta U = 5\%\Delta U_{\max}$)时，尾流膨胀到边界位置，那么标准高斯分布对应的尾流边界为2.45σ($2.1r_{1/2}$)，如图 3-4 中的直线 2 所示，大约 99%的值落在这一范围内。然而，考虑到真实速度损失剖面会更快地趋于零，所以$\Delta U = 5\%\Delta U_{\max}$这一判据会使得更多值落在约$\pm 2\sigma$(直线 1)的范围内，即对于真实速度剖面而言，$2\sigma$更能代表物理尾流边界。因此，确定真实尾流边界的位置为$r_{\mathrm{w}} \approx 2\sigma$。更准确地，令$r_{\mathrm{w}} = 2J\sigma$，$J$是一个约等于 1 的常数。

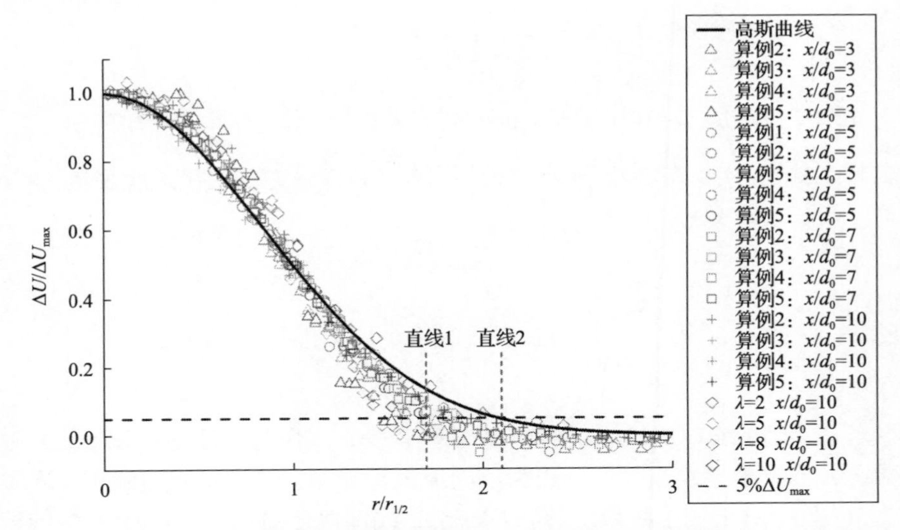

图 3-4　不同下游位置和叶尖速比下风洞实验数据和 LES 数据的自相似尾流速度损失剖面

与 Jensen 模型一样，MTG 模型假设尾流边界呈线性膨胀。尽管这一假设在某些情况下不符合实际，但是整体上能够表征尾流膨胀规律。另外，第 2 章的仿真结果和文献[3]都表明高斯分布标准差σ和下游距离x呈线性关系，

这也进一步证明了该假设的合理性。忽略风轮后方的压力恢复区，尾流边界的线性膨胀规律可以表示为

$$2J\sigma = kx + r_0 \tag{3-9}$$

式中，r_0——风轮半径。

图 3-5 所示为根据式(3-9)对大涡模拟和风洞实验数据线性拟合的结果。为了便于计算，暂取 $J=1$（J 的取值将在 3.3.2 节进行讨论）。可见，当 $x>2d_0$ 时，线性膨胀规律与实验结果和仿真数据符合得很好。

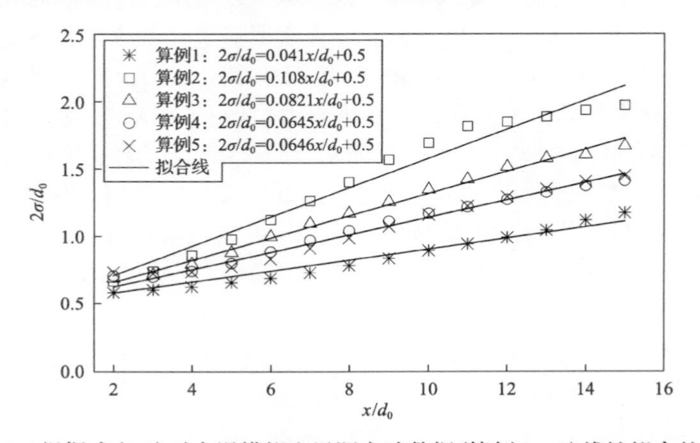

图 3-5　根据式(3-9)对大涡模拟和风洞实验数据(算例 1～5)线性拟合的结果

根据式(3-4)～式(3-6)和式(3-9)，可得 MTG 模型的尾流速度表达式：

$$\frac{\Delta U(x,r)}{U_\infty}=\left[1-\sqrt{1-\frac{2J^2C_{\mathrm{T}}}{\left(k\dfrac{x}{r_0}+1\right)^2}}\right]\exp\left[-\frac{2J^2}{\left(k\dfrac{x}{r_0}+1\right)^2}\left(\frac{r}{r_0}\right)^2\right] \tag{3-10}$$

若 $J=1$，则式(3-10)中的唯一未知数就是 k。作为表征尾流膨胀的关键参数，k 取决于地表粗糙度，因为不同地表粗糙度会产生不同的湍流强度。图 3-5 表明，对于较小粗糙度(算例 4～5)，线性拟合的 k 约为 0.065，略低于陆上风电场的推荐值 0.075；对于较大粗糙度(算例 3)，k 会相应增大到 0.08；对于非常粗糙的表面(算例 2)，k 值也很大，约为 0.100。但是，在和算例 4 湍流强度相近的算例 1 中，其 k 值仅为 0.040。这可能是由于风洞实验的推力系数仅为 0.42，对应的轴向诱导因子约为 0.12，属于轻载运行工况，机组附

加湍流很小。整体来看，MTG 模型中的 k 和 Jensen 模型中的 k_w 属于同一量级，这是该模型的一个突出优点，因为这意味着可以使用 k_w 的经验值指导 k 的取值。需要注意的是，虽然在算例 1～5 中 k 的大小约为 k_w 的两倍，但是它们的物理意义截然不同，前者表示物理尾流边界的膨胀，后者则表示高斯分布标准差 σ 的膨胀。

3.3.2　*J* 值的确定

如 3.3.1 节所述，J 是一个约为 1 的常数。为了最终确定 J 的取值，本节定量研究了 J 的取值对 MTG 模型精度的影响。

仍以风洞实验和大涡模拟数据为例，根据式(3-9)，不同 J 可以线性拟合得到不同 k（表 3-2)，这可能对模型精度略有影响。为了量化 J 的影响，定义相对误差 δ ：

$$\delta = \sqrt{\frac{1}{n}\left(\sum_{i=1}^{n}\delta_i^2\right)} \tag{3-11}$$

$$\delta_i = \frac{\Delta U_i' - \Delta U_i}{\Delta U_i} \times 100\% \tag{3-12}$$

式中，δ_i——尾流区内第 i 个测量点的相对误差；

$\Delta U_i'$——尾流模型计算得到的最大速度损失；

ΔU_i——风洞实验或大涡模拟得到的最大速度损失。

表 3-2　不同 *J* 对应的尾流膨胀率(算例 1～5)

J	算例 1	算例 2	算例 3	算例 4	算例 5
1.18	0.0572	0.1361	0.1055	0.0848	0.0848
1.12	0.0519	0.1267	0.0977	0.078	0.0781
1.06	0.0465	0.1174	0.0899	0.0713	0.0713
1.00	0.041	0.108	0.0821	0.0645	0.0646
0.94	0.0358	0.0986	0.0743	0.0578	0.0578
0.91	0.0331	0.094	0.0704	0.0544	0.0544

在表 3-3 给出的不同 J 中，$J=1$ 的相对误差最小，准确度最高。但是，我们应该知道此处的最佳值 $J=1$ 与所选取的风洞实验数据和仿真结果有关。如果采用其他数据，最佳的 J 可能稍有变化。表 3-3 还给出了五个算例的平均误差 $\bar{\delta}$ ，可以看出，不同 J 值对 $\bar{\delta}$ 的影响很小，即只要 J 在 1 附近取值，模型都能得到较好的结果。因此，为了便于计算和应用，取 $J=1$ ，这意味着

尾流边界恰好落在高斯分布的 2σ 位置处。对于真实速度剖面而言，超过 99% 的值会落在这一范围内。

表 3-3　不同 J 对应的最大速度损失平均相对误差及五个算例的平均误差　（单位：%）

J	算例 1	算例 2	算例 3	算例 4	算例 5	$\bar{\delta}$
1.18	3.52	7.77	12.62	17.24	8.89	10.01
1.12	3.03	3.92	11.95	14.11	5.61	7.72
1.06	5.10	1.08	7.63	12.64	4.61	6.21
1.00	9.02	2.81	2.48	11.25	4.23	5.96
0.94	18.19	16.86	13.43	6.17	7.69	12.47
0.91	20.27	17.13	13.27	6.23	8.15	13.01

注：最后一列表示算例 1～5 的平均误差。

图 3-6 给出了风电机组尾流中轮毂高度处最大速度损失沿下游距离的变化情况（J=1），对比了实验数据、大涡模拟结果和不同解析尾流模型的计算结

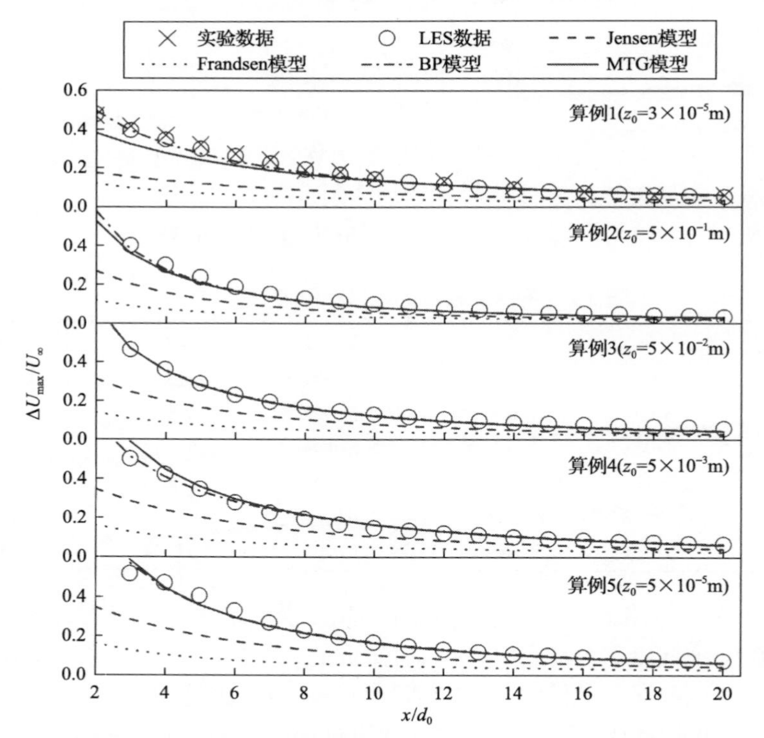

图 3-6　风电机组尾流中轮毂高度处最大速度损失沿下游距离的变化情况（算例 1～5）

果。可以看出，J=1 对应的模型结果和实验及仿真数据都吻合得很好。相比之下，Jensen 模型和 Frandsen 模型由于采用了顶帽分布假设，普遍低估了尾流中心的速度损失。此外，本章提出的 MTG 模型和 BP 模型除了在算例 1 和算例 4 的近尾流区有一定差异外，在其他下游位置都吻合较好，这可能是由于 MTG 模型采用了较简单的尾流膨胀模型。图 3-7 给出了下游四个不同位置处（$x/d_0 = 3, 5, 7, 10$）的垂向速度损失剖面（J=1），同样对比了仿真结果和不同模型的计算结果。由图 3-7 可以看出，MTG 模型在不同下游位置都能很好地预测尾流速度损失在垂直方向上的分布，且能够和形式更复杂的 BP 模型达到相同精度。

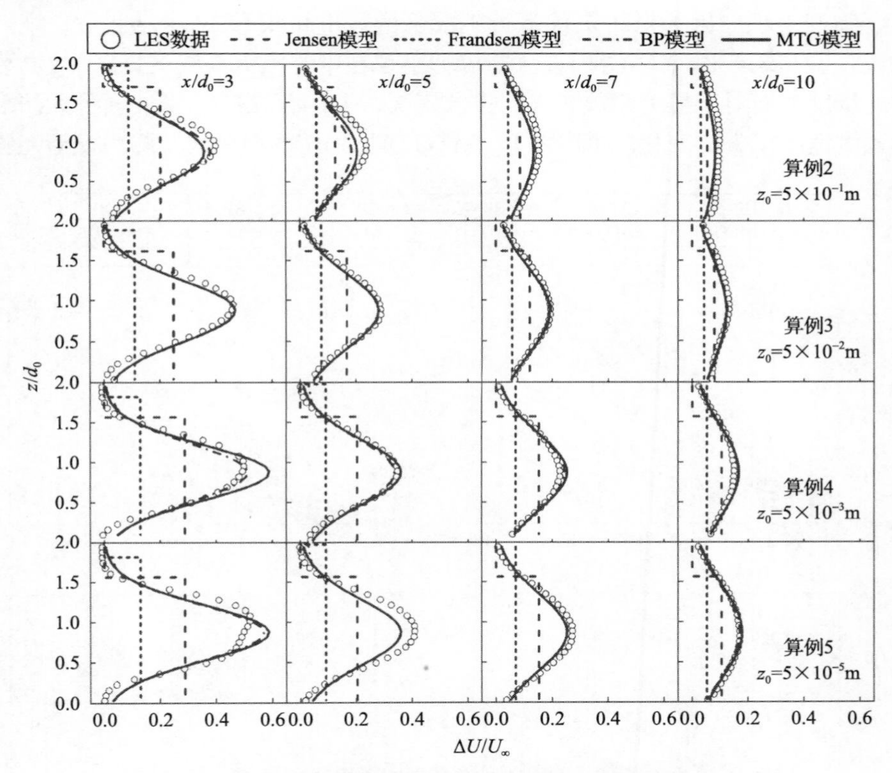

图 3-7　下游四个不同位置处的垂直速度损失剖面(算例 2～5)

3.3.3　与 BP 模型的对比

从某种意义上说，本章提出的 MTG 模型是对 BP 模型的扩展。一方面，根据风洞实验和大涡模拟结果，确定尾流区真实速度剖面的边界为 2σ，并基于此定义了一个物理上更加直观的尾流膨胀率 k 。由于 k 和 Jensen 模型中的 k_w 量级相同，因此工程技术人员可以根据已有知识和经验选择恰当的 k 值，这大大提高了 MTG 模型在工程实际中的应用潜力。另一方面，忽略了压力恢复区的尾流膨胀，这意味着近场尾流与推力系数和大气情况无关，这可能会给模型结果造成一定误差，特别是在近尾流区域。

为了进一步量化对比 MTG 模型和 BP 模型之间的区别，图 3-8 给出了不同下游位置处 MTG 模型和 BP 模型的最大速度损失随推力系数的变化情况。由图 3-8 可以看出，当 $C_T < 0.8$ 时，BP 模型得到的 ΔU 随 C_T 单调递增；当 $C_T > 0.8$ 时，由于截距 ε（β）的存在，ΔU 开始减小。这种非单调趋势显然不符合物理常识，因为对于最优运行工况下的风电机组（$C_T = 8/9$，$a = 1/3$）来说，ΔU 应该比 $C_T = 0.8$ 时要大。β 似乎仅在中等推力系数下提高了 BP 模型的精度，而对于推力系数较大的重载工况，β 的存在使得 BP 模型无法准确预测速度损失的变化。相比之下，MTG 模型采用的简单线性膨胀模型能够

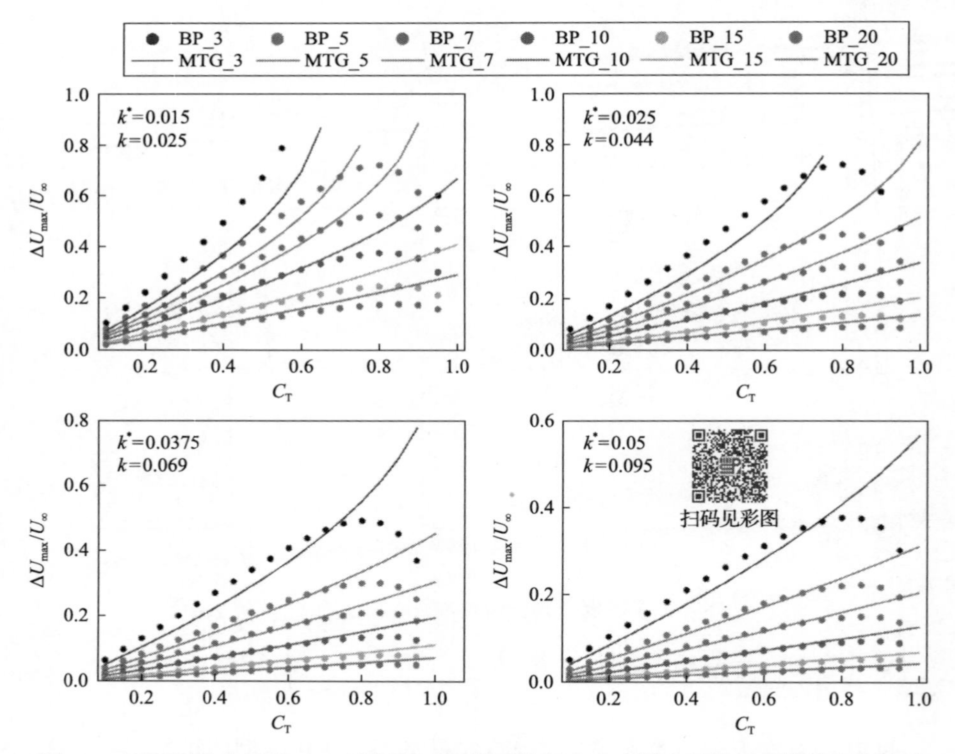

图 3-8　不同下游位置处 MTG 模型和 BP 模型的最大速度损失随推力系数的变化情况

预测速度损失的单调趋势，该模型在重载工况下（$C_T = 0.85$）的预测精度将在 3.4.2 节进一步验证。另外，当$C_T < 0.8$时，两个模型在近场尾流差异很大，在远场尾流则吻合较好（$x / d_0 = 7, 10, 15, 20$）。这也说明 MTG 模型的相关假设至少在远场尾流区是合理的，而这正是真实风电场中下游机组所在的位置。

3.4　模型验证

为了评估 MTG 模型应用于工程实际的潜力，本节采用四个不同类型的算例对模型预测精度进行验证，包括现场实测数据(3.4.1 节和 3.4.3 节)和风洞实验结果(3.4.2 节和 3.4.4 节)。另外，第 2 章的数值结果表明地表粗糙度和尾流膨胀系数直接相关。为了探究二者之间的关系，所选择的四个验证算例粗糙度等级不同。由于非常平坦或非常粗糙的地形很少见且不够典型，因此本节只讨论了中等粗糙度(3.4.1～3.4.3 节)和高粗糙度(3.4.4 节)两种情况；至于非常光滑的表面，可以参考 3.3.1 节中的算例 5。

3.4.1　激光雷达测风实验

2015 年 4 月 11 日～8 月 18 日，作者在甘肃省酒泉风电基地进行了为期四个月的激光雷达测风实验。测试风电场由 200 台金风 GW82/1500 机组组成，风轮直径 82m，轮毂高度 70m，风电场总容量 300MW。在风电场中，机组呈矩阵排列，流向(东西方向)和展向(南北方向)机组间距分别为$5d_0$和$9d_0$。当地地形较平坦，多为覆盖沙石的戈壁滩。为了确保数据质量，本次测量活动选取了两台多普勒激光雷达和一个测风塔进行测量。

本实验的部分结果已经公开发表，如 Li 等[9]利用雷达测风数据研究了大气边界层和风电机组之间的相互作用；后来 Li 等[10]又利用入流 5.4m/s 下的单台机组测风数据评估了三个经典尾流模型的适用性。为了验证本章提出的 MTG 模型，我们选择放置在风电场东部的 WindPrint S4000 雷达数据，具体测风方案(包括四个下游位置)如图 3-9 所示。由图 3-9 可以看出，当风向为 105° 时，目标机组位于雷达下游 426m 处，可以获得机组后方不同位置处的尾流速度。采用和 Li 等[10]相同的数据筛选方法，在风向为$\theta = 100°$～$110°$的范围内筛选出一组高质量的代表性数据。选取机组前d_0处的风速作为入流，通过 PPI(plan position indicator，平面位置指示)扫描方式得到入流风速为 7.82m/s，通过风速-推力曲线得到对应的推力系数为$C_T = 0.8$。

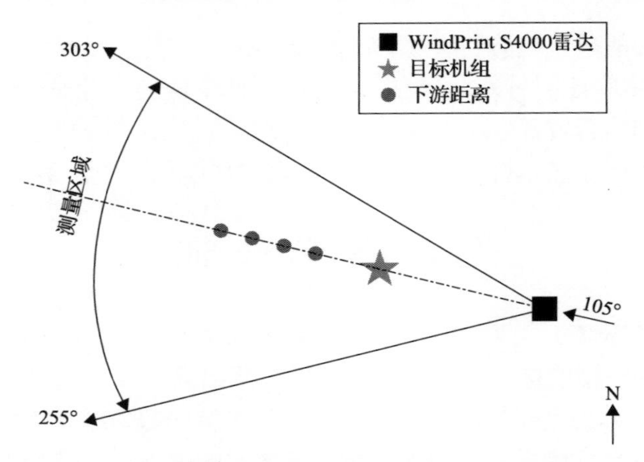

图 3-9　单台机组尾流的雷达测风方案（$x/d_0 = 2,3,4,5$）

图 3-10 所示为单台机组下游四个不同位置处（$x/d_0 = 2,3,4,5$）的横向尾流速度剖面，对比了雷达测风数据和不同尾流模型的结果。在解析尾流模型中，选取了两个尾流膨胀系数进行计算，一个是陆上风电场的推荐值 0.075，

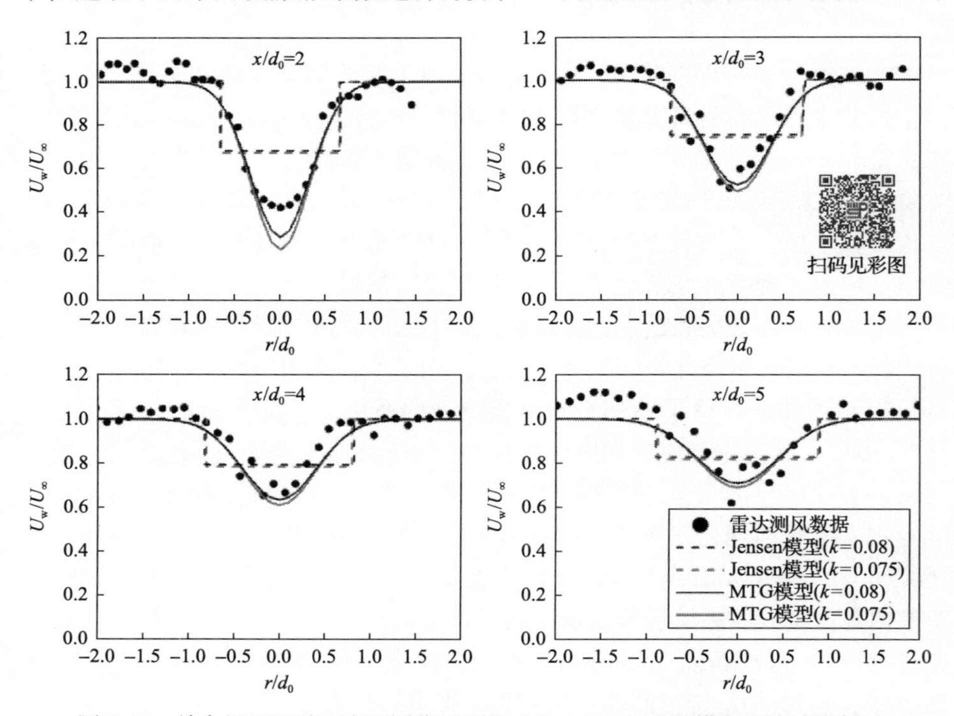

图 3-10　单台机组下游四个不同位置处（$x/d_0 = 2,3,4,5$）的横向尾流速度剖面

另一个则使用和图 3-5 相同方法得到的高斯拟合值 0.08。由图 3-10 可以看出，相比一维 Jensen 模型，二维 MTG 模型的尾流速度预测精度显著提高。另外，两个不同膨胀系数得到的模型计算结果十分接近，仅在尾流中心处有细微差别，即针对本算例，$k = 0.075$ 也可以得到很好的结果。

3.4.2 GH 风洞实验

Garrad Hassan 在 MEL 风洞中使用 1/160 等比缩小的风电机组模型进行了一系列实验，模型机组对应的真实风轮直径为 43.2m，轮毂高度为 50m。风洞地形平坦，表面人造粗糙度为 0.075m。当来流风速为 5.3m/s 时，风洞实验测量了三个不同叶尖速比下（$\lambda = 2.9, 4.0, 5.1$）的尾流速度，对应的推力系数分别为 0.62、0.79 和 0.85。文献[11]给出了多组风洞实验结果，包括横向尾流速度、中心尾流速度、垂直速度剖面等，我们仅从中选取几组有代表性的数据验证本章提出的 MTG 模型。

图 3-11 所示为不同叶尖速比下尾流中心速度随下游距离的变化情况，对比了风洞实验数据和模型计算结果。类似地，尾流膨胀系数选取推荐值 0.075 和最佳拟合值（k_{best}）进行对比，高斯拟合得到三个叶尖速比下的 k_{best} 分别为 0.06、0.065 和 0.07。通过分析二维尾流模型的计算结果可以发现，当 $C_T = 0.85$

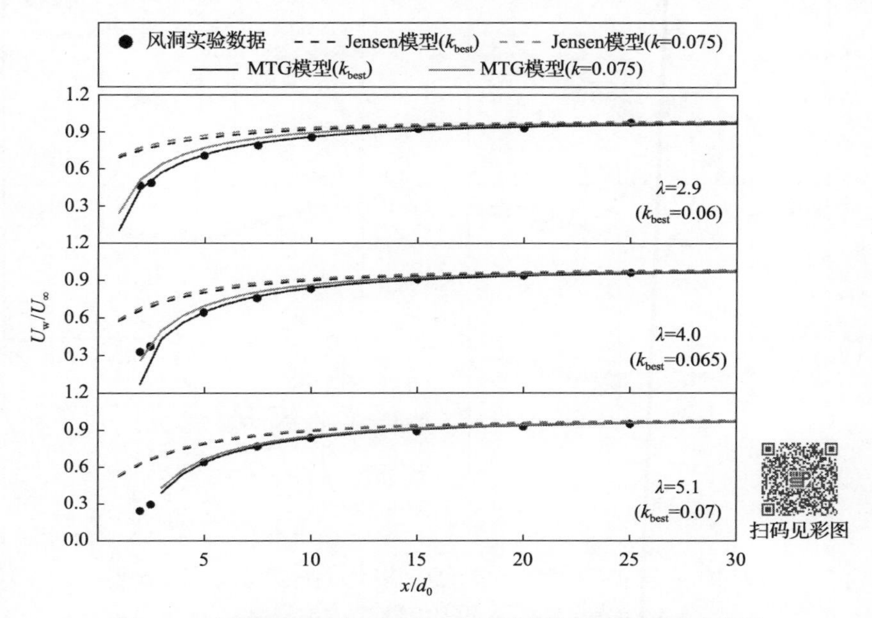

图 3-11 不同叶尖速比下尾流中心速度随下游距离的变化情况

时，k 取 0.075 可以得到很好的结果；当 $C_T = 0.62$ 时，k 取 0.075 的计算误差较大。也就是说，当地表粗糙度不变时，机组的运行条件也会显著影响尾流膨胀系数。在本算例中，当 C_T 在一定范围内(如 0.8～0.9)变化时，$k = 0.075$ 能够得到较好的结果，而这一范围正是风电机组的常规运行工况 Regime II，也是研究重点关注的工况[12]。相比之下，一维 Jensen 模型能在远场尾流区（$x > 15d_0$）得到较好结果，但是顶帽分布假设导致其明显高估了近场尾流区的速度，特别是在 $x < 5d_0$ 区域内。

图 3-12 所示为不同推力系数下实验数据和模型结果在下游不同位置处（$x/d_0 = 2.5, 5, 7.5, 10$）的横向尾流速度剖面，其中左侧为 $C_T = 0.62$，右侧为 $C_T = 0.85$。显然，尾流膨胀系数 k 和推力系数呈正相关。在 $x = 2.5d_0$ 处，两种工况下的最大速度损失分别为 50%和 70%，但是由于 $C_T = 0.85$ 时的尾流恢复更快，因此二者的尾流速度在 $x = 7.5d_0$ 处几乎恢复到了来流的 80%。和图 3-11 相似，$k = 0.075$ 在大叶尖速比下可以准确预测尾流速度剖面，但是在

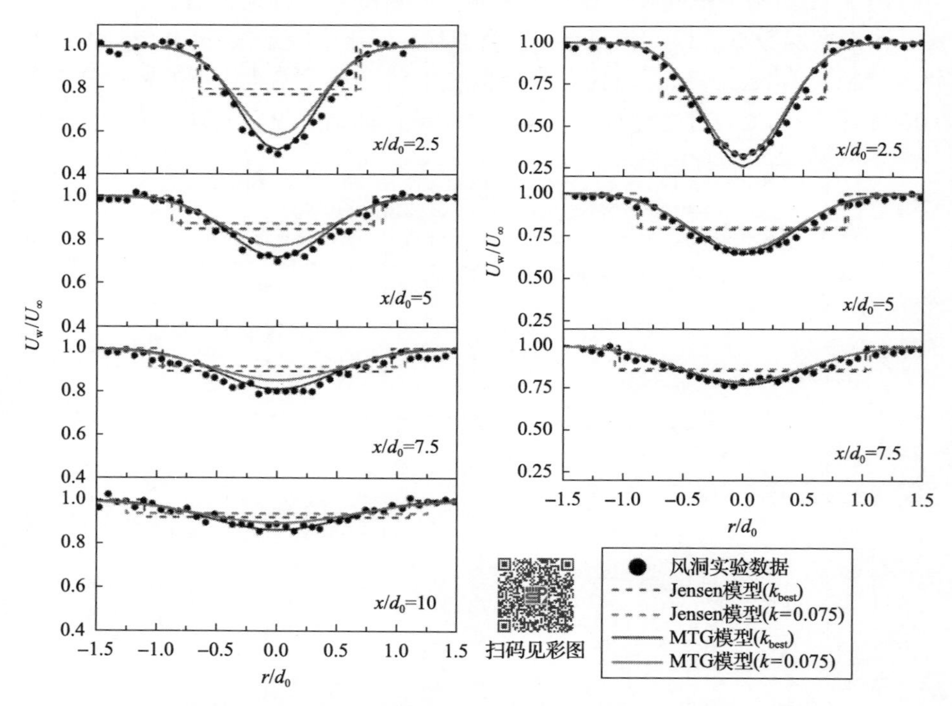

图 3-12　不同推力系数下实验数据和模型结果在下游不同位置处（$x/d_0 = 2.5, 5, 7.5, 10$）的横向尾流速度剖面

小叶尖速比下会高估尾流速度，此时若采用较小的$k=0.06$，模型结果和风洞实验数据会吻合得较好。平均来看，尽管Jensen模型也能得到不错的计算结果，特别是在$x>10d_0$处，但是该模型会明显高估尾流中心速度，低估尾流边界附近的速度。

3.4.3　EWTW风电场实测实验

EWTW风电场是荷兰能源研究中心负责运行的一个实验风电场，位于荷兰东北部一块非常平坦的开拓地。该风电场由五台实验机组构成(T1～T5)，风轮直径为80m，机组串列排布，间距为$3.8d_0$。Schepers等[13,14]进行的现场测风方案如图3-13所示，测风塔MM3到机组T1和T2的距离分别为$3.5d_0$和$2.5d_0$，该测风塔在52m、80m和108m三个高度上放置了声波风速仪和风杯进行测风。当风向为31°和315°时，可以分别测量下游$2.5d_0$(T2)和$3.5d_0$(T1)处的尾流速度分布。EWTW风电场的测风实验从2005年1月持续到2009年8月，约五年的测量周期使得该风电场成为世界上为数不多的数据质量能够得到保证的实验风电场之一，因此本节选择该风电场实测数据对MTG模型进行验证。

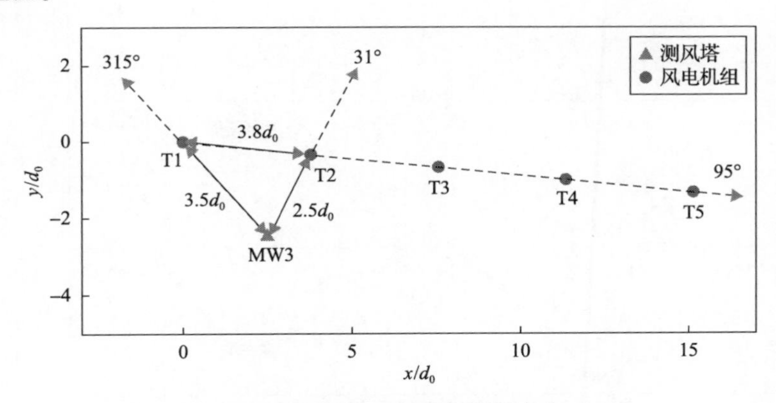

图3-13　EWTW风电场测风方案

本算例选取了四个不同的入流风速区间(4～6m/s、6～8m/s、8～10m/s、10～12m/s)进行分析，推力系数保持不变，均为0.63。两个单尾流测风实验对应的风向范围分别为1°～61°(T2)和285°～345°(T1)，表3-4所示为在上述四个风向区间下的平均风速。由于该风电场地形平坦，主要覆盖农田，因此尾流模型中的尾流膨胀系数取陆上风电场的推荐值0.075。需要注意的是，本

算例没有选择 k 的最佳拟合值进行对比，因为两个风向下都只能得到一个下游距离的风速分布，无法获得准确的拟合值。

表 3-4　四个入流区间（U_{avg}）下 T1 和 T2 处的平均风速（U_R）[13,14]

U_R /(m/s)	U_{avg}（T1）	U_{avg}（T2）
4～6	4.95	4.90
6～8	6.83	6.94
8～10	8.78	8.98
10～12	10.68	10.97

图 3-14 所示为不同入流风速下轮毂高度处的尾流速度随风向的变化情况。由图 3-14 可以看出，本章提出的二维 MTG 模型在所有入流风速下都与实验结果吻合得很好。如前所述，在风电场实测活动中影响尾流演化的因素有很多，如入流湍流、风切变、科氏力、大气稳定度、地形效应等；此外，尾流

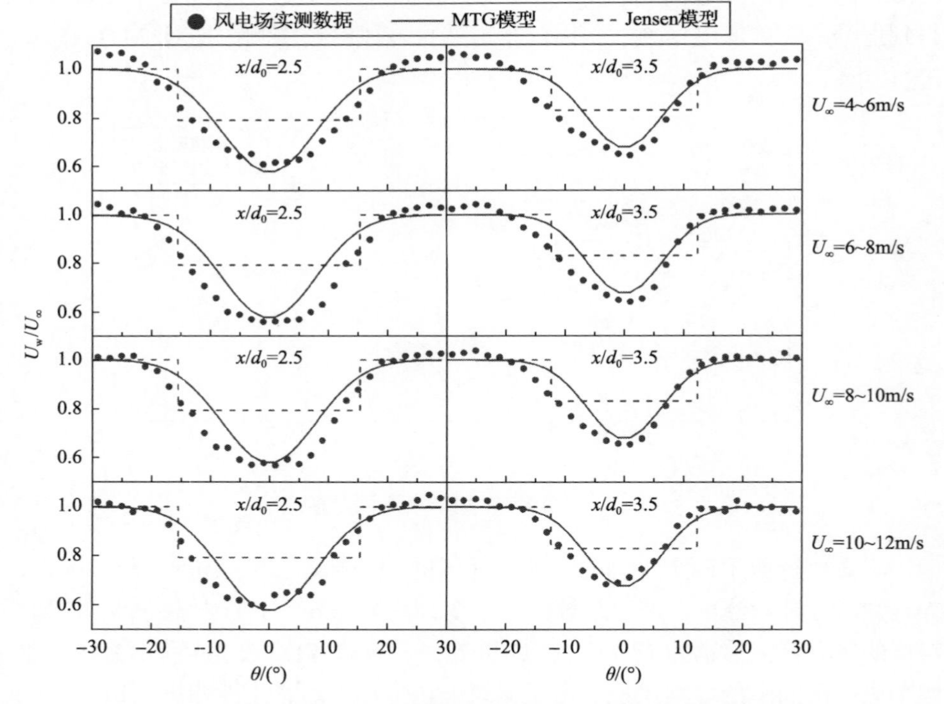

图 3-14　不同入流风速下轮毂高度处的尾流速度随风向的变化情况

复杂的演化特性、风电机组偏航、风向不确定性、风速仪灵敏度也都是在实测数据中造成误差的原因。因此，解析尾流模型的计算结果很难和实测数据达到完美吻合。但是，图 3-14 表明，采用自相似高斯速度损失剖面的二维尾流模型能够显著提高预测精度。由于 Jensen 模型和 Frandsen 模型使用了顶帽分布假设，因此当风向小于临界角时，测量点浸没在尾流中；当风向大于临界角时，测量点完全处于尾流之外。因此，和速度损失剖面的形状相似，尾流速度也会在临界角附近发生突变。当相对风向较小(大)时，Jensen 模型和 Frandsen 模型会低(高)估尾流速度损失。值得注意的是，测量得到的速度剖面随风向是非轴对称的，而本章提出的 MTG 模型在正风向下的预测精度较高，特别是对于较大入流风速和下游距离（$x=3.5d_0$）。这种非轴对称性可能和实际测量中风轮的旋转方向、不可预测的偏航角、风向不确定性等因素有关。

3.4.4　高粗糙度风洞实验

Barlas 等[15]在 VKI-LI-B 边界层风洞中利用一个等比例缩小的风电机组模型进行了与粗糙度相关的风洞实验。模型的风轮直径为 150mm，轮毂高度为 130mm。实验中利用放置在尾流中心垂直平面的热线风速仪测量下游不同位置处的时间分辨率。为了模拟粗糙表面，研究人员在机组上游放置了一些粗糙元，等效地表粗糙度为 z_0=0.4mm，产生摩擦速度为 u_*=0.56m/s 的入流。若假设风轮直径为 80m，则粗糙度等比例扩大为 0.213m，介于表 3-1 中算例 2 和算例 3 之间。在风洞实验中，机组轮毂高度处的风速为 $U_{\mathrm{h}}=8\mathrm{m/s}$，叶尖速比为 $\lambda=5$，以确保实验中推力系数保持不变。关于实验装置和测量结果的更多细节，请参考文献[15]。

图 3-15 显示了风洞实验数据和解析尾流模型不同下游位置处（$x/d_0=3,4,5,7,9,11$）的垂直速度损失剖面，对比了风洞实验数据和解析尾流模型的计算结果。通过高斯函数拟合速度剖面得到的尾流膨胀系数为 0.095，这一拟合值和图 3-6 中的算例 2 和算例 3 相吻合。由图 3-15 可以看出，在非常粗糙的表面上，二维 MTG 模型的预测结果仍显著优于一维 Jensen 模型。另外，风洞实验得到的速度损失剖面在垂直方向上不是轴对称的，且 MTG 模型在轮毂以上的区域预测精度更高。这可能是由于入流的非对称性及尾流演化过程中粗糙表面引起的摩擦力造成的。

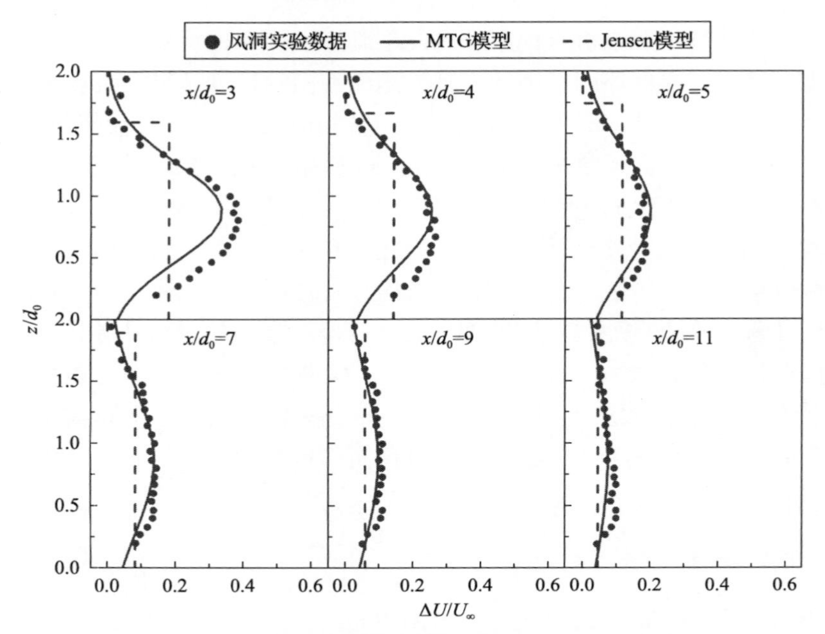

图 3-15 风洞实验数据和解析尾流模型在不同下游位置处（$x/d_0 = 3, 4, 5, 7, 9, 11$）的垂直速度损失剖面

本章小结

基于高斯速度损失剖面的二维尾流模型较一维模型显著提高了尾流预测精度，但是这类模型的尾流膨胀率取决于表征尾流宽度的特征变量，其取值具有很大的不确定性，阻碍了模型在工程实际中的广泛应用。为了解决这一问题，本章首先给出了物理尾流边界的定义及其对应的简化线性膨胀模型；然后基于动量定理和高斯分布提出了结构简单、精度较高的 MTG 模型，并采用四个不同类型的算例进行验证。其具体内容如下：

(1)实验和仿真结果表明，真实尾流速度损失在靠近尾流边界处和标准高斯函数具有明显差异。较标准高斯函数，速度损失在边界处趋于零更快。基于这一差异，提出了真实尾流的物理边界：$r_w = 2\sigma$。该边界置信区间约为 99%。

(2)引入尾流膨胀系数 k 表征真实尾流边界的线性膨胀规律，并基于动量定理和高斯分布提出了高精度的二维 MTG 模型。

(3)用不同数据对MTG模型进行综合验证，包括雷达测风实验数据、文献中公开的风洞实验数据和风电场实测数据。相比采用一维尾流模型，MTG模型采用了更符合实际的高斯速度损失剖面，显著提高了风电机组尾流预测精度。尾流膨胀系数k与地表粗糙度和机组推力系数直接相关。对于较大的粗糙度和推力系数，k相应增大。对于常规运行的机组来说，陆上风电场的推荐值0.075在中等粗糙度下能够得到准确的结果，这大大提高了MTG模型的工程应用能力。

参考文献

[1] Ge M, Wu Y, Liu Y, et al. A two-dimensional model based on the expansion of physical wake boundary for wind-turbine wakes[J]. Applied Energy, 2019(233): 975-984.

[2] Frandsen S, Barthelmie R, Pryor S, et al. Analytical modelling of wind speed deficit in large offshore wind farms[J]. Wind Energy, 2006, 9(1-2): 39-53.

[3] Bastankhah M, Porté-Agel F. A new analytical model for wind-turbine wakes[J]. Renewable Energy, 2014(70): 116-123.

[4] Barthelmie R J, Pryor S C. An overview of data for wake model evaluation in the Virtual Wakes Laboratory[J]. Applied Energy, 2013(104): 834-844.

[5] Chamorro L P, Porté-Agel F. Effects of thermal stability and incoming boundary-layer flow characteristics on wind-turbine wakes: A wind-tunnel study[J]. Boundary-Layer Meteorology, 2010, 136(3): 515-533.

[6] Wu Y T, Porté-Agel F. Atmospheric turbulence effects on wind-turbine wakes: An LES study[J]. Energies, 2012, 5(12): 5340-5362.

[7] Chamorro L P, Porté-Agel F. A wind-tunnel investigation of wind-turbine wakes: Boundary-layer turbulence effects[J]. Boundary-Layer Meteorology, 2009, 132(1): 129-149.

[8] Gao X, Yang H, Lu L. Optimization of wind turbine layout position in a wind farm using a newly-developed two-dimensional wake model[J]. Applied Energy, 2016(174): 192-200.

[9] Li L, Gao L, Liu Y, et al. Field measurements of atmospheric boundary layer and the impact of its daily variation on wind turbine wakes[C]. 5th IET International Conference on Renewable Power Generation (RPG), London, 2016: 1-6.

[10] Li L, Cui Y, Liu Y, et al. Comparison and validation of wake models based on field measurements with lidar[C]. 5th IET International Conference on Renewable Power Generation (RPG), London, 2016: 1-6.

[11] Schlez W, Tindal A, Quarton D. GH wind farmer validation report[R]. Bristol: Garrad Hassan and Partners Ltd, 2003.

[12] Manwell J F, McGowan J G, Rogers A L. Wind Energy Explained: Theory, Design and Application[M]. Hoboken: John Wiley & Sons, 2010.

[13] Schepers J G, Brand A J, Bruining A, et al. Final report of IEA annex XVIII: Enhanced field rotor aerodynamics database[R]. Petten: Energy Research Center of the Netherlands, 2002.

[14] Schepers J G, Obdam T S, Prospathopoulos J. Analysis of wake measurements from the ECN wind turbine test site wieringermeer, EWTW[J]. Wind Energy, 2012, 15(4): 575-591.

[15] Barlas E, Buckingham S, van Beeck J. Roughness effects on wind-turbine wake dynamics in a boundary-layer wind tunnel[J]. Boundary-Layer Meteorology, 2016, 158(1): 27-42.

第 4 章　基于质量守恒的尾流二维解析模型

4.1　引　　言

质量守恒是尾流解析模型的另一个重要理论依据。目前常用的一维 Jensen 模型由于顶帽假设会高估尾流损失，而其他基于 Jensen 模型改进的二维模型都只能保证全局质量守恒。为了解决上述问题，本章同样应用高斯速度损失剖面和第 3 章定义的物理尾流边界提出了一个同时满足局部和全局质量守恒并考虑压力恢复区膨胀的高精度二维尾流模型，并进行综合验证[1]。

4.2　基于质量守恒的经典尾流模型

1982 年，Jensen 基于质量守恒发展了一个十分简单的一维尾流模型，称为 Jensen 模型[2,3]。该模型忽略了近场尾流的演化和膨胀，并假设尾流速度损失服从顶帽分布。为了进一步分析 Jensen 模型中的近场尾流假设，图 4-1 给

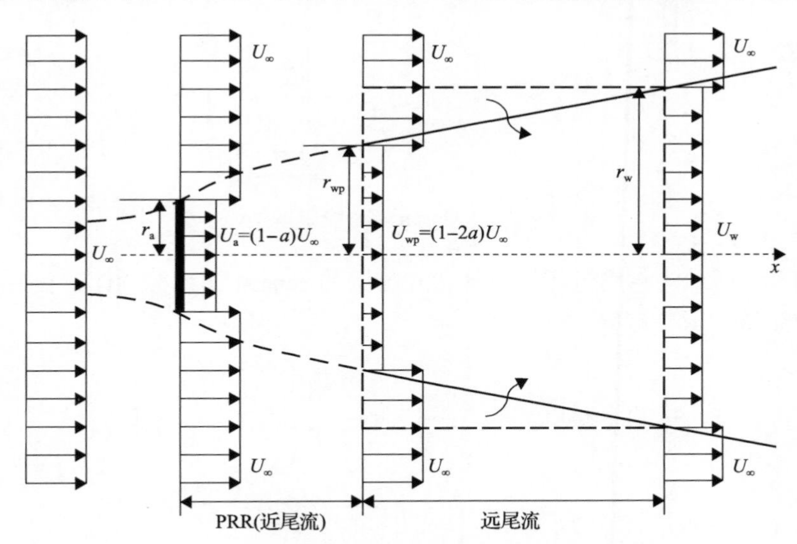

图 4-1　顶帽分布下经过风电机组风轮的一维流管

出了顶帽分布下经过风电机组风轮的一维流管。由图 4-1 可以看出，风电机组后方尾流区由近场尾流[压力恢复区(Pressure Recovery Region, PRR)]和远场尾流两部分组成。在压力恢复区，由质量守恒、动量定理和伯努利方程可得$U_{\mathrm{a}}=(1-a)U_{\infty}$和$U_{\mathrm{wp}}=(1-2a)U_{\infty}$，其中$U_{\infty}$、$U_{\mathrm{a}}$、$U_{\mathrm{wp}}$分别表示无穷远处的来流风速、风轮处风速、静压恢复到自由流水平处的风速。

由于实际风电场中机组之间一般相距 7～8 倍风轮直径，且近场尾流的流动细节对远场尾流影响不大，因此尾流模型中常见的简化方法就是忽略压力恢复区的演化距离和膨胀。这样化简的直接结果是风一经过风轮就会从U_{a}迅速减小到U_{wp}，且静压在紧邻风轮后方的位置处迅速恢复到来流水平，即尾流区在横向上没有膨胀(图 4-2)。因此，$A_0=A_{\mathrm{w}0}=A_{\mathrm{wp}}$，$U_{\mathrm{w}0}=U_{\mathrm{wp}}$，其中$A$是下游不同位置处一维流管的横截面积，下标 w0 表示在风轮 0 + 位置处的物理量。

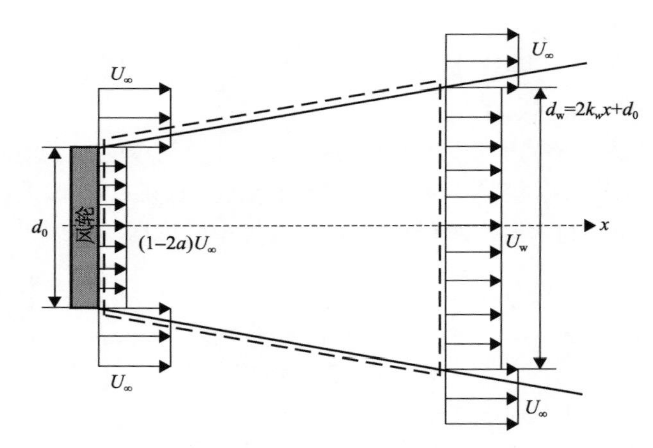

图 4-2　Jensen 模型控制体

图 4-2 所示为忽略近场尾流演化和膨胀的 Jensen 模型控制体，在控制体内应用质量守恒，可得

$$\left(\frac{d_0}{2}\right)^2(1-2a)U_{\infty}+\left[\left(\frac{d_{\mathrm{w}}}{2}\right)^2-\left(\frac{d_0}{2}\right)^2\right]U_{\infty}=\left(\frac{d_{\mathrm{w}}}{2}\right)^2U_{\mathrm{w}} \tag{4-1}$$

式中，a——轴向诱导因子，$a=\left(1-\sqrt{1-C_{\mathrm{T}}}\right)/2$。

假设尾流区半径沿下游距离线性膨胀，可得

$$d_{\mathrm{w}} = 2k_{\mathrm{w}}x + d_0 \tag{4-2}$$

式中，k_{w} ——Jensen 模型的尾流膨胀系数，描述机组后方尾流膨胀的平均效应。

将式(4-2)代入式(4-1)，得到 Jensen 模型计算尾流速度的表达式：

$$\frac{U_{\mathrm{w}}(x)}{U_\infty} = 1 - \frac{1-\sqrt{1-C_{\mathrm{T}}}}{(1+2k_{\mathrm{w}}x/d_0)^2} \tag{4-3}$$

若尾流膨胀系数 k_{w} 取值合理，则 Jensen 模型对于陆上和海上风电场都能得到准确的预测结果，因此该模型在许多商业软件中得到了广泛应用，如 WAsP、GH WindFarmer、WindPRO 和 OpenWind。尽管 Jensen 模型总体上能够反映风电机组后方的尾流流动特性，但该模型忽略了流动细节特征[4]，且无法表示尾流速度随横向距离的变化情况，因此该模型预测的风电场发电功率对风向非常敏感[5]。此外，顶帽分布假设导致 Jensen 模型低估了最大速度损失。如前所述，Jensen 模型的一个重要改进方法就是采用随径向变化的尾流速度剖面。众多研究表明远场尾流的速度损失是自相似的[5-9]。利用这一结论，Tian 等[4]使用一个简单的余弦函数表征尾流速度损失，但是必须先求解一维 Jensen 模型，再假设尾流速度损失满足余弦分布，即在远场尾流区用余弦分布代替顶帽分布来表征速度损失，同时保持整个尾流区内的全局质量守恒。显然，余弦函数能更加准确地描述真实尾流速度损失剖面，因此相比一维 Jensen 模型，Tian 等[4]提出的二维尾流模型在远场尾流区的预测精度更高。但是，使用一维 Jensen 模型计算尾流之后再采用余弦形状的尾流速度损失剖面会破坏微元流管内的质量守恒，因此 Tian 等的模型高估了远场尾流的速度损失。除了 Tian 等外，很多学者也应用不同形状的剖面描述了尾流区风速沿径向的变化规律，如抛物线函数[10]、高斯分布[11,12]等，并提出了类似的二维模型，但是这些模型都需要先求解标准 Jensen 模型。如图 4-3(a)所示，以高斯分布为例，此类模型在近尾流采用顶帽分布，在远尾流采用高斯分布，因此远场尾流起点处两个截面上的速度剖面不连续，这显然破坏了微元流管内的局部质量守恒。也就是说，目前还没有二维尾流模型能在一个微元流管内从上游到远尾流都满足质量守恒。

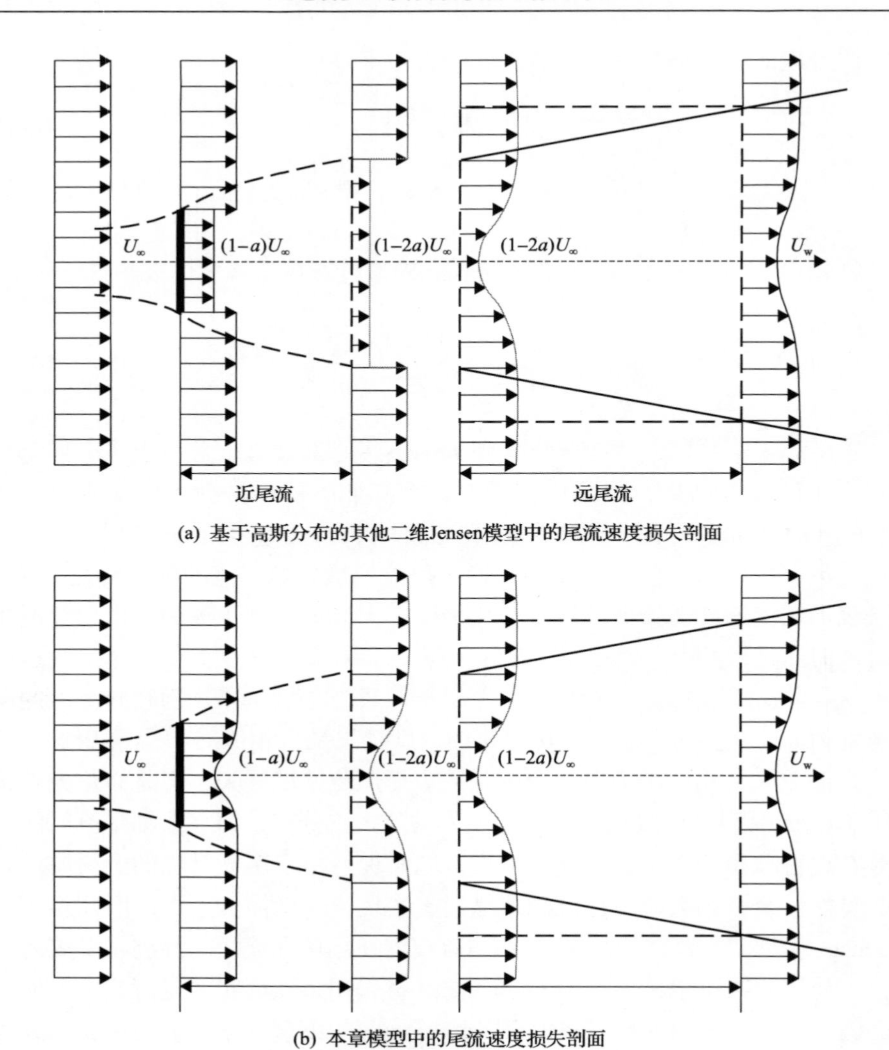

(a) 基于高斯分布的其他二维Jensen模型中的尾流速度损失剖面

(b) 本章模型中的尾流速度损失剖面

图 4-3　尾流区不同位置处的速度损失剖面

4.3　MCG 模型

为了解决目前二维 Jensen 模型中存在的问题，本章在近尾流和远尾流都采用了高斯尾流速度损失剖面，如图 4-3(b)所示，因此本章提出的模型同时满足局部和全局质量守恒。为了考虑压力恢复区的膨胀，本章还对近场尾流区进行修正，得到了一个高精度的尾流二维解析模型。

4.3.1　压力恢复区的速度损失

假设风轮后方压力恢复区的速度损失符合高斯分布，则

$$\frac{U_{\mathrm{w}}}{U_{\infty}}=1-C(x)\exp\left[-\frac{r^2}{2\sigma_{\mathrm{w}}^2(x)}\right] \tag{4-4}$$

式中，σ_{w}——高斯分布标准差，是下游距离 x 的函数。

首先，作出以下四个假设：①入流是不可压缩、稳定、无黏的流动；②风轮是一个无厚度可穿透的圆盘，圆盘上的气动载荷(如推力)在圆周方向是均匀的；③对于所有无穷小的微元流管，流体的压力都在风轮后方同一位置恢复到来流水平；④压力恢复区的演化和膨胀对于远场尾流演化的影响不显著。然后，把轴向诱导因子 a 和高斯速度损失剖面联系起来，将其表示为径向距离 r 的函数。图 4-4 为包含机组风轮和单个微元流管在内的近场压力恢复区流动示意。在单个微元流管内，质量流量表示为

$$\delta m=\rho u_{\infty}(\delta A_{\infty})=\rho u_{\mathrm{a}}(\delta A_{\mathrm{a}})=\rho u_{\mathrm{wp}}(\delta A_{\mathrm{wp}}) \tag{4-5}$$

式中，u ——微元流管内的速度；

δA ——微元流管的横截面积。

下标∞、a 、wp ——无穷远处、风轮处、静压恢复到无穷远压强的位置。

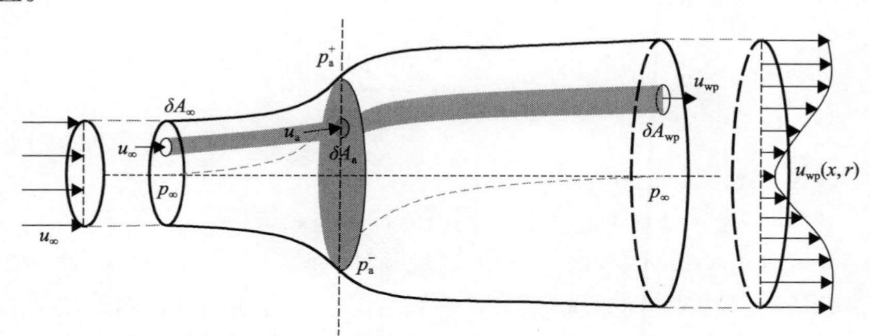

图 4-4　包含机组风轮和单个微元流管在内的近场压力恢复区流动示意

推力改变了微元流管内流体的动量，由动量守恒可得

$$\delta T=\delta m(u_{\infty}-u_{\mathrm{wp}})=(p_{\mathrm{a}}^{+}-p_{\mathrm{a}}^{-})\delta A_{\mathrm{a}} \tag{4-6}$$

式中，p_{a}^{+}、p_{a}^{-}——微元流管内紧邻风轮左、右两侧的压力；

δT——作用在风轮微元面积上的推力，可以表示为

$$\delta T=\frac{1}{2}C_{\mathrm{T}}\rho(\delta A_{\mathrm{a}})u_{\infty}^{2} \tag{4-7}$$

在微元流管内应用伯努利方程，可得

$$p_{\infty}+\frac{1}{2}\rho u_{\infty}^{2}=p_{\mathrm{a}}^{+}+\frac{1}{2}\rho u_{\mathrm{a}}^{2} \tag{4-8}$$

$$p_{\infty}+\frac{1}{2}\rho u_{\mathrm{wp}}^{2}=p_{\mathrm{a}}^{-}+\frac{1}{2}\rho u_{\mathrm{a}}^{2} \tag{4-9}$$

式中，p_{∞}——自由来流的压力。

由式(4-6)～式(4-9)可得

$$u_{\mathrm{wp}}=(1-2a)u_{\infty} \tag{4-10}$$

式中，a——微元流管内的轴向诱导因子，可以表示为

$$a=(u_{\infty}-u_{\mathrm{wp}})/(2u_{\infty}),\quad u_{\mathrm{a}}=(1-a)u_{\infty} \tag{4-11}$$

式(4-10)和式(4-11)与一维 Jensen 模型中的表达式相同。由于压力恢复区的尾流速度损失随径向距离发生变化，因此将式(4-4)代入式(4-11)，得到与径向距离有关的轴向诱导因子：

$$a(r)=a_{0}\exp\left(-\frac{r^{2}}{2\sigma_{\mathrm{a}}^{2}}\right) \tag{4-12}$$

式中，a_{0}——最大轴向诱导因子；

σ_{a}——风轮处高斯速度损失剖面的标准差。

尽管在实际中，式(4-12)可能无法准确计算轴向诱导因子，但是该式是利用高斯速度损失求解的直接结果。一般情况下，近场尾流区的速度损失不严格满足标准高斯分布，因此 4.4 节将评估在近场尾流区应用高斯速度损失剖面的误差，并提出相应的改进方法。

由于入流是稳定、无黏、均匀的，因此整个尾流区的动量守恒可以表示为

$$\frac{1}{2}C_{\mathrm{T}}\rho A_0U_\infty^2=\int\rho[1-a(r)]U_\infty\cdot 2a(r)U_\infty\mathrm{d}A \tag{4-13}$$

尽管式(4-13)仅适用于均匀入流，但是许多风洞实验[13-16]和数值仿真结果[9,17]都表明入流条件对于远场尾流的自相似特性几乎没有影响。将式(4-12)代入式(4-13)，并从 0 到∞进行积分，可得

$$4\left(\frac{\sigma_{\mathrm{a}}}{r_0}\right)^2a_0^2-8\left(\frac{\sigma_{\mathrm{a}}}{r_0}\right)^2a_0+C_{\mathrm{T}}=0 \tag{4-14}$$

解式(4-14)，可以得到两个 a_0。由于轴向诱导因子小于等于 1，因此 a_0 取值为

$$a_0=1-\sqrt{1-\frac{C_{\mathrm{T}}}{4(\sigma_{\mathrm{a}}/r_0)^2}} \tag{4-15}$$

可以看出，相比标准 Jensen 模型，式(4-15)多了一个变量 σ_{a}。压力恢复区出口的速度损失可以通过式(4-10)、式(4-12)和式(4-15)计算得到。

4.3.2　远场尾流区的速度损失

基于 4.3.1 节中的第四个假设，忽略压力恢复区的演化距离和膨胀，可得

$$u_{\mathrm{w0}}=u_{\mathrm{wp}}=[1-2a(r)]U_\infty \tag{4-16}$$

本节采用一个无穷大的圆柱控制体，如图 4-5 所示(虚线)，该控制体有固定大小，但是本质上无穷大。在控制体内应用质量守恒，可得

$$\int_{A_{\mathrm{L}}}\rho[1-2a(r)]U_\infty\mathrm{d}A=\int_{A_{\mathrm{R}}}\rho U_{\mathrm{w}}\mathrm{d}A \tag{4-17}$$

式中，A_{L}、A_{R}——无穷大控制体的左、右侧面面积。

将式(4-17)改写为速度损失的形式：

$$\int_{A_{\mathrm{L}}}2a(r)U_\infty\mathrm{d}A=\int_{A_{\mathrm{R}}}\Delta U_{\mathrm{w}}\mathrm{d}A \tag{4-18}$$

式中，ΔU_{w}——远场尾流的速度损失。

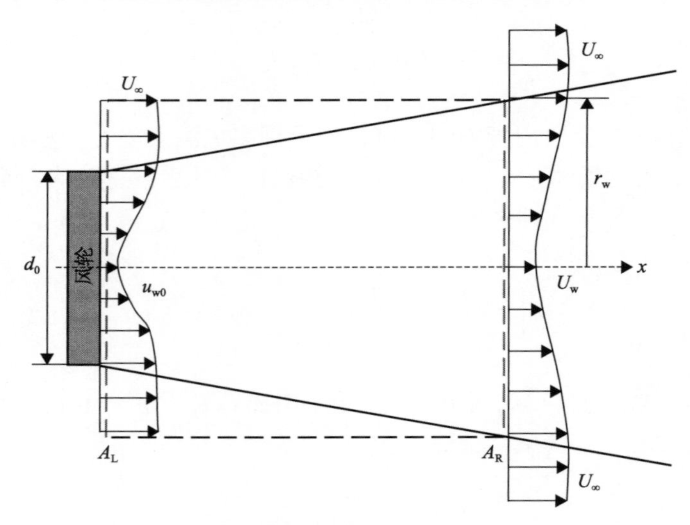

图 4-5　MCG 模型控制体

将式(4-4)和式(4-12)代入式(4-18)，并从 0 到∞积分，可得

$$\int_0^{2\theta}\mathrm{d}\theta\int_0^{\infty}2a_0\exp\left(-\frac{r^2}{2\sigma_{\mathrm{a}}^2}\right)\cdot r\mathrm{d}r=\int_0^{2\theta}\mathrm{d}\theta\int_0^{\infty}C(x)\exp\left(-\frac{r^2}{2\sigma_{\mathrm{w}}^2}\right)\cdot r\mathrm{d}r \tag{4-19}$$

解得尾流区速度损失为

$$C(x)=2a_0\left(\frac{\sigma_{\mathrm{a}}}{\sigma_{\mathrm{w}}}\right)^2 \tag{4-20}$$

式中，σ_{a}、σ_{w}——风轮处、远场尾流区高斯速度损失剖面的标准差。

为了进一步推导模型，必须先求解这两个标准差。

4.3.3　尾流线性膨胀模型

应用第 3 章定义的物理尾流边界（$r_{\mathrm{w}}\approx 2\sigma_{\mathrm{w}}$），假设尾流线性膨胀，可得

$$r_{\mathrm{w}}=2\sigma_{\mathrm{w}}=kx+r_0 \tag{4-21}$$

式中，k——尾流膨胀系数。

在式(4-21)中，若令 $x=0$，则 $\sigma_{\mathrm{w}0}=r_0/2$。由于忽略了压力恢复区的膨

胀，因此$\sigma_a = \sigma_{w0} = r_0/2$。由式(4-19)和式(4-20)可知，$\sigma_a$决定了质量流量，因此$\sigma_a$的简化可能会显著影响模型精度。将式(4-15)、式(4-20)、式(4-21)代入式(4-4)，可得

$$\frac{U_w}{U_\infty} = 1 - \frac{2\left(1-\sqrt{1-C_T}\right)}{(k\,x/r_0+1)^2}\exp\left[-\frac{2}{(k\,x/r_0+1)^2}\left(\frac{r}{r_0}\right)^2\right] \tag{4-22}$$

由于式(4-22)是通过质量守恒和高斯分布得到的，因此将其称为 MCG (Mass Conservation-Gaussian)模型。MCG 模型是对一维 Jensen 模型的直接拓展，且尾流膨胀率k是唯一未知量。若在式(4-22)中令$r=0$，那么该模型计算的尾流中心速度损失是一维 Jensen 模型的两倍。尾流膨胀率取决于尾流边界的定义，因此k不可能和 Jensen 模型中的k_w完全相同。但是，由于两个模型中尾流边界都定义在尾流速度近似恢复到来流的横向位置处，因此二者数值上不会相差太大。因此，可以利用 Jensen 模型中的k_w确定 MCG 模型中的k。

4.4　近场尾流区的改进

MCG 模型和一维 Jensen 模型都无法很好地模拟风电机组尾流的压力恢复区。例如，式(4-21)表明风轮处的速度损失符合高斯分布，且$2\sigma_a = r_0$，即完全忽略了压力恢复区的尾流膨胀。相关研究[5,9,17]表明，在非常靠近风轮的近尾流区，速度损失较标准高斯分布减小得更快。因此，当使用高斯函数表征风轮处的速度损失时，应该使用一个比式(4-20)中的σ_a更大的值表征近场尾流速度损失剖面上较宽的中心面积。另外，由于 MCG 模型忽略了压力恢复区的膨胀，因此$A_{w0} = A_0$，而实际中A_{w0}应该略大于A_0。风洞实验[18,19]和数值仿真[20,21]都表明风电机组尾流在演化过程中，在经过固定近场尾流区之后会发生强烈的横向摆振运动。具体来说，叶尖涡剪切层和反向旋转的轮毂涡层在近场尾流区保持为相干态，而在下游相互作用产生尾流摆振运动。在近场尾流区，叶尖涡剪切层抑制了湍流掺混作用，因此近尾流膨胀较慢[22]。

为了解决上述问题，本节对 MCG 模型的近场尾流进行改进。根据压力恢复区的质量守恒可知，风轮处的质量流量等于压力恢复区出口处的质量流

量，即

$$\int_0^{2\pi} \mathrm{d}\theta \int_0^{\infty} \left[1 - a_0 \exp\left(-\frac{r^2}{2\sigma_{\mathrm{a}}^2}\right)\right] \cdot r\mathrm{d}r = \int_0^{2\pi} \mathrm{d}\theta \int_0^{\infty} \left[1 - 2a_0 \exp\left(-\frac{r^2}{2\sigma_{\mathrm{wp}}^2}\right)\right] \cdot r\mathrm{d}r \tag{4-23}$$

简化得到

$$\left(\frac{\sigma_{\mathrm{wp}}}{\sigma_{\mathrm{a}}}\right)^2 = \frac{2 - a_0}{2 - 2a_0} \tag{4-24}$$

将式(4-15)代入式(4-24)，得到

$$\left(\frac{\sigma_{\mathrm{wp}}}{\sigma_{\mathrm{a}}}\right)^2 = \frac{1 + \sqrt{1 - C_{\mathrm{T}}}}{2\sqrt{1 - C_{\mathrm{T}}}} \equiv \beta \tag{4-25}$$

式中，β——通过式(3-3)计算。

根据式(4-21)和式(4-25)，得到$2\sigma_{\mathrm{wp}} = \sqrt{\beta} r_0$。当忽略压力恢复区的膨胀时，$2\sigma_{\mathrm{a}} = 2\sigma_{\mathrm{w0}} = 2\sigma_{\mathrm{wp}}$。因此，修正后的$\sigma_{\mathrm{a}}$可以表示为

$$2\sigma_{\mathrm{a}} = \sqrt{\beta} r_0 \tag{4-26}$$

需要注意的是，σ_{a}是基于经过风轮的真实流动定义的(图 4-4)，σ_{w0}是基于紧邻风轮后方简化后的尾流定义的(图 4-5)。

图 4-6 为经过式(4-26)修正的尾流膨胀模型，可以看出，在修正模型中采用了两个尾流膨胀率。对于远场尾流($x > x_0$)，采用初始尾流膨胀模型[式(4-21)]；对于近场尾流，尾流膨胀率较小。为了清晰起见，近场尾流边界通过一条线段表示，从风轮处的$r_{\mathrm{w0}} = 2\sigma_{\mathrm{w0}} = 2\sigma_{\mathrm{a}}$线性膨胀到$x = x_0$处的$2\sigma_{\mathrm{w}}$。远场尾流的起始位置$x_0$取决于环境湍流强度$I$和推力系数$C_{\mathrm{T}}$，可以通过下式计算[23]：

$$\frac{x_0}{d_0} = \frac{1 + \sqrt{1 - C_{\mathrm{T}}}}{\sqrt{2}\left[2.32I + 0.154(1 - \sqrt{1 - C_{\mathrm{T}}})\right]} \tag{4-27}$$

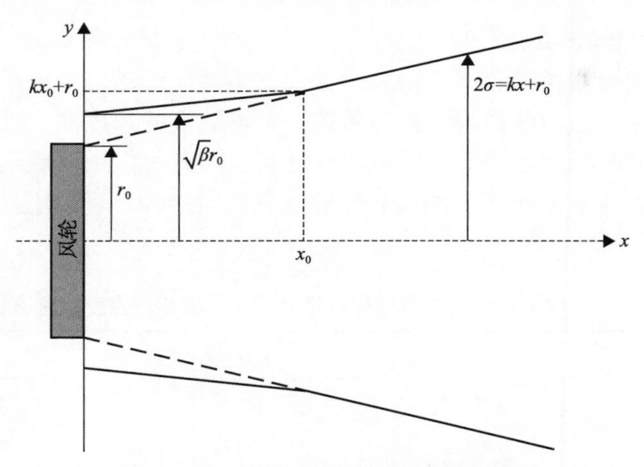

图 4-6　近场修正后的尾流膨胀模型

由图 4-6 可知，风轮处的尾流边界应满足以下限制条件：

$$r_0 < 2\sigma_a = \sqrt{\beta} r_0 \leqslant kx_0 + r_0 \Rightarrow 1 < \sqrt{\beta} < 2k\, x_0/d_0 + 1 \tag{4-28}$$

尽管没有明确包含压力恢复区的影响，但是式(4-26)的近场修正已经解决了 MCG 模型中存在的问题。重复 4.3.2 节和 4.3.3 节中的步骤，将式(4-15)、式(4-20)、式(4-21)和式(4-26)代入式(4-4)中，可得

$$\frac{\Delta U}{U_\infty} = \frac{2\beta\left(1-\sqrt{1-C_{\mathrm{T}}/\beta}\right)}{(k\,x/r_0+1)^2} \cdot \exp\left[-\frac{2}{(k\,x/r_0+1)^2}\left(\frac{r}{r_0}\right)^2\right] \tag{4-29}$$

由于式(4-29)是对 MCG 模型的修正，因此称之为 RMCG(Revised MCG)模型。

4.5　模 型 验 证

本节采用大涡模拟仿真数据[9]、TNO 风洞实验数据[13]、甘肃雷达测风实验数据[24]及 Sexbierum 陆上风电场实测实验数据[25]对本章提出的 MCG 模型和 RMCG 模型进行综合验证。

4.5.1　大涡模拟仿真

本节选取第 3 章的大涡模拟仿真数据对 MCG 模型和 RMCG 模型进行验

证。在 Wu 和 Porté-Agel[9]的 LES 中，风电机组用旋转致动盘表示，叶片用体积力表示，地面用粗糙壁面模型表示；大气边界层流动由平均压力梯度力驱动，没有考虑科氏力的影响。如前所述，远场尾流的速度损失近似呈高斯分布，且高斯分布标准差随下游距离线性增长，因此可以用σ确定k值。为了清晰起见，表 4-1 给出了不同地表粗糙度算例对应的环境湍流强度和尾流膨胀系数。

表 4-1　在 LES 中，不同地表粗糙度算例对应的环境湍流强度和尾流膨胀系数

算例	z_0 /m	$I_0(z=z_h)$	k
算例 1	0.0572	0.1361	0.1055
算例 2	0.0519	0.1267	0.0977
算例 3	0.0465	0.1174	0.0899
算例 4	0.0331	0.094	0.0704

图 4-7 对比了大涡模拟数据和解析尾流模型在四个下游位置处的横向速度

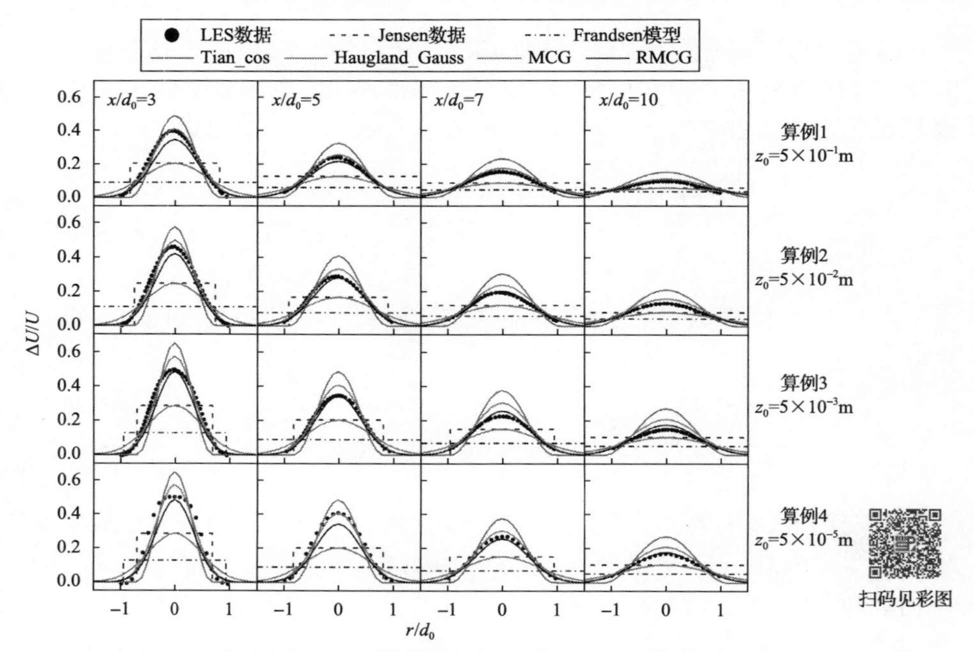

图 4-7　大涡模拟数据和解析尾流模型在四个下游位置处（$x/d_0=3,5,7,10$）的横向速度损失剖面

损失剖面。为了对目前常用的解析尾流模型进行综合评估，图 4-7 中也给出了 Jensen 模型[2,3]、Frandsen 模型[26]、Tian 等的模型[4](Tian_cos) 及 Haugland 等的模型[11](Haugland_Gauss) 的计算结果。由图 4-7 可以看出，相比一维 Jensen 模型和 Frandsen 模型，本章提出的两个二维模型都捕捉到了尾流边界的位置，计算结果更加准确。但是，MCG 模型由于没有充分考虑压力恢复区的影响，因此在尾流中心处高估了速度损失；而修正之后的 RMCG 模型则与 LES 结果吻合较好。Tian_cos 模型显著高估了速度损失，这可能是由于该模型采用了固定的尾流膨胀率；而 Haugland_Gauss 模型则低估了尾流区速度损失。总体来看，本章提出的两个模型的预测精度显著优于其他一维和二维模型，且 RMCG 模型和 LES 结果吻合得最好。

4.5.2　TNO 风洞实验

2003～2004 年，研究人员在 TNO 风洞中开展了一系列风电机组尾流测量实验[13]。TNO 风洞是一个开放型埃菲尔风洞，测量段的长、宽、高分别为 11.5m、2m、3m。风洞实验采用等比例缩小的风电机组模型，风轮直径和轮毂高度均为 0.25m。在这些实验中，入流风速设为 8.27m/s，环境湍流强度为 8%。由于能获得的数据有限，因此本节仅使用桨距角为 5°，推力系数为 0.56 的实验结果进行模型验证。参考 Jensen 模型中尾流膨胀系数在陆上风电场的推荐值，本算例取尾流膨胀系数 k 为 0.075。图 4-8 对比了 TNO 风洞实验数据和不同解析尾流模型在六个下游位置处 ($x/d_0=1,2,3,5,8,12$) 的横向速度剖面。其中，在 $x/d_0=2,5,12$ 三个位置处仅对尾流区一侧进行了实验测量。和 4.5.1 节一样，除了本章提出的 MCG 模型和 RMCG 模型外，图 4-8 还给出了 Jensen 模型、Frandsen 模型、Tian_cos 模型和 Haugland_Gauss 模型的计算结果。

由图 4-8 可以看出，在 $x/d_0=1$ 这样距离机组非常近的区域，叶片和轮毂在尾流区都表现出“三峰”形状，而解析尾流模型无法捕捉这一特性。在 $x/d_0=2,3,5$ 三个位置处，MCG 模型、RMCG 模型和 Tian_cos 模型都不同程度地高估了尾流损失，但整体上和实验结果吻合得很好。在这三个下游位置处，RMCG 模型精度最高，MCG 模型次之，Tian_cos 模型最低。虽然 Jensen 模型和 Frandsen 模型也能得到较好的结果，但是普遍低估了尾流中心的最大速度损失；而 Haugland_Gauss 模型则明显低估了速度损失。对于 $x/d_0\geqslant 8$ 的远场尾流区，除了 Haugland_Gauss 模型外，其他模型都高估了尾流速度损失。

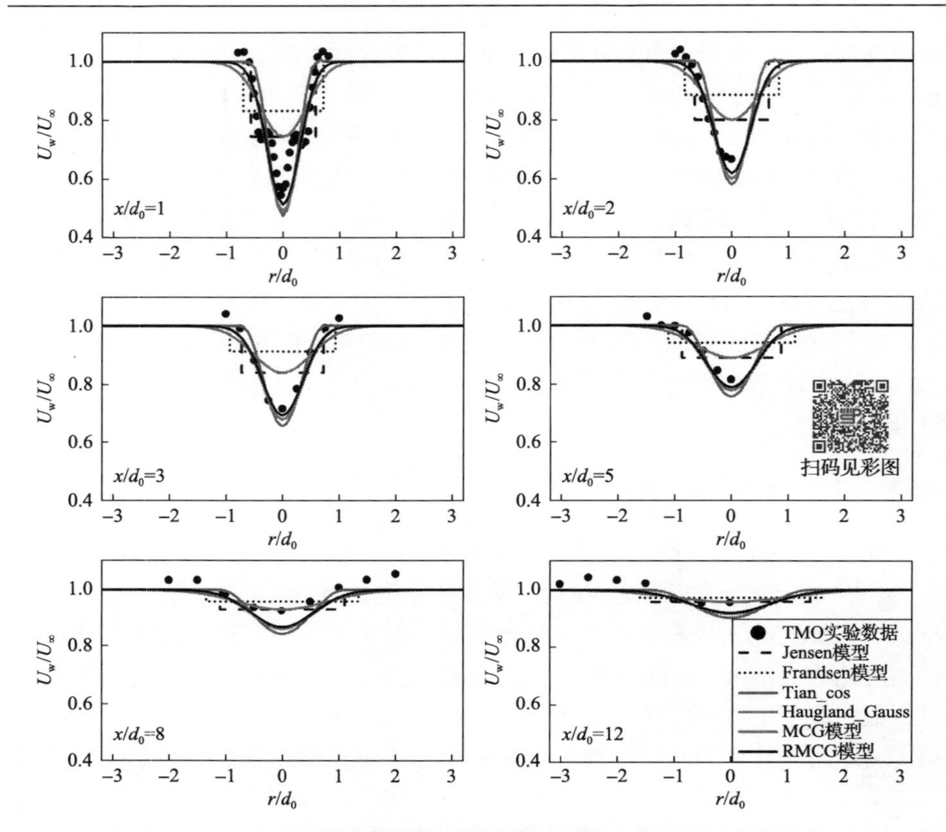

图 4-8　TNO 风洞实验数据和不同解析尾流模型在六个下游位置处（$x/d_0 = 1, 2, 3, 5, 8, 12$）的横向速度剖面

值得注意的是，在风洞实验中，远场尾流区（$x/d_0 = 8, 12$）附近出现的高速流动可能会促使尾流快速恢复。然而，MCG 模型和 RMCG 模型都能捕捉远场尾流的绝对尾流损失，即尾流中心和高速尾流边界的差别。

4.5.3　甘肃雷达测风实验

本节采用的雷达测风数据和 3.4.1 节的数据出自同一个现场测试实验，是该实验中的两组不同数据集，测风实验的具体内容已在第 3 章做了详细阐释，在此不再赘述。本算例对应的入流风速为 $U_\infty = 5.4\text{m/s}$，推力系数为 $C_T = 0.79$，尾流膨胀系数为 $k = 0.055$。图 4-9 对比了雷达测风数据和不同解析尾流模型在六个下游位置处（$x/d_0 = 2, 3, 4, 5, 6, 7$）的横向速度剖面。由于模型性能和前两个算例类似，因此本节没有给出 Tian_cos 模型和 Haugland_Gauss 模型的结果。总体来看，二维模型的精度远高于一维顶帽模型。MCG 模型在不同下游位置处都略微低估了尾流速度；而 RMCG 模型则和测风数据吻合较好，特别是在较远的下游位置处（$x/d_0 = 4,5,6,7$）。

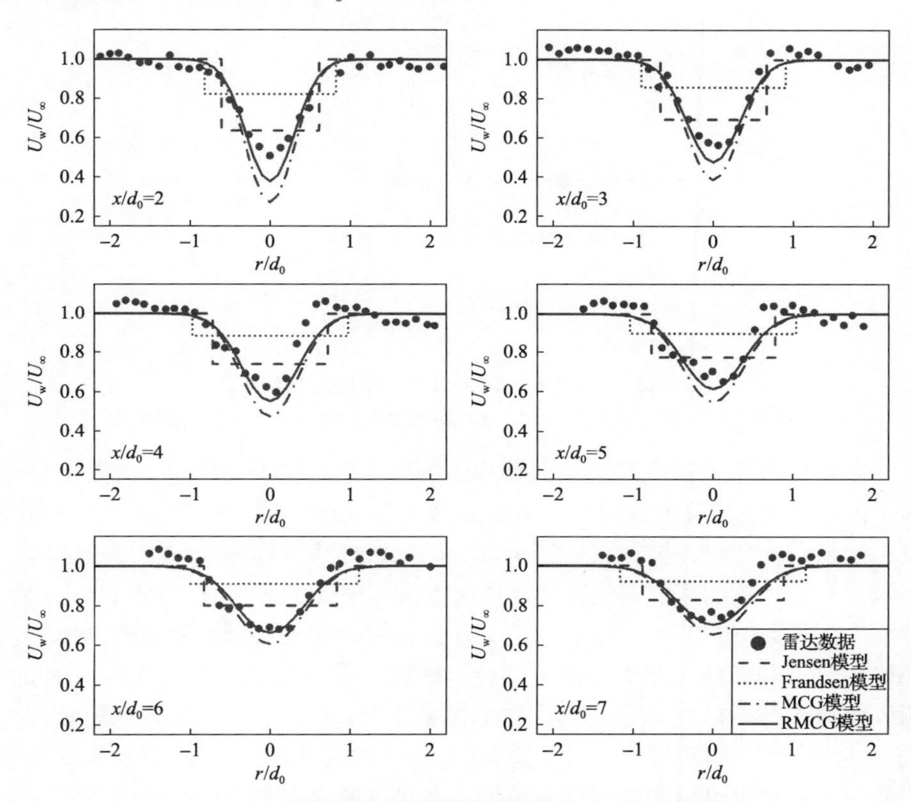

图 4-9　雷达测风数据和不同解析尾流模型在六个下游位置处（$x/d_0 = 2, 3, 4, 5, 6, 7$）的横向速度剖面

4.5.4　Sexbierum 陆上风电场实测实验

Sexbierum 陆上风电场距离荷兰北海约 4km，由 18 台 Holec WPS-30 风电机组组成，风轮直径为 $d_0 = 30\text{m}$，轮毂高度为 $z_\text{h} = 35\text{m}$。如图 4-10 所示，M1、M2、M3 为三个轮毂高度处的风速计，和目标机组 WT18 之间的距离分别为 $2.5d_0$、$5.5d_0$、$8d_0$，记录了约六个月的现场测风数据。该风电场地形较平坦，多为草地，因此参考 k_w 在陆上风电场的推荐值，在模型中取尾流膨胀系数为 0.075。入流风速在 6.8～10m/s 范围内变化；推力系数不变，为 $C_\text{T} = 0.75$。

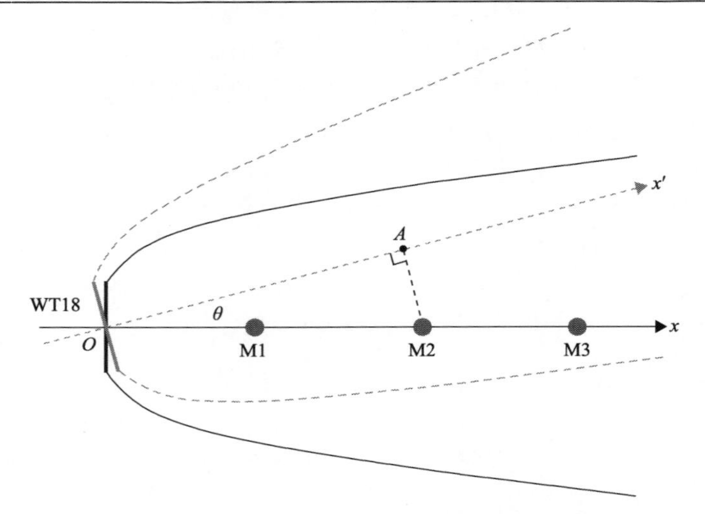

图 4-10 Sexbierum 陆上风电场单尾流测量示意

O—风轮中心；*OA*—尾流区中心线；*A*-M2—从测量点 M2 到尾流中心的径向距离

图 4-11 所示为风电场实测数据和解析尾流模型在不同风向下的速度分布。为了简单起见，该算例仅对比了 Jensen 模型和 RMCG 模型。由于顶帽分布假设，当风向改变时，测量点从完全位于尾流区外移动到完全位于尾流区内，Jensen 模型计算的速度损失在特定风向下从零突变到非零值(图 4-11)。和速度损失剖面类似，当相对风向较小(大)时，Jensen 模型会低(高)估速度损失。相比之下，RMCG 模型和实测值吻合得很好。值得注意的是，图 4-9 的雷达测风数据和图 4-11 的风电场实测数据都是非轴对称的，这可能和风轮旋转有关。在真实大气边界层中，风速通常随高度增加，因此由风轮引起的垂直速度使得高速在机组一侧向下混合，低速在另一侧向上混合。这样的非轴对称性也有可能和实验的不确定性有关，如入流湍流强度、风切变、大气热稳定度、风向不确定性等。在众多不确定因素中，本节进一步量化分析了风向不确定性的影响。假设风向符合高斯概率分布[27]：

$$f(\theta)=\frac{1}{\sqrt{2\pi}\sigma}\mathrm{e}^{-\frac{(\theta-\mu)^2}{2\sigma^2}},\quad \theta\in[-30°,30°] \tag{4-30}$$

风向在 $\pm30°$ 范围内变化，分辨率为 $0.5°$ 。对每个风向考虑不确定性，加权平均的风向分辨率为 $0.1°$ ，在 $\pm3\sigma$ 范围内变化。为了研究模型对于风向不确定性的敏感度，本算例选择 $\sigma=2°$ 和 $\sigma=5°$ 分别进行计算。模型中的尾流膨胀系数仍取陆上风电场的推荐值 $k=0.075$ 。如图 4-11 所示，考虑风向不确定性后，速度损失剖面为钟形曲线，一维 Jensen 模型能够从尾流区平滑过渡到周围流动，不会出现顶帽分布那样的突变。但是，Jensen 模型的预测结果和风电场实测数据差异依然较大。假设速度损失符合高斯分布则可以使得尾流速度沿径向连续变化，因此相比顶帽模型，RMCG 模型对风向不确定性不那么敏感。文献[8]在研究风电机组之间的相互作用时也得到了类似结论。结果表明，在 RMCG 模型中使用陆上风电场推荐值 0.075 是可行的。

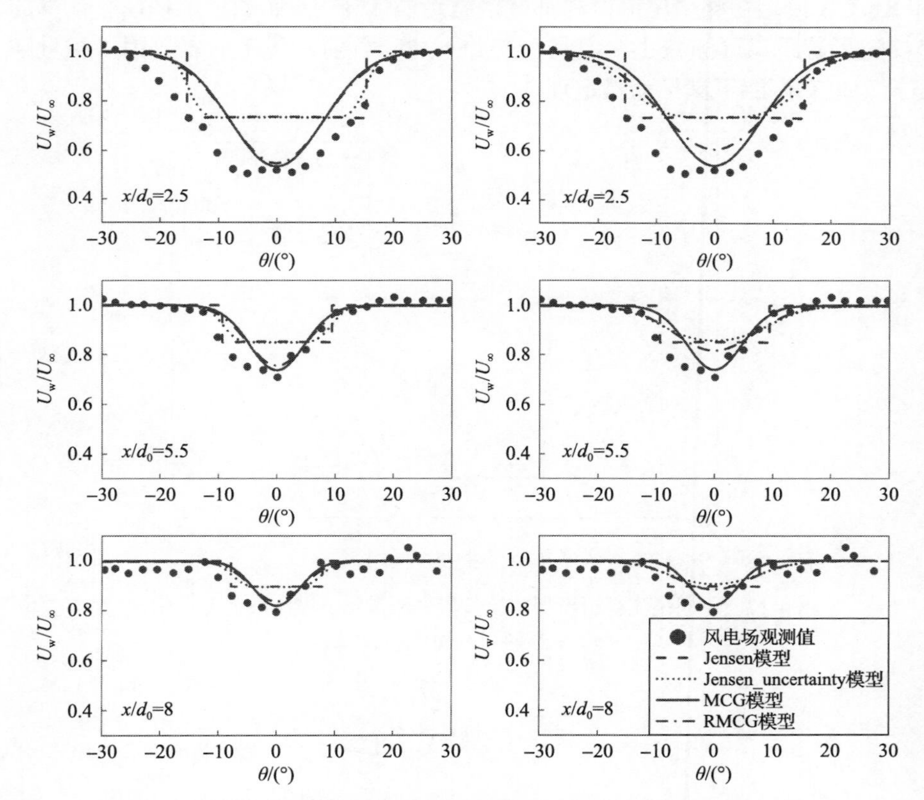

图 4-11　风电场实测数据和解析尾流模型在不同风向下的速度分布
[考虑风向不确定的模型结果分别用 $\sigma = 2°$（左）和 $\sigma = 5°$（右）进行后处理[27]]

4.6　与动量定理模型的对比

本章提出的 MCG 模型和 RMCG 模型主要是基于质量守恒推导得到的，因此在远场尾流区满足质量守恒；而第 3 章提出的 MTG 模型主要是基于动量定理推导得到的。由于两类模型的理论基础完全不同，因此本节仅对其进行简单对比，而不进行详细的定量分析。

图 4-12 对比了本章提出的两个质量守恒模型(MCG 模型和 RMCG 模型)和两个动量定理模型(Frandsen 模型和 BP 模型)预测的不同尾流解析模型中质量损失流量($\Delta Q=\int \Delta U/U_{\infty}\mathrm{d}A$)随下游距离的变化情况。显然，MCG 模型和 RMCG 模型在整个尾流区内都严格满足质量守恒，而动量定理模型计算的 ΔQ 随下游距离逐渐减小。但是，这并不意味着前者优于后者，因为质量守恒模型也有可能不满足动量定理。

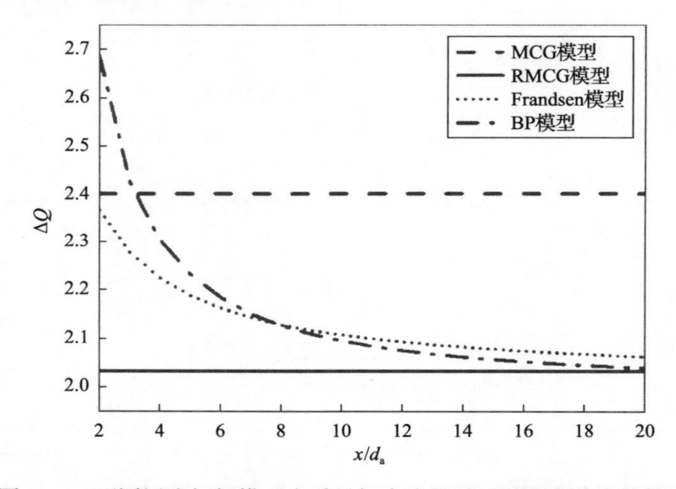

图 4-12 不同尾流解析模型中质量损失流量随下游距离的变化情况

$C_T=0.8$， $d_0=80$， $k=0.075$， $k^*=0.055$

本 章 小 结

尽管 Jensen 模型是目前工程实际中最常用的解析尾流模型，但是该模型假设尾流区速度损失符合一维顶帽分布，因此显著高估了尾流速度。为了解决这一问题，很多研究采用不同形状的二维速度剖面对 Jensen 模型进行改进，但是这类模型都需要先求解一维 Jensen 模型，再将尾流速度按照特定剖面分布，因此破坏了微元流管内的局部质量守恒。

本章提出了一个同时满足局部和全局质量守恒的新型二维解析尾流模型(RMCG 模型)。RMCG 模型在远场尾流区假设高斯速度损失剖面，对标准

Jensen 模型进行了直接扩展，推导过程包括：①选择从上游到压力恢复区的微元流管作为控制体，应用质量守恒、动量定理和伯努利方程得到压力恢复区出口的速度损失；②在远场尾流区应用质量守恒，得到 MCG 模型[式(4-22)]；③考虑压力恢复区的膨胀效应，对 MCG 模型进行修正，最终得到 RMCG 模型[式(4-29)]。

模型精度通过大涡模拟数据、风洞实验数据、雷达测风数据和风电场实测数据得到了充分验证。对比结果表明，RMCG 模型显著优于一维模型和其他二维模型，且新模型仅需确定尾流膨胀系数 k 一个未知量，形式简单，计算成本低，便于工程实际应用。

参 考 文 献

[1] Ge M, Wu Y, Liu Y, et al. A two-dimensional Jensen model with a Gaussian-shaped velocity deficit[J]. Renewable Energy, 2019(141): 46-56.

[2] Jensen N O. A note on wind generator interaction[R]. Roskilde: Risø National Laboratory, 1983.

[3] Katic I, Højstrup J, Jensen N O. A simple model for cluster efficiency[C]//European Wind Energy Association Conference and Exhibition, Amsterdam, 1986(1): 407-410.

[4] Tian L, Zhu W, Shen W, et al. Development and validation of a new two-dimensional wake model for wind turbine wakes[J]. Journal of Wind Engineering and Industrial Aerodynamics, 2015(137): 90-99.

[5] Bastankhah M, Porté-Agel F. A new analytical model for wind-turbine wakes[J]. Renewable Energy, 2014(70): 116-123.

[6] Chamorro L P, Porté-Agel F. Effects of thermal stability and incoming boundary-layer flow characteristics on wind-turbine wakes: A wind-tunnel study[J]. Boundary-Layer Meteorology, 2010, 136(3): 515-533.

[7] Zhang W, Markfort C D, Porté-Agel F. Wind-turbine wakes in a convective boundary layer: A wind-tunnel study[J]. Boundary-Layer Meteorology, 2013, 146(2): 161-179.

[8] Bastankhah M, Porté-Agel F. Wind tunnel investigation of wind-turbine wakes[J]. Boundary-Layer Meteorology, 2009, 132(1): 129-149.

[9] Wu Y T, Porté-Agel F. Atmospheric turbulence effects on wind-turbine wakes: An LES study[J]. Energies, 2012, 5(12): 5340-5362.

[10] 崔岩松. 风电机组半经验尾流模型改进方法研究[D]. 北京：华北电力大学, 2017.

[11] Haugland J K, Haugland D. Computing the optimal layout of a wind farm[R]. Bergen: Norsk Informatikkonferanse, 2012.

[12] Liang S, Fang Y. Analysis of the Jensen's model, the Frandsen's model and their Gaussian variations[C]//2014 17th International Conference on Electrical Machines and Systems (ICEMS). New York: IEEE, 2014: 3213-3219.

[13] Blaas M, Corten G P, Schaak P. TNO boundary layer tunnel. Quality of velocity profiles[R]. Petten: Energy Research Center of the Netherlands, 2005.

[14] Corten G P, Hegberg T, Schaak P. Turbine interaction in large offshore wind farms wind tunnel

measurements[R]. Petten: Energy Research Center of the Netherlands, 2004.

[15] Bastankhah M, Porté-Agel F. A wind-tunnel investigation of wind-turbine wakes in yawed conditions[C]// Journal of Physics: Conference Series. Sweden: IOP Publishing, 2015, 625(1): 012014.

[16] Barlas E, Buckingham S, van Beeck J. Roughness effects on wind-turbine wake dynamics in a boundary-layer wind tunnel[J]. Boundary-Layer Meteorology, 2016, 158(1): 27-42.

[17] Abkar M, Porté-Agel F. Influence of atmospheric stability on wind-turbine wakes: A large-eddy simulation study[J]. Physics of Fluids, 2015, 27(3): 035104.

[18] Chamorro L P, Hill C, Morton S, et al. On the interaction between a turbulent open channel flow and an axial-flow turbine[J]. Journal of Fluid Mechanics, 2013(716): 658.

[19] Zong L, Nepf H. Vortex development behind a finite porous obstruction in a channel[J]. Journal of Fluid Mechanics, 2012(691): 368-391.

[20] Kang S, Yang X, Sotiropoulos F. On the onset of wake meandering for an axial flow turbine in a turbulent open channel flow[J]. Journal of Fluid Mechanics, 2014(744): 376-403.

[21] Foti D, Yang X, Guala M, et al. Wake meandering statistics of a model wind turbine: Insights gained by large eddy simulations[J]. Physical Review Fluids, 2016, 1(4): 044407.

[22] Howard K B, Singh A, Sotiropoulos F, et al. On the statistics of wind turbine wake meandering: An experimental investigation[J]. Physics of Fluids, 2015, 27(7): 075103.

[23] Bastankhah M, Porté-Agel F. Experimental and theoretical study of wind turbine wakes in yawed conditions[J]. Journal of Fluid Mechanics, 2016(806): 506-541.

[24] Li L, Cui Y, Liu Y, et al. Comparison and validation of wake models based on field measurements with lidar[C]. 5th IET International Conference on Renewable Power Generation(RPG), London, 2016: 1-6.

[25] Cleijne J W. Results of sexbierum wind farm: Single wake measurements[R]. Apeldoorn: The Netherlands Organization, 1993.

[26] Frandsen S, Barthelmie R, Pryor S, et al. Analytical modelling of wind speed deficit in large offshore wind farms[J]. Wind Energy, 2006, 9(1-2): 39-53.

[27] Peña A, Réthoré P E, van der Laan M P. On the application of the Jensen wake model using a turbulence-dependent wake decay coefficient: The Sexbierum case[J]. Wind Energy, 2016, 19(4): 763-776.

第5章　风电场边界层模型

5.1　引　　言

本章首先介绍经典的风电场边界层模型；然后用大涡模拟对不同几何特征的风电场进行数值模拟研究，对其流动结构进行分析，基于现有的风电场边界层模型并结合数值模拟得到的物理认知，发展新的风电场边界层模型，并对模型预测精度进行验证；最后将风电场边界层模型应用于实际风电场功率及湍流统计量的预测。

5.2　经典的风电场边界层模型

为定量描述风电场的影响，人们通常将风电场对于大气边界层的作用简化为等效粗糙度。Lettau 模型[1]是早期用于计算等效粗糙度的简化模型，该模型基于风电场内可以目测到的几何参数来估算等效粗糙度。其计算公式为

$$z_{0,\mathrm{Lett}} = 0.5 z_{\mathrm{h}} A/S \tag{5-1}$$

式中，z_{h}——轮毂高度；

A——风轮面积，$A = \pi D^2/4$，D 是风轮直径；

S——单个机组占地面积，$S = s_x s_y D^2$，$s_x D$ 和 $s_y D$ 分别是流向和展向的机组间距，如图 5-1(a)所示。

基于对充分发展风电场的边界层物理结构认识，Frandsen 等[2,3]提出了一种描述冠层湍流的一维、单柱型模型，如图 5-1(b)所示。该方法将风电场边界层划分为两个应力层，即在轮毂高度以上存在一个应力层，其摩擦速度用 $u_{*\mathrm{hi}}$ 表示；在轮毂高度以下存在另一个应力层，其摩擦速度用 $u_{*\mathrm{lo}}$ 表示。Frandsen 模型利用水平平均速度代替了复杂的风电场三维流动结构，根据应力守恒获得了等效粗糙度的表达式：

$$z_{0,\mathrm{Fran}} = z_{\mathrm{h}} \exp\left\{-\kappa \Big/ \sqrt{\frac{1}{2} c_{\mathrm{ft}} + \left[\frac{\kappa}{\ln\left(z_{\mathrm{h}} / z_{0,\mathrm{lo}}\right)}\right]^2}\right\} \tag{5-2}$$

式中，κ——卡门常数，κ=0.4；

$z_{0,\mathrm{lo}}$——地面等效粗糙度；

$c_{\mathrm{ft}} = \pi C_{\mathrm{T}} / (4 s_x s_y)$；

C_{T}——风轮推力系数。

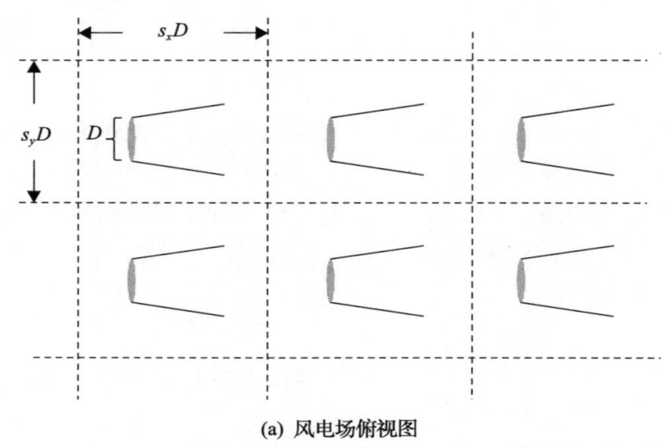

(a) 风电场俯视图

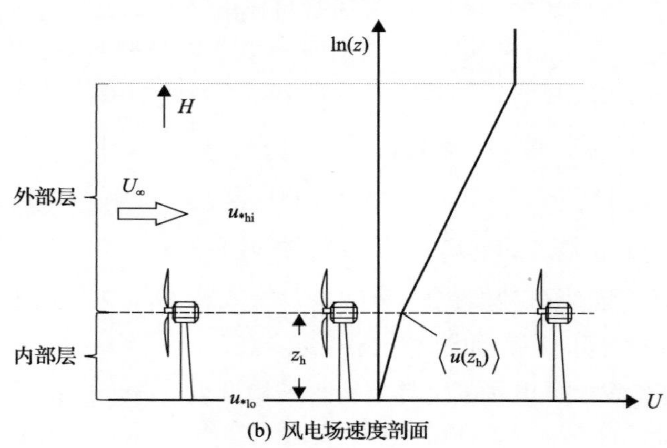

(b) 风电场速度剖面

图 5-1　Frandsen 模型

Frandsen 模型由于只考虑垂直方向的动量损失，计算形式简单，因此通常用于评估大型风电场的速度损失和功率损失[4,5]。

Calaf 等[6]通过大涡模拟研究发现，当来流和风轮相互作用时，风轮范围内形成湍流度较高的尾流层，如图 5-2 所示。在 Frandsen 模型的基础上，Calaf 将风电场边界层划分为三个应力层，即风轮下方速度满足对数律分布的内部层、风轮范围的尾流层和风轮上方速度满足对数律分布的外部层。基于“三个应力层”假设，Calaf 提出了具有较高精度的 Top-down 模型：

$$z_{0,\mathrm{Cala}}=z_{\mathrm{h}}\left(1+\frac{D}{2z_{\mathrm{h}}}\right)^{\frac{\nu_{\mathrm{w}}^{*}}{1+\nu_{\mathrm{w}}^{*}}}\exp\left\{-\kappa\Bigg/\sqrt{\frac{1}{2}c_{\mathrm{ft}}+\left[\frac{\kappa}{\ln\left(z_{\mathrm{h}}/z_{0,\mathrm{lo}}\right)+\dfrac{\nu_{\mathrm{w}}^{*}}{1+\nu_{\mathrm{w}}^{*}}\ln\left(1-\dfrac{D}{2z_{\mathrm{h}}}\right)}\right]^{2}}\right\} \tag{5-3}$$

式中，$\nu_{\mathrm{w}}{}^{*}=\nu_{\mathrm{w}}/\nu_{\mathrm{T}}$，$\nu_{\mathrm{w}}$ 是尾流附加涡黏系数，ν_{T} 是等效涡黏系数。

Calaf 提出的 Top-down 模型更真实地描述了风电场风速沿高度变化的物理规律，被广泛应用于风电机组间距优化、风电场功率评估、中尺度气象模拟中。例如，Meyers 和 Meneveau[7]考虑土地和风电机组成本，基于 Top-down 模型对充分发展风电场机组排列进行了优化并推荐了最佳的机组间距。

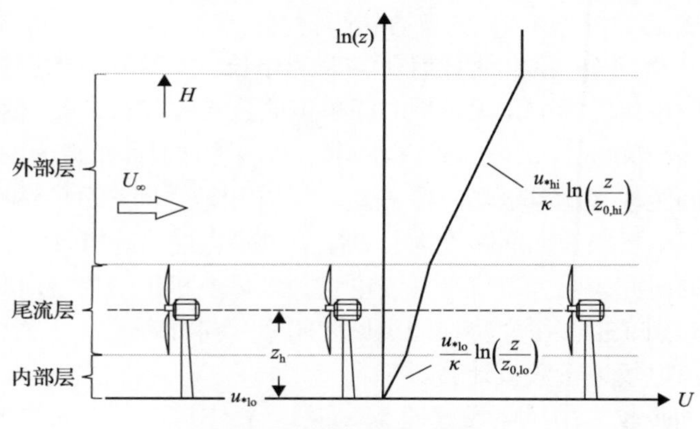

图 5-2　Top-down 模型

尽管 Frandsen 模型和 Top-down 模型较 Lettau 模型大幅提高了等效粗糙度的预测精度，但无法考虑风电机组具体排布的影响。Yang 等[8]考虑风电机组的间距效应对 Frandsen 模型进行了修正，但忽略了更为符合物理实际的尾流层。此外，以上的边界层模型均没有考虑尾流层的流动不均匀性，之前的大涡模拟结果已经验证了流动不均匀性是客观存在的，因此现有的边界层模型对等效粗糙度的预测精度较低。为了提高边界层模型对等效粗糙度的预测精度，接下来基于“三个应力层”模型考虑流动不均匀性发展更为通用的风电场边界层模型。

5.3　不同间距特征的风电场大涡模拟研究

风电场中机组之间的间距分布决定了机组尾流的演化及与大气边界层的相互作用，不同的流向和展向的机组间距在尾流恢复中起着不同的作用，同时也对大气边界层产生不同程度的空间扰动。

5.3.1　算例设置

根据 s_x/s_y(流向间距与展向间距的比值)数值大小，将风电场排布分为典型的三类：

1)中等间距风电场。在主风向条件下，风电机组流向间距通常大于展向间距。根据文献[9]，经典的风电场流向间距 s_x 是 8～12，展向间距 s_y 是 1.5～3。对于实际运行的风电场，如 Horns Rev 风电场，在主风向下，s_x 为 7, s_y 为 6.95；对于 Nysted 风电场，s_x 为 10.4, s_y 为 5.8。事实上，在主风向下，实际风电场大多满足 $1<s_x/s_y<2$。为符合实际情况，选取 s_x/s_y=1.5。该类算例设置和文献[6]的算例完全一致，但统计平均时间略长。文献[6]总的统计时间超过了 60 个时间单位，标准化无量纲时间单位的公式为 H/u_*(高度和速度的参考值分别是 H=1000m，u_*=0.45m/s)，本节总的统计时间单位为 90。

2)流向间距较大的风电场，即 $s_x/s_y\geqslant 2$。在用地空间充分的情况下，人们通常希望将风电机组流向间距增大，以减少风轮直接的遮挡效应。Meyers 和 Meneveau[7]的研究表明，若仅考虑发电量，则风电机组最优流向间距比预想大幅增加，达到 15D。下面将在固定展向间距 s_y=4 的情况下，对 $2s_y$～$5s_y$ 的流向间距的风电场进行数值计算。

3)展向间距较大的风电场，即 $s_y/s_x\geqslant 2$。在主风向下，该类风电场很少见，但当来流风向和主风向垂直时，此类风电机组排布对应于第二类风电场的情况。

表 5-1～表 5-3 分别给出了上述三类风电场的算例设置，包括计算域的几何参数(L_x、L_y、H)、计算域的网格数(N_x、N_y、N_z)、无量纲机组间距(s_x 和 s_y)、机组数量(N_{tur})、地面粗糙度($z_{0,lo}$)及局部推力系数(C_T')。在所有的算例中，轮毂高度与风轮直径相等，即 z_h=D=100m，计算域高度 H 为 1000m。第一类算例采用符号 A-X 表示，其中 A 表示中等间距的风电场，X 表示算例序号；类似地，第二类和第三类算例分别用 B-X 和 C-X 表示。表 5-1～表 5-3 中的计算域的大小是以计算域高度为基准的无量纲数。

表 5-1　中等间距(A 类)风电场的具体参数

算例	s_x/s_y	s_x	N_{tur}	$L_x \times L_y \times H$	$N_x \times N_y \times N_z$	$z_{0,lo}/H$	C_T'
A-1	1.5	5.24	12×9	2π×π×1.0	256×192×128	10^{-4}	1.33
A-2	1.5	6.28	10×8	2π×π×1.0	256×192×128	10^{-4}	1.33
A-3	1.5	7.85	4×6	π×π×1	128^3	10^{-4}	1.33
A-4	1.5	11	4×6	1.4π×1.4π×1	128^3	10^{-4}	1.33
A-5	1.5	7.85	4×6	π×π×1	128^3	10^{-6}	1.33
A-6	1.5	7.85	4×6	π×π×1	128^3	10^{-5}	1.33
A-7	1.5	7.85	4×6	π×π×1	128^3	10^{-3}	1.33
A-8	1.5	7.85	4×6	π×π×1	128^3	10^{-4}	2
A-9	1.5	7.85	4×6	π×π×1	128^3	10^{-4}	0.6

表 5-2　高流向间距(B 类)风电场的具体参数

算例	s_x/s_y	s_y	N_{tur}	$L_x \times L_y \times H$	$N_x \times N_y \times N_z$	$z_{0,lo}/H$	C_T'
B-1	2.0	4	4×8	3.2×3.2×1.0	128×128×132	10^{-4}	1.33
B-2	2.5	4	4×8	4.0×3.2×1.0	160×128×132	10^{-4}	1.33
B-3	3.0	4	4×8	4.8×3.2×1.0	192×128×132	10^{-4}	1.33
B-4	3.5	4	4×8	5.6×3.2×1.0	224×128×132	10^{-4}	1.33
B-5	4.0	4	4×8	6.4×3.2×1.0	256×128×132	10^{-4}	1.33
B-6	4.5	4	4×8	7.2×3.2×1.0	288×128×132	10^{-4}	1.33
B-7	5.0	4	4×8	8.0×3.2×1.0	320×128×132	10^{-4}	1.33
B-8	3.5	4	4×8	5.6×3.2×1.0	224×128×132	10^{-5}	1.33
B-9	3.5	4	4×8	5.6×3.2×1.0	224×128×132	10^{-6}	1.33
B-10	3.5	4	4×8	5.6×3.2×1.0	224×128×132	10^{-3}	1.33

表 5-3　高展向间距(C 类)风电场的具体参数

算例	s_x	s_y/s_x	N_{tur}	$L_x \times L_y \times H$	$N_x \times N_y \times N_z$	$z_{0,lo}/H$	C_T'
C-1	4	2.0	8×4	3.2×3.2×1.0	128×128×132	10^{-4}	1.33
C-2	4	2.5	8×4	3.2×4.0×1.0	128×160×132	10^{-4}	1.33
C-3	4	3.0	8×4	3.2×4.8×1.0	128×192×132	10^{-4}	1.33
C-4	4	3.5	8×4	3.2×5.6×1.0	128×224×132	10^{-4}	1.33
C-5	4	4.0	8×4	3.2×6.4×1.0	128×256×132	10^{-4}	1.33

续表

算例	s_x	s_y/s_x	N_{tur}	$L_x \times L_y \times H$	$N_x \times N_y \times N_z$	$z_{0,\text{lo}}/H$	C'_{T}
C-6	4	4.5	8×4	3.2×7.2×1.0	128×288×132	10^{-4}	1.33
C-7	4	5.0	8×4	3.2×8.0×1.0	128×320×132	10^{-4}	1.33
C-8	4	3.5	8×4	3.2×5.6×1.0	128×224×132	10^{-5}	1.33
C-9	4	3.5	8×4	3.2×5.6×1.0	128×224×132	10^{-6}	1.33
C-10	4	3.5	8×4	3.2×5.6×1.0	128×224×132	10^{-3}	1.33

5.3.2 不同间距特征风电场的流场分析

图 5-3(a)显示了 A-3 算例在轮毂高度平面的瞬时速度场。由于大气边界层及其和风电机组相互作用的时变性，风电场瞬时速度场呈现显著的非定常特性。众所周知，在来流作用下，单个风电机组尾流会出现周期性摆振现象。从瞬时流场可以看到，各个风电机组尾流摆振形态无明显关联，单个风电机组尾流摆振呈现一定的随机性。图 5-3(b)给出了 A-3 算例在轮毂高度平面的平均速度等值线，在风电机组的阻滞作用下，尾流区域平均速度显著降低。风电机组尾流在向下游演化过程中向两侧膨胀并逐步恢复。由于展向间距较小，因此两列风电机组尾流相互叠加。A 类风电场的其他算例和本算例结果类似，为了简化，这里不再单独列出。可见，此类风电场风电机组尾流范围接近 $s_yD/2$，轮毂高度平面速度均显著受到风电机组尾流影响。

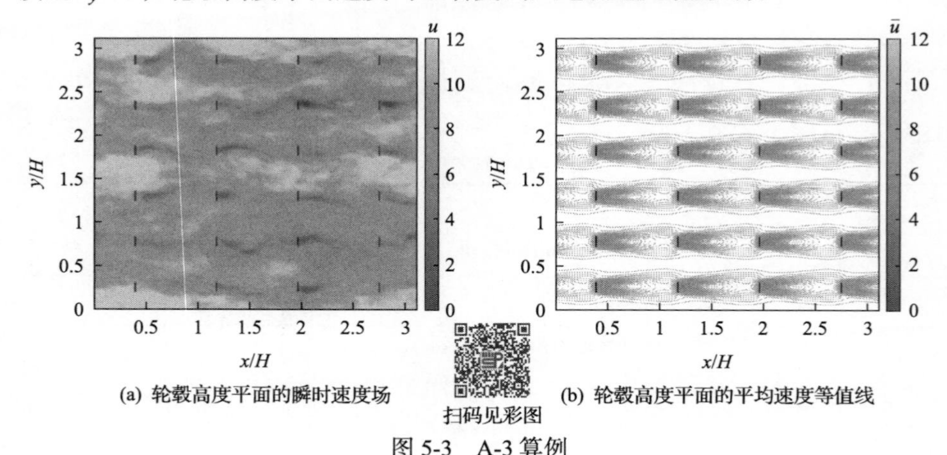

(a) 轮毂高度平面的瞬时速度场　　(b) 轮毂高度平面的平均速度等值线

图 5-3　A-3 算例

图 5-4 显示了 B-2 算例在轮毂高度平面的瞬时速度场和平均速度等值线。和 A 类算例类似，两列风电机组间的尾流出现强烈交互作用，风电机组尾流几

乎作用于整个轮毂高度平面。需要注意的是，由于机组流向间距较大，风电机组尾流恢复距离长，恢复程度高，相邻行机组间的相互作用较 A 类算例显著减弱。从平均速度等值线可以看到，在尾流到达下游机组之前，流动速度已经接近来流平均速度，展向分布也趋于均匀化(等值线总量少且稀疏)。对于该类算例，轮毂高度平面流动和风电机组发生了充分的相互作用，但相邻行风电机组间遮挡效应较弱，风电机组对应来流速度将大于整个平面平均速度。

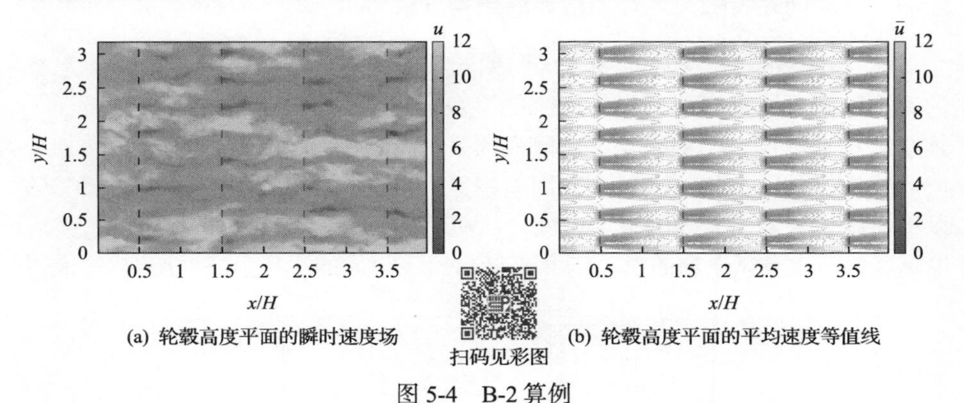

(a) 轮毂高度平面的瞬时速度场　(b) 轮毂高度平面的平均速度等值线

图 5-4　B-2 算例

图 5-5 给出了 C-1 算例在轮毂高度平面的瞬时速度场和平均速度等值线。从瞬时流场可以看到，由于风电场展向间距大，相邻列风电机组间存在大尺度高速条带结构，该现象和 Yang 等[8]的研究结果一致。大量流动在通过风电场时未能和风电机组充分作用。Stevens 等[9]提出了风电机组尾流展向有效作用范围的概念，他们研究发现，当展向间距较大时，风电机组展向有效作用

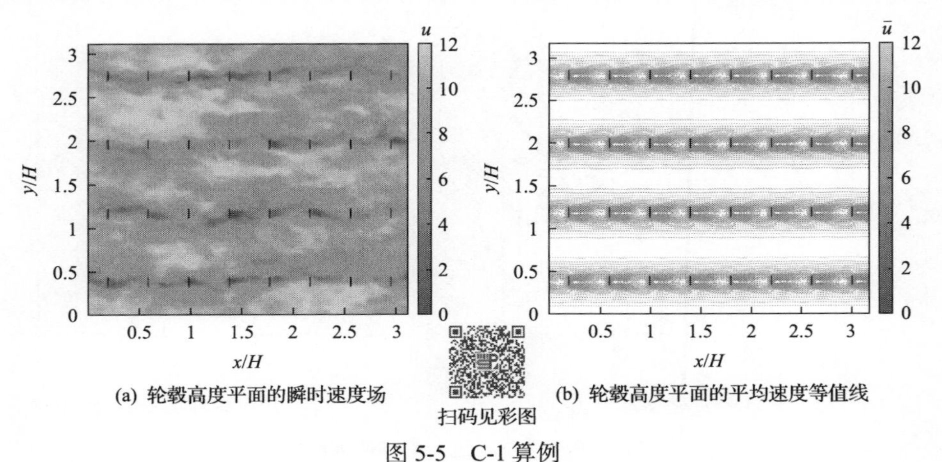

(a) 轮毂高度平面的瞬时速度场　(b) 轮毂高度平面的平均速度等值线

图 5-5　C-1 算例

(影响)范围小于 $s_y D/2$。平均速度等值线分布也清晰地展现了上述结论，如图 5-5(b)所示。当来流和风电机组相互作用后，尾流沿下游径向膨胀，但有效作用范围远远小于展向间距，相邻列风电机组尾流未能发生强烈交互作用。可以预见，在该类风电场中，风电机组对应来流速度显著小于轮毂高度平均速度。

5.3.3 不同间距特征风电场的边界层结构分析

图 5-6 展示了三类风电场大涡模拟的流向平均速度剖面。由 A 类风电场的速度剖面可以观察到明显的尾流层，表现出典型的“三个应力层”特征，其结果和 Calaf 等[6]、Yang 等[8]的研究结果一致。在尾流层，由于湍流度增加，流动等效涡黏系数增加，速度剖面斜率显著降低，传统的“两个应力层”假设将会高估轮毂高度处的平均速度，从而低估风电场等效粗糙度。和 A 类风电场类似，B 类风电场的速度剖面也显示出了明显的“三个应力层”，这说明

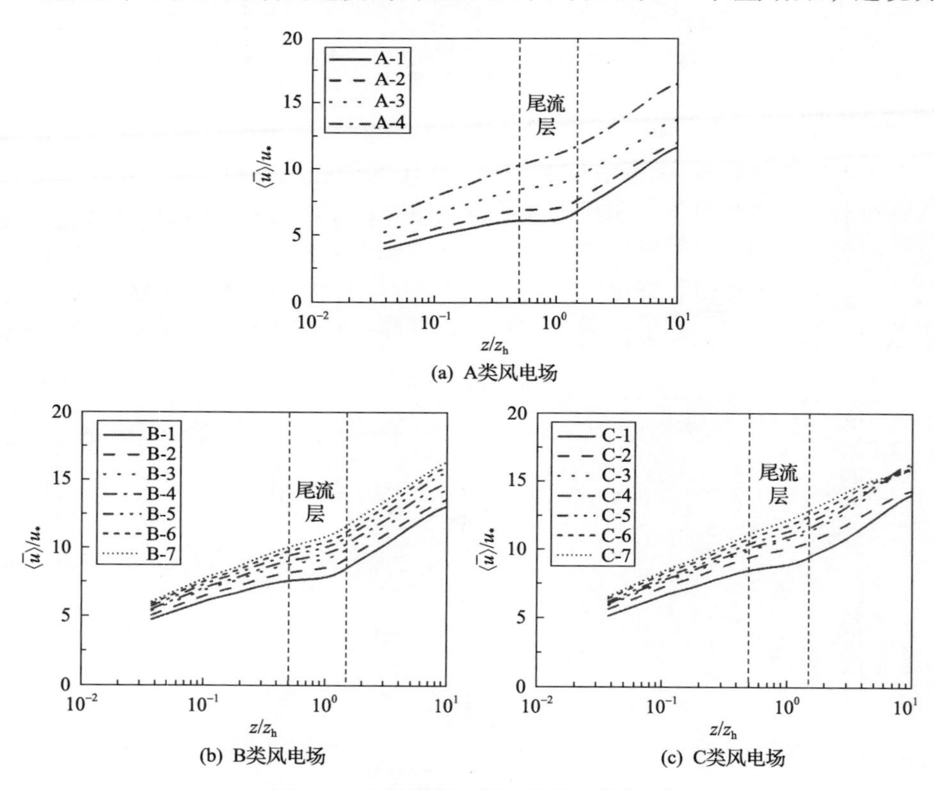

(a) A类风电场

(b) B类风电场

(c) C类风电场

图 5-6　大涡模拟的流向平均速度剖面

在该类算例设置下（$s_x/s_y \geqslant 2$），轮毂高度处也形成了明显的尾流层。正如前文所说，由于机组展向间距较小，风电机组和来流发生了充分相互作用，风电机组尾流覆盖了整个轮毂高度平面。虽然流向演化间距较长，平均尾流恢复程度较高，但尾流层的流动影响不可忽略。相对于 A 类算例和 B 类算例，C 类算例对应速度剖面中无法观察到明显的尾流层（尾流层较弱），该结果和图 5-5 非常符合。对于展向间距较大的风电场，大量高速流体从风电机组展向间距中通过，风轮的有效影响范围仅局限于风电机组展向附近区域，在轮毂高度平面上未能形成完整的尾流层，流动等效涡黏系数增加较小。

5.3.4　风电场尾流层的流动不均匀分析

通过对三类风电场在轮毂高度平面的速度场及流向平均速度剖面的分析，我们明确了风电场尾流层的流动是不均匀的，风轮前方的来流速度与平面的平均速度存在显著差异，尤其是对于 B 类和 C 类风电场。因此，考虑尾流层速度分布的不均匀性，定义流场不均匀度系数 $\alpha=\left\langle\overline{u_0}\right\rangle(z_{\mathrm{h}})\Big/\left\langle\overline{u}\right\rangle(z_{\mathrm{h}})$。其中，$\left\langle\overline{u}\right\rangle(z_{\mathrm{h}})$ 为充分发展风电场轮毂高度平面的平均速度，$\left\langle\overline{u_0}\right\rangle(z_{\mathrm{h}})$ 为轮毂高度平面风轮前方来流的平均风速。在大涡模拟中，利用轮毂高度平面风轮处的平均速度表示来流速度，表示为 $\left\langle\overline{u_0}\right\rangle(z_{\mathrm{h}})=\left\langle\overline{u_{\mathrm{r}}}\right\rangle(z_{\mathrm{h}})/(1-a)$，$\left\langle\overline{u_{\mathrm{r}}}\right\rangle(z_{\mathrm{h}})$ 是轮毂高度平面风轮处的平均风速。因此，流场不均匀度系数可以表示为

$$\alpha=\frac{\left\langle\overline{u_{\mathrm{r}}}\right\rangle(z_{\mathrm{h}})}{(1-a)\left\langle\overline{u}\right\rangle(z_{\mathrm{h}})} \tag{5-4}$$

根据大涡模拟统计结果，将高度为 $2z_{\mathrm{h}}$ 的流向平均相对速度代入速度方程即可反推出风电场的等效粗糙度，即

$$\frac{\left\langle\overline{u}\right\rangle(2z_{\mathrm{h}})}{u_*}=\left(\frac{1}{\kappa}\right)\log\left(\frac{2z_{\mathrm{h}}}{z_{0,\mathrm{hi}}}\right) \tag{5-5}$$

式中，$\kappa=0.4$；

$\left\langle\overline{u}\right\rangle(2z_{\mathrm{h}})\Big/u_*$ 可根据大涡模拟的平均流向速度剖面得到；

$z_{0,\mathrm{hi}}$——风电场等效粗糙度。

表 5-4 给出了 A、B、C 三类风电场通过大涡模拟计算得到的等效粗糙度和流场的不均匀度系数。如表 5-4 所示，总体看来，A 类算例不均匀度较低，

而 B 和 C 类算例的速度分布不均匀性偏大，风电机组来流速度和轮毂高度平均速度的偏差不可忽略。图 5-7 给出了等效粗糙度随几何平均间距 $s=\sqrt{s_x \times s_y}$ 的变化情况，可以看出 A 类算例和 B 类算例在相同几何平均间距下的等效粗糙度基本相同，且变化趋势也一致；C 类算例的等效粗糙度偏低。这说明了在相同的单个风电机组平均占用面积下，较大的展向间距减小了尾流的作用范围，因此也降低了风电场对大气边界层的扰动作用。

表 5-4　A、B、C 三类风电场通过大涡模拟计算得到的等效粗糙度和流场的不均匀度系数

算例	$z_{0,hi}/z_h$	α	算例	$z_{0,hi}/z_h$	α	算例	$z_{0,hi}/z_h$	α
A-1	9.492×10^{-2}	1.072	B-1	5.011×10^{-2}	1.096	C-1	3.709×10^{-2}	0.939
A-2	6.822×10^{-2}	1.118	B-2	3.780×10^{-2}	1.096	C-2	2.414×10^{-2}	0.875
A-3	3.533×10^{-2}	1.058	B-3	2.912×10^{-2}	1.105	C-3	1.732×10^{-2}	0.862
A-4	1.381×10^{-2}	1.040	B-4	2.449×10^{-2}	1.105	C-4	1.550×10^{-2}	0.887
A-5	2.235×10^{-2}	1.069	B-5	1.985×10^{-2}	1.107	C-5	1.315×10^{-2}	0.893
A-6	2.742×10^{-2}	1.069	B-6	1.703×10^{-2}	1.104	C-6	1.098×10^{-2}	0.9
A-7	5.273×10^{-2}	1.076	B-7	1.420×10^{-2}	1.104	C-7	0.932×10^{-2}	0.905
A-8	1.544×10^{-2}	1.017	B-8	1.770×10^{-2}	1.106	C-8	0.915×10^{-2}	0.885
A-9	4.578×10^{-2}	1.093	B-9	1.450×10^{-2}	1.106	C-9	0.667×10^{-2}	0.886
—	—	—	B-10	3.810×10^{-2}	1.101	C-10	2.784×10^{-2}	0.870

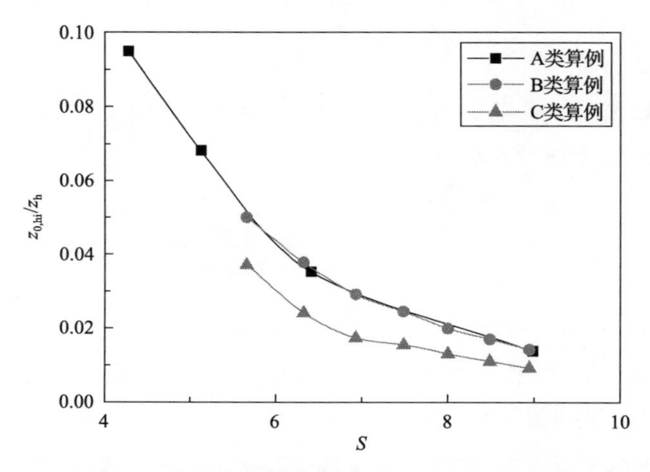

图 5-7　等效粗糙度随几何平均间距的变化情况

5.4　风电场边界层模型

5.3 节针对风电场的间距效应进行了研究，结果显示，Frandsen 模型的“两个应力层”假设更适用于展向间距偏大的风电场，Calaf 提出的“三个应力层”假设更适用于中等间距及流向间距偏大的风电场。另外，对于展向或流向间距较大的风电场，尾流层的流场具有明显分布不均匀的特点。而现有的边界层模型均忽略了这一物理事实，同时缺少对现有边界层模型适用范围的讨论，因此需要对边界层模型进行系统的研究并加以改进，使其符合真实风电场的流动分布特征。本章将基于“三个应力层”假设，考虑尾流层的流动不均匀性，发展更为通用的风电场边界层模型[10]。

5.4.1　考虑流动不均匀的风电场边界层模型

在没有风电场的情况下，根据边界层理论，平均来流速度随高度的变化符合经典的对数律：

$$\left\langle \overline{u_{\infty}} \right\rangle(z) = \frac{u_{*\infty}}{\kappa} \ln\left(\frac{z}{z_{0,\mathrm{lo}}}\right),\quad z_{0,\mathrm{lo}} \leqslant z \leqslant \delta \tag{5-6}$$

式中，$z_{0,\mathrm{lo}}$——地表等效粗糙度；

$u_{*\infty}$——地表摩擦速度；

δ——边界层高度。

依据 Calaf 等[6]的研究发现，在典型的充分发展风电场中，风轮下方和风轮上方的平均风速随高度变化满足对数律，如图 5-2 所示。风轮下方和上方的平均速度分别为

$$\left\langle \overline{u} \right\rangle(z) = \frac{u_{*\mathrm{lo}}}{\kappa} \ln\left(\frac{z}{z_{0,\mathrm{lo}}}\right),\quad z_{0,\mathrm{lo}} \leqslant z \leqslant z_{\mathrm{h}} - \frac{D}{2} \tag{5-7}$$

$$\left\langle \overline{u} \right\rangle(z) = \frac{u_{*\mathrm{hi}}}{\kappa} \ln\left(\frac{z}{z_{0,\mathrm{hi}}}\right),\quad z_{\mathrm{h}} + \frac{D}{2} \leqslant z \leqslant \delta \tag{5-8}$$

式中，$u_{*\mathrm{lo}}$——地面摩擦速度；

$u_{*\mathrm{hi}}$——风电场摩擦速度；

$z_{0,\mathrm{lo}}$——地面等效粗糙度；

$z_{0,\mathrm{hi}}$——风电场等效粗糙度。

考虑轮毂高度平面速度分布的不均匀性，风电场中机组对大气边界层的总推力可表示为

$$F_{\mathrm{t}}=\frac{1}{2}\rho NC_{\mathrm{T}}\left[\alpha\left\langle\bar{u}\right\rangle\left(z_{\mathrm{h}}\right)\right]^{2}\frac{\pi}{4}D^{2} \tag{5-9}$$

式中，N——风电场中风电机组数量；

C_{T}——风轮的推力系数。

风电场受到的总应力(包含地面摩擦应力和风电机组产生的阻滞力)满足：

$$N\rho u_{*\mathrm{hi}}^{2}s_{x}s_{y}D^{2}=N\rho u_{*\mathrm{lo}}^{2}s_{x}s_{y}D^{2}+\frac{1}{2}\rho NC_{\mathrm{T}}\left[\alpha\left\langle\bar{u}\right\rangle\left(z_{h}\right)\right]^{2}\frac{\pi}{4}D^{2} \tag{5-10}$$

化简式(5-10)，可得

$$u_{*\mathrm{hi}}^{2}=u_{*\mathrm{lo}}^{2}+\frac{1}{2}c_{\mathrm{ft}}\left[\alpha\left\langle\bar{u}\right\rangle\left(z_{\mathrm{h}}\right)\right]^{2} \tag{5-11}$$

式中，$c_{\mathrm{ft}}=\pi C_{\mathrm{T}}/\left(4s_{x}s_{y}\right)$。

在充分发展风电场的大气边界层中，尾流层以外的涡黏度为$\nu_{\mathrm{T}}=\kappa z u_{*}$。由于风轮的遮挡效应，尾流层出现明显速度损失，湍流度增大，流动等效涡黏系数增加，流动近似满足：

$$(\nu_{\mathrm{T}}+\nu_{\mathrm{w}})\frac{\mathrm{d}\left\langle\bar{u}\right\rangle}{\mathrm{d}z}=u_{*}^{2} \tag{5-12}$$

式中，ν_{w}——尾流附加涡黏系数。

当$z<z_{\mathrm{h}}$时，参考摩擦速度$u_{*}=u_{*\mathrm{lo}}$；当$z>z_{\mathrm{h}}$时，参考摩擦速度$u_{*}=u_{*\mathrm{hi}}$。定义$\nu_{\mathrm{w}}^{*}=\nu_{\mathrm{w}}/\nu_{\mathrm{T}}$，则式(5-12)可变化为

$$(1+\nu_{\mathrm{w}}^{*})\frac{\mathrm{d}\left\langle\bar{u}\right\rangle}{\mathrm{d}z}=\frac{u_{*}^{2}}{\nu_{\mathrm{T}}}=\frac{u_{*}}{\kappa z}\ ,\ z_{\mathrm{h}}-\frac{D}{2}<z<z_{\mathrm{h}}+\frac{D}{2} \tag{5-13}$$

化简式(5-13)，得

$$\frac{\mathrm{d}\left\langle\bar{u}\right\rangle}{\mathrm{d}\ln z}=\frac{u_{*}}{\kappa}\frac{1}{(1+\nu_{\mathrm{w}}^{*})}\ ,\ z_{\mathrm{h}}-\frac{D}{2}<z<z_{\mathrm{h}}+\frac{D}{2} \tag{5-14}$$

尾流层的湍流水平增大是由风轮的动量损失引起的，风轮的动量损失正比于$c_{\mathrm{ft}}\left\langle \bar{u}\right\rangle^2(z_{\mathrm{h}})/2$，湍流速度尺度近似为$\sqrt{(c_{\mathrm{ft}}/2)}\left\langle \bar{u}\right\rangle(z_{\mathrm{h}})$，尾流长度尺度为风轮直径$D$。根据文献[6]，假设$D\approx z_{\mathrm{h}}$，其中$z_{\mathrm{h}}\sim 100\mathrm{m}$，$z_0\sim 1\mathrm{m}$，可得

$$\nu_{\mathrm{w}}^{*}\approx 28\sqrt{\frac{c_{\mathrm{ft}}}{2}} \tag{5-15}$$

对式(5-14)分别沿高度$z_{\mathrm{h}}-D/2\sim z_{\mathrm{h}}$和$z_{\mathrm{h}}\sim z_{\mathrm{h}}+D/2$积分，并结合式(5-7)和式(5-8)，可得

$$\left\langle \bar{u}\right\rangle(z)=\frac{u_{*\mathrm{lo}}}{\kappa}\ln\left[\left(\frac{z}{z_{\mathrm{h}}}\right)^{\frac{1}{1+\nu_{\mathrm{w}}^{*}}}\left(\frac{z_{\mathrm{h}}}{z_{0,\mathrm{lo}}}\right)\left(1-\frac{D}{2z_{\mathrm{h}}}\right)^{\frac{\nu_{\mathrm{w}}^{*}}{1+\nu_{\mathrm{w}}^{*}}}\right],\quad z_{\mathrm{h}}-\frac{D}{2}\leqslant z\leqslant z_{\mathrm{h}} \tag{5-16}$$

$$\left\langle \bar{u}\right\rangle(z)=\frac{u_{*\mathrm{hi}}}{\kappa}\ln\left[\left(\frac{z}{z_{\mathrm{h}}}\right)^{\frac{1}{1+\nu_{\mathrm{w}}^{*}}}\left(\frac{z_{\mathrm{h}}}{z_{0,\mathrm{hi}}}\right)\left(1+\frac{D}{2z_{\mathrm{h}}}\right)^{\frac{\nu_{\mathrm{w}}^{*}}{1+\nu_{\mathrm{w}}^{*}}}\right],\quad z_{\mathrm{h}}\leqslant z\leqslant z_{\mathrm{h}}+\frac{D}{2} \tag{5-17}$$

令式(5-16)和式(5-17)在$z=z_{\mathrm{h}}$时相等，可得

$$\frac{u_{*\mathrm{hi}}}{u_{*\mathrm{lo}}}=\frac{\left[\ln\frac{z_{\mathrm{h}}}{z_{0,\mathrm{lo}}}+\frac{\nu_{\mathrm{w}}^{*}}{1+\nu_{\mathrm{w}}^{*}}\ln\left(1-\frac{D}{2z_{\mathrm{h}}}\right)\right]}{\left[\ln\frac{z_{\mathrm{h}}}{z_{0,\mathrm{hi}}}+\frac{\nu_{\mathrm{w}}^{*}}{1+\nu_{\mathrm{w}}^{*}}\ln\left(1+\frac{D}{2z_{\mathrm{h}}}\right)\right]} \tag{5-18}$$

将式(5-18)代入式(5-11)，得到改进后的边界层模型：

$$z_{0,\mathrm{hi}}=z_{\mathrm{h}}\left(1+\frac{D}{2z_{\mathrm{h}}}\right)^{\frac{\nu_{\mathrm{w}}^{*}}{1+\nu_{\mathrm{w}}^{*}}}\exp\left\{-\kappa\Big/\sqrt{\frac{1}{2}c_{\mathrm{ft}}\alpha^2+\left[\frac{\kappa}{\ln(z_{\mathrm{h}}/z_{0,\mathrm{lo}})+\frac{\nu_{\mathrm{w}}^{*}}{1+\nu_{\mathrm{w}}^{*}}\ln\left(1-\frac{D}{2z_{\mathrm{h}}}\right)}\right]^2}\right\} \tag{5-19}$$

令式(5-6)和式(5-8)在边界层高度δ处(假设$\delta=850\,\mathrm{m}$)相等，可得

$$u_{*\mathrm{hi}}=u_*\frac{\ln\left(\delta/z_{0,\mathrm{lo}}\right)}{\ln\left(\delta/z_{0,\mathrm{hi}}\right)} \tag{5-20}$$

将式(5-20)代入式(5-17)，可得轮毂高度平均速度，为

$$\langle\bar{u}\rangle(z_\mathrm{h})=\frac{u_*}{\kappa}\frac{\ln\left(\delta/z_{0,\mathrm{lo}}\right)}{\ln\left(\delta/z_{0,\mathrm{hi}}\right)}\ln\left[\left(\frac{z_\mathrm{h}}{z_{0,\mathrm{hi}}}\right)\left(1+\frac{D}{2z_\mathrm{h}}\right)^{\frac{\nu_\mathrm{w}^*}{1+\nu_\mathrm{w}^*}}\right] \tag{5-21}$$

因此，风电场轮毂高度平面的平均速度与没有风电场的自由来流速度之比为

$$\frac{\langle\bar{u}\rangle(z_\mathrm{h})}{\langle\overline{u_\infty}\rangle(z_\mathrm{h})}=\frac{\ln\left(\delta/z_{0,\mathrm{lo}}\right)}{\ln\left(\delta/z_{0,\mathrm{hi}}\right)}\ln\left[\left(\frac{z_\mathrm{h}}{z_{0,\mathrm{hi}}}\right)\left(1+\frac{D}{2z_\mathrm{h}}\right)^{\frac{\nu_\mathrm{w}^*}{1+\nu_\mathrm{w}^*}}\right]\left[\ln\left(\frac{z_\mathrm{h}}{z_{0,\mathrm{lo}}}\right)\right]^{-1} \tag{5-22}$$

相对于 Calaf 的 Top-down 模型，本模型引入了流场不均匀度系数 α。

5.4.2　改进的 R-Jensen 尾流模型

经典的 Jensen 尾流模型的主要假设如下：①流动无黏，定常；②风轮简化为均匀圆盘，所受气动力均匀分布；③顶帽假设，即尾流范围内流速不随径向变化；④忽略风轮后方压力恢复区径向膨胀和流向演化距离；⑤尾流自风轮边缘向下游呈线性膨胀。基于尾流区域质量守恒，风电机组相对尾流速度求解如下：

$$\frac{u(x)}{u_\infty}=1-\frac{(1-\sqrt{1-C_\mathrm{T}})}{\left(1+kx/r_0\right)^2} \tag{5-23}$$

式中，r_0——风轮半径；

k——尾流膨胀系数；

u_∞——上游的自由来流速度，其平均值可以由式(5-6)计算得到。

Jensen 模型因其形式简单(仅包含一个待定参数 k)、精度合理而被广泛应用于工程实践中[11,12]，也被目前主流商业软件如 WindSim、WAsP 和 WindPRO 等所采纳。需要指出的是，上述假设④和假设⑤可合理预测尾流正后方速度损失大小，但会低估总体尾流损失。

在此，我们考虑风轮前后方尾流膨胀效应：①根据经典叶素动量理论，

流动以速度 $(1-a)u_\infty$ 通过风轮并伴随有压力突降，在压力恢复后速度变化为 $(1-2a)u_\infty$，流管面积变化为 βA_0，远场尾流流量损失为 $2au_\infty\beta A_0$，其中 $\beta=(1-a)/(1-2a)$；②忽略压力恢复区的演化距离，尾流初始(风轮位置)半径为 $\sqrt{\beta}r_0$，以膨胀率 k 向下游线性膨胀，如图 5-8 所示。改进后的 R-Jensen 模型将会增加尾流的总体流量损失，其表达式为

$$\frac{u(x)}{u_\infty}=1-\frac{\beta(1-\sqrt{1-C_\text{T}})}{\left(\sqrt{\beta}+kx/r_0\right)^2} \tag{5-24}$$

式中

$$\beta=\frac{1-a}{1-2a}=\frac{1+\sqrt{1-C_\text{T}}}{2\sqrt{1-C_\text{T}}} \tag{5-25}$$

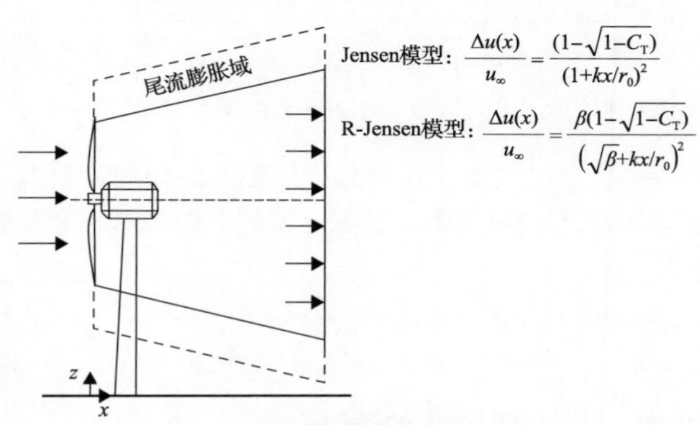

(a) 风轮后方尾流膨胀

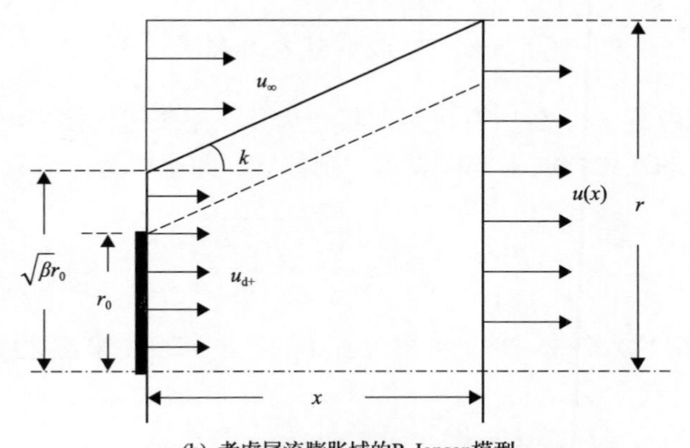

(b) 考虑尾流膨胀域的R-Jensen模型

图 5-8　改进的 R-Jensen 模型

图 5-9 给出了经典 Jensen 模型和 R-Jensen 模型尾流中心速度随下游距离的关系曲线，可见两个尾流模型对于尾流速度的预测差别较小(<5%)。正如前文所描述的，R-Jensen 模型和经典 Jensen 模型的主要区别在于尾流总体流量损失和尾流的影响范围。

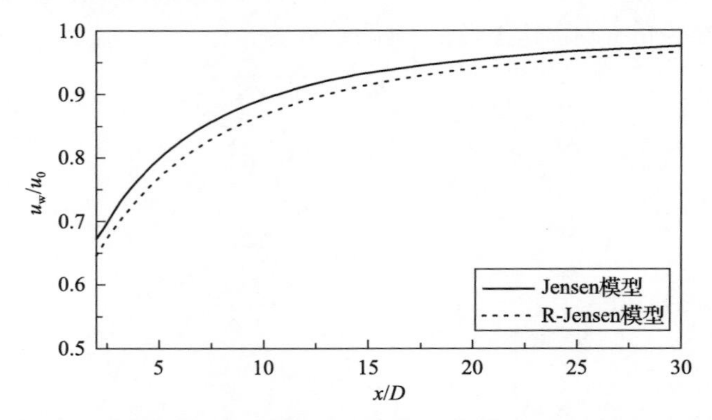

图 5-9　不同尾流模型的尾流中心速度与下游距离的关系曲线(C_T=0.75，k=0.0579)

下游位置 x=(x, y, z)受到上游机组(机组 t)的作用，机组 t 的位置是(x_t,y_t,z_t)，x>x_t。由式(5-24)可知，位置 x 受到上游机组 t 的速度损失为

$$\Delta u(x;t) = u_\infty - u(x;t) = \frac{\beta(1-\sqrt{1-C_T})u_\infty}{\left[\sqrt{\beta} + k(x-x_t)/r_0\right]^2} \tag{5-26}$$

机组下游位置 x 产生速度损失的条件为

$$(y-y_t)^2 + (z-z_h)^2 \leqslant \left[\sqrt{\beta}r_0 + k(x-x_t)\right]^2 \tag{5-27}$$

假定目标位置 x 上游所有机组的集合为 T，尾流速度损失由所有机组产生的速度损失的平方和的均方根表示，则位置 x 的速度为

$$u(x) = u_\infty - \sqrt{\sum_{t\in T}\left[\Delta u(x;t)\right]^2} \tag{5-28}$$

将式(5-26)代入式(5-28)，可得位置 x 的速度与自由来流速度的比值，为

$$\frac{u(x)}{u_\infty} = 1-\beta(1-\sqrt{1-C_t})\sqrt{\sum_{t\in T}\left[\sqrt{\beta}+k(x-x_t)/r_0\right]^{-4}} \tag{5-29}$$

根据尾流的叠加，风电场中风轮前方的平均来流速度及轮毂高度平面的平均速度可以表示为

$$\frac{\left\langle \overline{u_0} \right\rangle (z_{\mathrm{h}})}{u_\infty} = \frac{1}{D} \int_L \frac{u(x)}{u_\infty} \mathrm{d}x \tag{5-30}$$

$$\frac{\left\langle \overline{u} \right\rangle (z_{\mathrm{h}})}{u_\infty} = \frac{1}{s_x s_y D^2} \iint_\Omega \frac{u(x)}{u_\infty} \mathrm{d}x\mathrm{d}y \tag{5-31}$$

式中，L——风轮在水平面上的投影；

Ω——单位风轮平面区域。

因此，风电场的流场不均匀度系数 α 可通过下式求解：

$$\alpha = \left(\frac{1}{D} \int_L \frac{u(x)}{u_0} \mathrm{d}x \right) \Bigg/ \left(\frac{1}{s_x s_y D^2} \iint_\Omega \frac{u(x)}{u_0} \mathrm{d}x\mathrm{d}y \right) \tag{5-32}$$

由式(5-29)可以看出，在特定机组排布下的充分发展风电场中，尾流相对速度仅和尾流膨胀率 k 相关，且和 k 呈现单调递增关系。因此，轮毂高度平面的平均速度和膨胀率的函数关系可表示为

$$f(k) = \frac{\left\langle \overline{u} \right\rangle (z_{\mathrm{h}})}{u_\infty}, \quad k = f^{-1}\left[\left\langle \overline{u} \right\rangle (z_{\mathrm{h}}) / u_\infty \right] \tag{5-33}$$

5.4.3　耦合模型

流场分布的不均匀取决于风电场机组排布及尾流分布。改进的 Top-down 边界层模型可以很好地预测大气边界层和风电场的相互作用，但无法描述风电机组排布的影响，具有一个未知系数 α；R-Jensen 尾流模型的速度叠加考虑了机组排布位置，可定量求解不同排布下风电场的流场不均匀度系数，但是具有一个未知系数 k。本节将借鉴文献[13]的思路，将两个模型进行耦合，得到尾流边界层模型，即利用 R-Jensen 模型求解风电场的流场不均匀度系数，采用新的边界层模型求解风电场等效粗糙高度，通过匹配两者轮毂高度平面的相对平均风速，迭代求解尾流膨胀系数 k 和流场不均匀度系数 α，从而获得充分发展风电场的等效粗糙度。两个模型的耦合过程如图 5-10 所示。

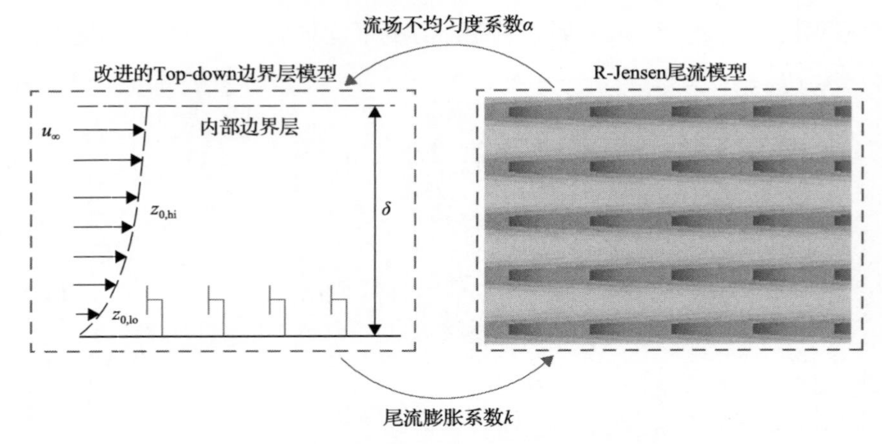

图 5-10　两个模型的耦合过程

改进的 Top-down 边界层模型和 R-Jensen 尾流模型耦合的具体步骤如下：

步骤 1　确定初始尾流膨胀系数。对于未受风电场干扰的大气边界层，首列风电机组尾流膨胀系数和地表粗糙度密切相关，近似满足：

$$k_0 = \frac{\kappa}{\ln\left(z_{\mathrm{h}} / z_{0,\mathrm{lo}}\right)} \tag{5-34}$$

随着流动向风电场下游演化，湍流度不断增加，尾流膨胀系数将随之增加。当流动达到充分发展状态后，尾流膨胀系数将保持不变。本节采用 k_0 作为初始尾流膨胀系数，通过迭代求解，逐步逼近充分发展状态下的尾流膨胀系数 k。

步骤 2　在特定的尾流膨胀系数下，利用 R-Jensen 尾流模型计算充分发展风电场中不均匀度系数 α。为了保证风电场充分发展，目标机组的左侧和右侧分别设置了四列机组，上游机组设置了 100 行，机组对齐排列。考虑地面粗糙度的影响，地面下方对称分布了同样数量的“镜像”机组。通过式(5-32)计算不均匀度系数 α。其具体计算设置如下：

1) 流场充分发展后，选择对投影在轮毂高度平面的风轮划分网格（$\Delta y = 6\mathrm{m}$），总的网格数为 N_{T}。根据式(5-30)计算轮毂高度平面风轮前方的平均相对来流速度：

$$\frac{\left\langle \overline{u_0} \right\rangle (z_{\mathrm{h}})}{u_\infty} = \frac{1}{N_{\mathrm{T}}} \sum_{n=1}^{N_{\mathrm{T}}} \frac{u(n)}{u_\infty} \tag{5-35}$$

2）在轮毂高度水平面选取包括目标机组在内的面积为 $s_x s_y D^2$ 的区域，划分网格（$\Delta x = \Delta y = 6\text{m}$），网格数为 N_S。根据式(5-31)计算轮毂高度平面的平均相对速度：

$$\frac{\langle \bar{u} \rangle (z_\text{h})}{u_\infty} = \frac{1}{N_\text{S}} \sum_{m=1}^{N_\text{S}} \frac{u(m)}{u_\infty} \tag{5-36}$$

3）由式(5-35)和式(5-36)可得到流场不均匀度系数。

步骤 3　将得到的 α 代入式(5-19)，利用改进的边界层模型计算等效粗糙度。将等效粗糙度代入式(5-22)，计算轮毂高度平面的平均相对速度 $\langle \bar{u} \rangle (z_\text{h}) / \langle \overline{u_\infty} \rangle (z_\text{h})$。

步骤 4　通过式(5-33)反解出对应的尾流膨胀系数。

步骤 5　重复步骤 2～4，直至 α 的误差保持在 0.05%以内结束迭代。

5.5　计算结果分析

5.5.1　模型验证

图 5-11(a)展示了中等间距风电场(A 类算例)的新模型与大涡模拟的流场不均匀度系数。对于 A 类算例，风电场流场实际不均匀度相对 $\alpha = 1$ 有明显偏离，当前模型可成功预测不同算例下流场不均匀度的变化趋势。图 5-11(b)

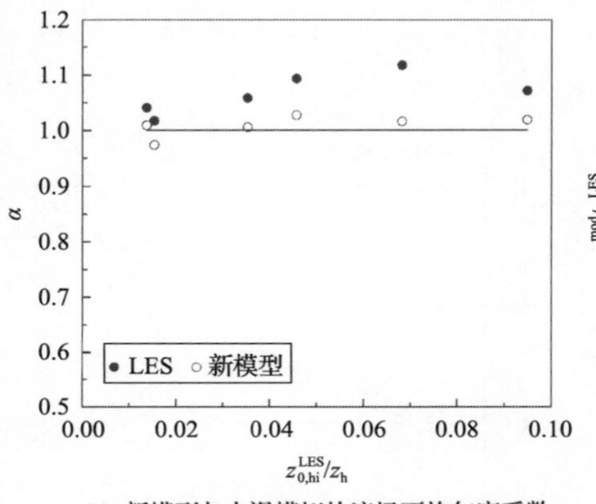

(a) 新模型与大涡模拟的流场不均匀度系数

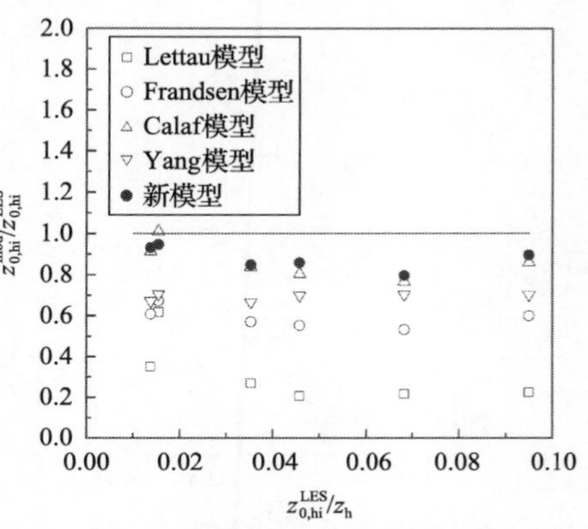

(b) 不同边界层模型计算的等效粗糙度

图 5-11　A 类算例

显示了新模型、Lettua 模型、Frandsen 模型、Calaf 模型、Yang 模型计算的等效粗糙度。如图 5-11(b)所示，Calaf 模型和新模型均可以较好地预测风电场等效粗糙高度，而 Lettua 模型和 Frandsen 模型均大幅低估了风电场等效粗糙度。Lettua 模型[式(5-1)]的预测结果与地表粗糙度和风轮推力均无关，其精度随风电场等效粗糙度的增大(由风电机组排布密度增大或地表粗糙度增大而造成)而降低。Frandsen 模型采用“两个应力层”假设，无法描述在风轮处形成的尾流层，低估了风电场实际粗糙度。Yang 模型仍遵循了 Frandsen 模型“两个应力层”的基本假设，但考虑了流场的不均匀度，预测结果较 Frandsen 模型有所改善，但预测精度相对于 Calaf 模型和本节提出的模型略低。

图 5-12(a)显示了对于流向间距较大的风电场(B 类算例)，新模型和大涡模拟预测结果的对比。本节方法成功预测了不均匀度系数的变化趋势，所预测的不均匀度系数略小于实际流场的值。图 5-12(b)显示了新模型与其他边界层模型对 B 类算例等效粗糙度预测结果的对比。同 A 类算例的结果类似，相对于 Lettua 和 Frandsen 模型，新模型和 Calaf 模型计算的等效粗糙度更接近大涡模拟结果。正如前文结果所示，当 s_x/s_y 较大时，风轮高度处形成完整尾流层，风电场速度剖面具有“三个应力层”明显特征。因而，Calaf 模型和本节模型采用假设更接近实际流动速度剖面的物理特征，具有更为精确的结果。当 s_x 较大时，流动充分恢复，此时风轮来流速度明显高于轮毂高度平面的平均速度，相对于 Calaf 模型，新的模型则通过引入不均匀度系数进一步改善了预测精度。

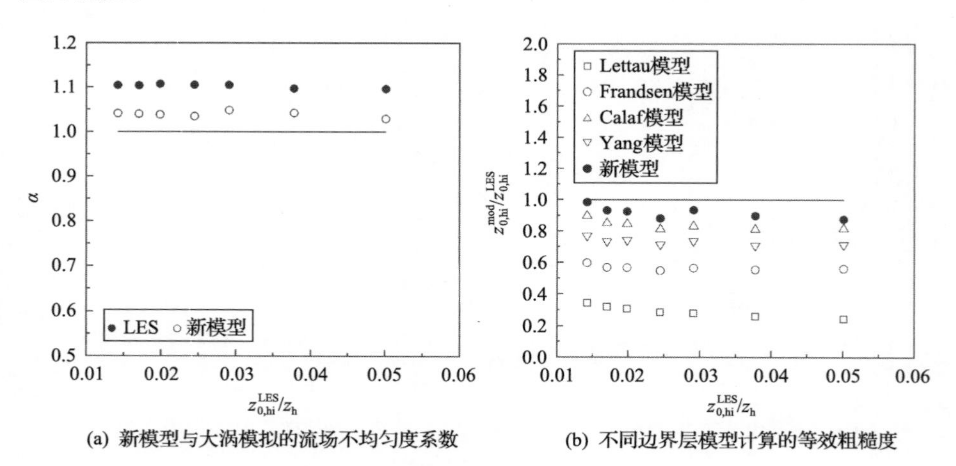

(a) 新模型与大涡模拟的流场不均匀度系数　(b) 不同边界层模型计算的等效粗糙度

图 5-12　B 类算例

图 5-13(a)显示了对于展向间距较大的风电场(C 类算例)，新模型和大涡模拟预测结果的对比。和其他两类风电场类似，本节提出的新模型可合理预测尾流层流动的不均匀性。对于 C 类算例，新模型与其他边界层模型所预测等效粗糙度如图 5-13(b)所示。与 A 类算例和 B 类算例结果不同，相对于 Lettua 和 Calaf 模型，新模型和 Frandsen 模型计算的等效粗糙度更接近大涡模拟结果。在本算例中，由于展向间距较大，不同列之间相互作用较小，流动等效涡黏系数增加较小，风电场轮毂高度处未形成完整的尾流层。在机组的展向间距之间，流动损失较小，流场具有较高的不均匀性。Calaf 模型忽略了流动的不均匀性，高估了尾流层的强度(在速度剖面上低估了尾流层的斜率)，从而高估了风电场等效粗糙度。对于该类风电场，Frandsen 模型取得了较高的预测精度。该结果可归结为：①模型采用的“两个应力层”假设，该假设在一定程度上低估了风电场等效粗糙度；②模型忽略了流动不均匀性，该假设在一定程度上高估了风电场的等效粗糙度。可见，两种假设产生的误差在一定范围内相互抵消。和 Calaf 模型相比，新模型考虑流场分布的不均匀性，大幅改善了模型预测精度。和 Frandsen 模型相比，本模型假设更接近实际情况，也获得了更高的预测精度。

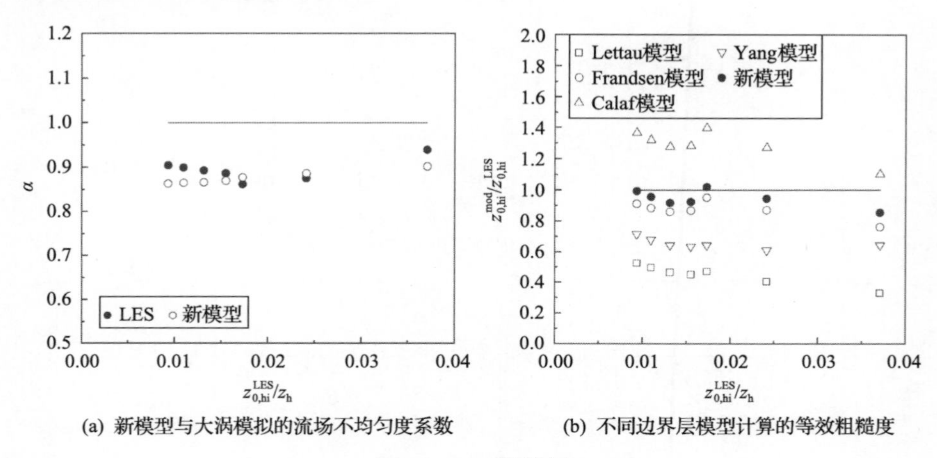

(a) 新模型与大涡模拟的流场不均匀度系数　　(b) 不同边界层模型计算的等效粗糙度

图 5-13　C 类算例

表 5-5 系统地展示三种主流边界层模型对不同种类风电场的预测效果。Calaf 模型适用于中等 s_x/s_y 和流向间距较大的风电场(此时尾流层充分形成)，而 Frandsen 模型则在展向间距较大的风电场具有更高的精度。本节模型在三类典型的风电场下均具有较高精度。

表 5-5　三种主流边界层模型对不同种类风电场的预测效果

边界层模型	中等间距	大流向间距	大展向间距
Frandsen 模型	×	×	✓
Calaf 模型	✓	✓	×
新模型	✓✓	✓✓	✓✓

5.5.2　尾流模型的敏感性分析

在之前的尾流边界层模型中，采用 R-Jensen 模型[式(5-24)]求解风电场流场的不均匀度系数。经典 Jensen 模型[式(5-23)]和本节提出的 R-Jensen 模型求解的不均匀度系数略有差别，预测的等效粗糙度的精度也将略有差别。为揭示选用的尾流模型对新模型预测精度的影响，图 5-14 给出了改进的边界层模型与两类不同 Jensen 模型耦合之后的预测结果对比。如图 5-14 所示，对于三类风电场，无论是经典 Jensen 模型还是 R-Jensen 模型，均可有效预测风电

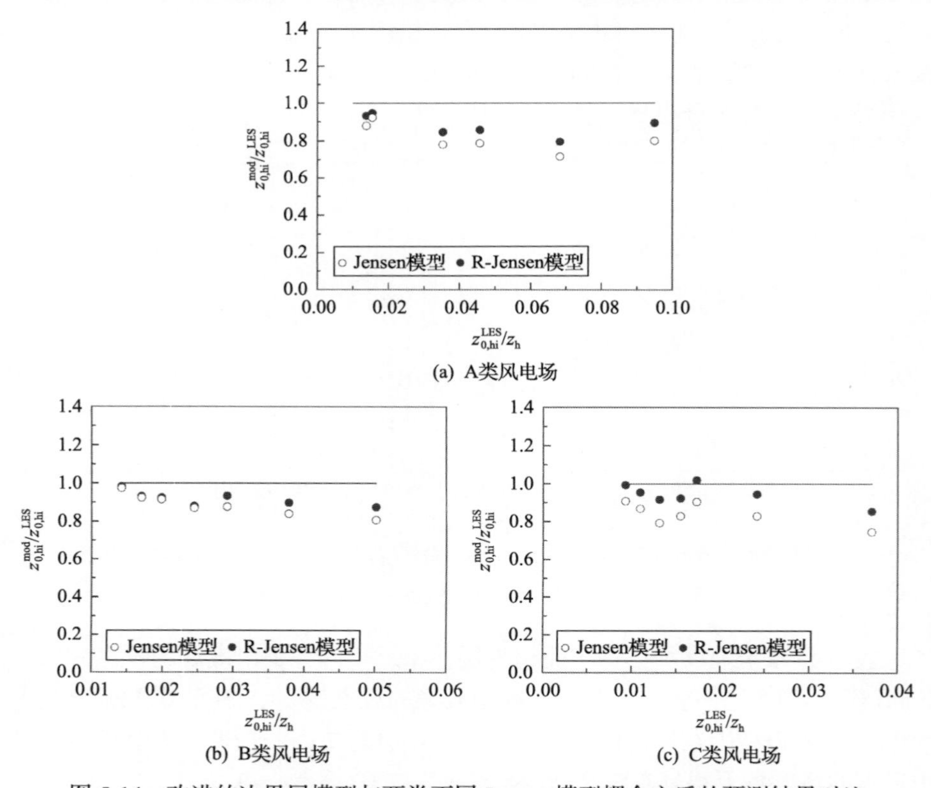

(a) A类风电场

(b) B类风电场

(c) C类风电场

图 5-14　改进的边界层模型与两类不同 Jensen 模型耦合之后的预测结果对比

场内部流动的不均匀性，改善等效粗糙度的预测精度。相对于经典的 Jensen 模型，R-Jensen 模型具有更高的精度。

5.5.3　地面粗糙度的影响

针对三类算例，本节重点研究了地面粗糙度 $z_{0,\mathrm{lo}}/z_\mathrm{h}=10^{-3}$（$z_{0,\mathrm{lo}}/H=10^{-4}$）的情况。为揭示新模型对不同地面粗糙度的适用性，分别以算例 A-3、B-4、C-4 为基础，在不同地面粗糙度下开展了大涡模拟研究。图 5-15 对比了不同地面粗糙度的大涡模拟和新模型的等效粗糙度。如图 5-15 所示，新模型准确预测了风电场等效粗糙度随地表粗糙度的变化趋势。当 $z_{0,\mathrm{lo}}/z_\mathrm{h}\leqslant 10^{-3}$ 时，本节模型预测结果略小于实际值，随地面粗糙度增大，预测误差逐步减小。当 $z_{0,\mathrm{lo}}/z_\mathrm{h}=10^{-3}$ 时，本节模型预测结果误差最小。但对于极端地面粗糙度，如当 $z_{0,\mathrm{lo}}/z_\mathrm{h}=10^{-2}$ 时，新模型对风电场等效粗糙度的预测大幅高估。这说明该模型适用于小粗糙度或者中等粗糙度地表条件，在极端粗糙地表条件下仍需进一步改进。

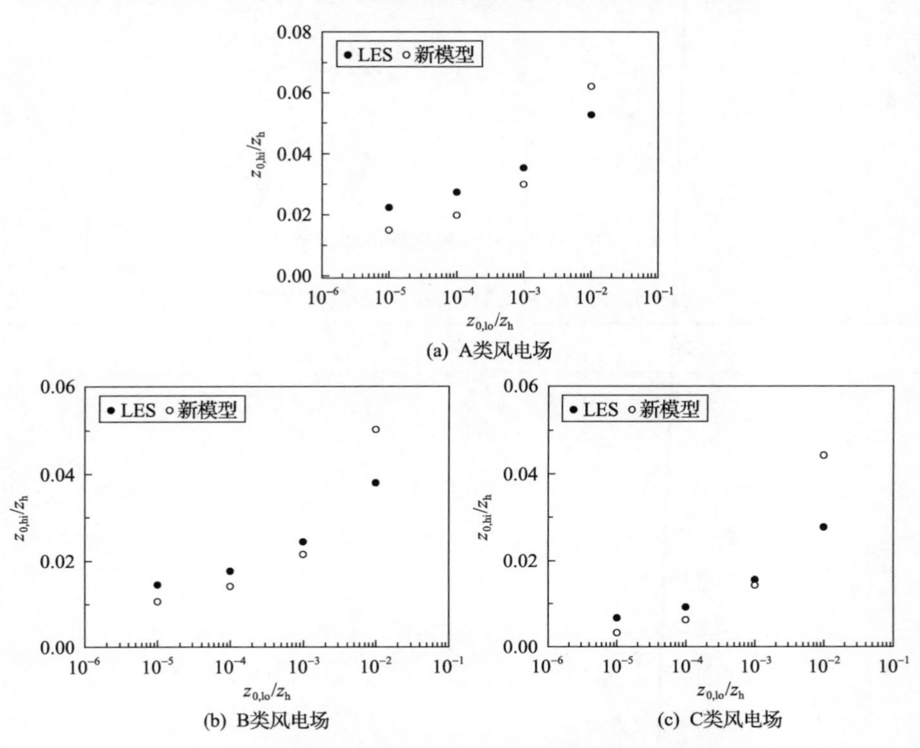

(a) A类风电场

(b) B类风电场

(c) C类风电场

图 5-15　不同地面粗糙度的大涡模拟和新模型的等效粗糙度

5.6　实际风电场功率预测

对于实际运行的风电场来说，风电场内部的机组排列紧凑，且排布位置固定，而来流风的风向是不断变化的，因此由于风电场上游的机组遮挡效应及尾流的叠加，各个机组后方尾流的膨胀程度是不同的，此时需要考虑风电场的入口效应。本节选取了 Horns Rev 海上风电场进行研究，其风电场的机组分布如图 5-16 所示，风电场的布局及机组参数如表 5-6 所示。

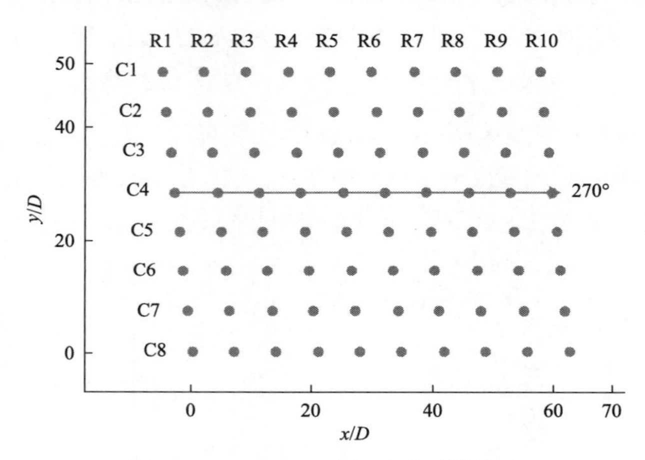

图 5-16　Horns Rev 风电场的机组分布

表 5-6　Horns Rev 风电场的布局及机组参数

参数	取值
主风向/(°)	270
无量纲流向间距(s_x)	7.00
无量纲展向间距(s_y)	7.00
轮毂高度 z_h/m	70
风轮直径 D/m	80
推力系数 C_T	0.78
地面粗糙度 $z_{0,lo}$/m	0.002
初始尾流膨胀系数 k_0	0.0664

5.6.1 考虑入口效应的尾流边界层模型

通常，风电场入口处的风电机组不受上游尾流的影响，因此尾流膨胀系数是最小的，与自由来流的膨胀系数相同。在本节研究中，参考文献[14]和[15]利用风电场的湍流强度计算自由来流的膨胀系数，即

$$k_0 = 2\times(0.3837I + 0.003678) \tag{5-37}$$

根据文献[16]，选择轮毂高度处 7.7%的湍流强度作为初始湍流强度，相应自由来流的膨胀系数为 0.0664。通过该方法计算自由来流的尾流膨胀系数，可以较好地描述风电场的入口区域。

对于充分发展的风电场，尾流从上游逐渐向下游扩散，尾流膨胀系数也从初始值 k_0 增加到充分发展后的值 k_∞。因此，利用以下经验插值函数[17]可以确定风电场中每个风轮的膨胀系数：

$$k_t = k_\infty + \left(k_0 - k_\infty\right)\exp\left(-\zeta m\right) \tag{5-38}$$

式中，m——目标机组受到上游尾流作用的机组数；

ζ——经验参数(取决于 Jensen 模型)，其表明了风电场的尾流从入口域到充分发展域存在剧烈的过渡，这与实际数据的变化规律是一致的，通常有 ζ=1 。

通过插值函数计算各个风轮的膨胀系数意味着风电场入口区域的尾流在发展初期占主导地位，而下游的尾流发展主要由 Top-down 边界层模型决定。

为了初步探讨考虑入口效应的尾流边界层模型对真实风电场功率的预测能力，这里选择了来流风向为 275°时的 Horns Rev 风电场进行研究。其实际测量数据来源于文献[18]。与实际的测量风向一致，模型按照每 0.5°计算一个输出功率，并根据来流方向在±2.5°范围的功率平均值表示该风向下的功率。因此，Horns Rev 风电场在风向为 275°的输出功率为 272.5°～277.5°的 11 个算例的平均值。利用尾流边界层模型进行实际风电场的功率预测步骤如下：

1) 利用尾流边界层模型计算 Horns Rev 风电场在充分发展状态下的膨胀系数。考虑到“无限大”风电场，我们保持风电场的布局不变，将 Horns Rev 风电场的规模进行了扩展，目标机组的前后、左右分别设置 100 列机组，根据第 3 章中尾流边界层模型的求解步骤计算风电场达到充分发展状态时的尾

流膨胀系数 k_{∞} 。

2）根据式（5-38）计算实际风电场中每个机组的尾流膨胀系数。

3）利用尾流模型计算风电场中机组的相对输出功率。根据尾流模型中推导的下游速度方程计算每个机组风轮处的相对风速 u_t/u_{∞} ，则相对输出功率可以通过下式得到：

$$\frac{P_t}{P_{\infty}}=\left(\frac{u_t}{u_{\infty}}\right)^3 \tag{5-39}$$

4）计算有效输出功率。由于实际测量数据没有考虑风电场的边缘效应，因此模型也只考虑风电场中受到实际尾流作用的机组的功率。Horns Rev 风电场对于 275°的风向采用了 C5～C7 的平均功率。

5.6.2 功率预测结果分析

图 5-17 比较了 Horns Rev 风电场在 275°风向下通过尾流边界层模型计算的功率、现场测量数据[18]及文献[17]中的 CWBL 模型的计算结果。由图 5-17 可以看出，尾流边界层模型相对 CWBL 模型的预测精度有所提高，且预测功率沿下游的变化趋势与测量值基本一致。因此，考虑入口效应的尾流边界层模型能够有效预测风电场功率沿下游的变化情况。

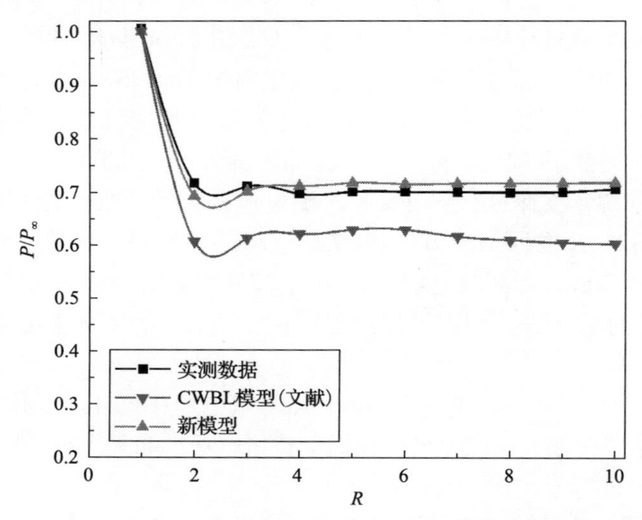

图 5-17 Horns Rev 风电场在 275°风向下的预测功率与实际测量值的比较

5.7　风电场边界层湍流统计量的预测模型

充分发展风电场的尾流效应增强了大气边界层中能量的耗散，风电场作为一个宏观的粗糙度元素，也严重影响了大气与下垫面之间的湍流交换，因此研究风电场边界层的湍流统计量的变化规律对于风电场的规划建设至关重要。本节主要参考高雷诺数下壁面湍流统计量的变化规律，根据大涡模拟数据揭示充分发展风电场对大气边界层湍流统计量的影响规律，并基于通用的 Top-down 边界层模型提出风电场边界层湍流统计量的预测模型[19]。

5.7.1　风电场边界层流向和展向脉动速度分布规律

由于大型风电场通常处于一个具有较大雷诺数的大气边界层中，根据文献[20-24]中对于大雷诺数下湍流统计量的公式，可以近似得到风电场上方流向和展向的脉动动能的变化规律：

$$\frac{\left\langle \overline{u'u'} \right\rangle}{u_*^2} = B_1 - A_1 \log\left(\frac{z}{\delta}\right) \tag{5-40}$$

$$\frac{\left\langle \overline{v'v'} \right\rangle}{u_*^2} = B_2 - A_2 \log\left(\frac{z}{\delta}\right) \tag{5-41}$$

式中，u_*——参考的摩擦速度，在大涡模拟中设定为 u_*=0.45m/s 。对于尾流边界层模型来说，在风电场上方有 $u_*=u_{*\mathrm{hi}}$ 。

δ——大气边界层的高度。

A_1 、A_2 和 B_1 、B_2——四个常数，即流向和展向的脉动动能沿垂向高度的分布近似满足对数律。

接下来，我们通过大涡模拟的湍流统计量随高度的变化曲线拟合得到具体的公式。

图 5-18 展示了 A 类算例和 B 类算例通过大涡模拟得到的流向脉动动能。为了便于分析，图 5-18 中也给出了在没有风电场情况下空槽的大涡模拟结果。由图 5-18 可以看到，A 类风电场和 B 类风电场的流向脉动动能沿高度变化的趋势相同，在风轮下方的脉动动能远远小于空槽的脉动动能。这是由于风轮作为粗糙元素促进了下方湍流剧烈运动，气流之间充分的相互作用使得速度分布趋于平均。风轮上方的脉动动能沿高度的变化近似为对数律，这与式

(5-40)的规律一致。根据参考文献[24]，在雷诺数下壁面湍流中 A_1 通常取 1.25。通过对 A 类风电场和 B 类风电场上方的曲线进行拟合，可以分别得到常数 B_1 的范围，拟合得到的相应曲线范围也表示在图 5-18 中。

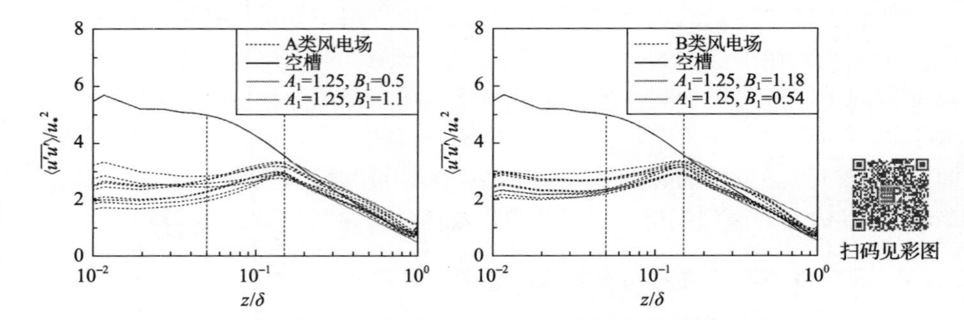

图 5-18　A 类算例和 B 类算例通过大涡模拟得到的流向脉动动能

因此，根据大涡模拟结果，A 类风电场和 B 类风电场上方（$z > z_{\mathrm{h}} + D/2$）流向湍流统计量近似符合如下规律：

$$\frac{\left\langle \overline{u'_{\mathrm{A}} u'_{\mathrm{A}}} \right\rangle}{u_*^{\ 2}} = B_1 - A_1 \log\left(\frac{z}{\delta}\right),\ A_1=1.25,\ B_1=0.5\sim1.1 \tag{5-42}$$

$$\frac{\left\langle \overline{u'_{\mathrm{B}} u'_{\mathrm{B}}} \right\rangle}{u_*^{\ 2}} = B_1 - A_1 \log\left(\frac{z}{\delta}\right),\ A_1=1.25,\ B_1=0.54\sim1.18 \tag{5-43}$$

图 5-19 展示了 A 类算例和 B 类算例通过大涡模拟得到的展向脉动动能。同风电场流向脉动动能与空槽的流向脉动动能对比结果类似，风电场风轮下方的展向脉动动能远远小于空槽的脉动动能。风轮上方的脉动动能沿高度的

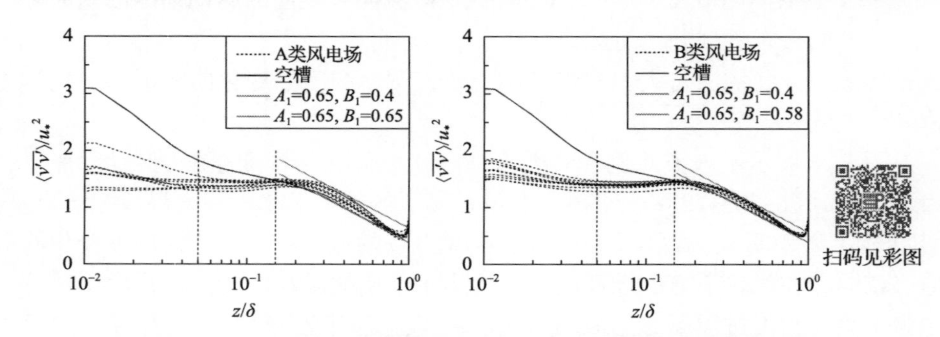

图 5-19　A 类算例和 B 类算例通过大涡模拟得到的展向脉动动能

变化近似为对数律，这与式(5-41)的规律一致。由于展向湍流量的相关研究较少，因此没有可供参考的数据，这里以展向脉动动能曲线上方中部的切线斜率作为 A_2，然后拟合得到 B_2 的范围。

因此，A 类风电场和 B 类风电场上方（$z > z_h + D/2$）展向湍流统计量近似符合如下规律：

$$\frac{\left\langle \overline{v'_A v'_A} \right\rangle}{u_*^2} = B_2 - A_2 \log\left(\frac{z}{\delta}\right),\ A_2=0.65,\ B_2=0.4\sim0.65 \tag{5-44}$$

$$\frac{\left\langle \overline{v'_B v'_B} \right\rangle}{u_*^2} = B_2 - A_2 \log\left(\frac{z}{\delta}\right),\ A_2=0.65,\ B_2=0.4\sim0.58 \tag{5-45}$$

5.7.2　风电场边界层垂向动量通量的变化规律

风电场中湍流的平均运动满足雷诺平均 NS 方程和连续方程。雷诺平均 NS 方程可以简化为

$$0=-\frac{1}{\rho}\frac{\partial\langle\overline{p}\rangle}{\partial x}+\nu\frac{\mathrm{d}^2\langle\overline{u}\rangle}{\mathrm{d}z^2}-\frac{\mathrm{d}}{\mathrm{d}z}\left\langle\overline{u'w'}\right\rangle \tag{5-46}$$

$$0=-\frac{1}{\rho}\frac{\partial\langle\overline{p}\rangle}{\partial z}-\frac{\mathrm{d}}{\mathrm{d}z}\left\langle\overline{w'w'}\right\rangle \tag{5-47}$$

利用 $\left\langle\overline{w'w'}\right\rangle(z=0)=0$，将式(5-47)从 0 到 z 积分，得到

$$\frac{\langle\overline{p}\rangle}{\rho}+\left\langle\overline{w'w'}\right\rangle=\frac{p_{\mathrm{w}}(x)}{\rho} \tag{5-48}$$

式中，$p_{\mathrm{w}}(x)$——高度为 0 时壁面上的压力分布；

$\left\langle\overline{w'w'}\right\rangle$——$z$ 的函数。

因此，对于式(5-48)，有

$$\frac{\partial\langle\overline{p}\rangle}{\partial x}=\frac{\mathrm{d}p_{\mathrm{w}}}{\mathrm{d}x} \tag{5-49}$$

将式(5-49)代入式(5-46)，得到

$$\frac{1}{\rho}\frac{\mathrm{d}p_{\mathrm{w}}}{\mathrm{d}x}=\nu\frac{\mathrm{d}^2\langle\overline{u}\rangle}{\mathrm{d}z^2}-\frac{\mathrm{d}}{\mathrm{d}z}\langle\overline{u'w'}\rangle \tag{5-50}$$

进一步得到：

$$\frac{\mathrm{d}p_{\mathrm{w}}}{\mathrm{d}x}=\mu\frac{\mathrm{d}^2\langle\overline{u}\rangle}{\mathrm{d}z^2}-\rho\frac{\mathrm{d}}{\mathrm{d}z}\langle\overline{u'w'}\rangle \tag{5-51}$$

利用$\langle\overline{u'w'}\rangle(z=0)=0$，将式(5-51)从 0 到 z 积分，可得

$$\mu\frac{\mathrm{d}\langle\overline{u}\rangle}{\mathrm{d}z}-\rho\langle\overline{u'w'}\rangle=\tau_{\mathrm{w}}+\frac{\mathrm{d}p_{\mathrm{w}}}{\mathrm{d}x}z \tag{5-52}$$

式中，$\tau_{\mathrm{w}}\equiv\mu\frac{\mathrm{d}\langle\overline{u}\rangle}{\mathrm{d}z}\Big|_{z=0}$

当$z=\delta$时，有 $\mathrm{d}\langle\overline{u}\rangle/\mathrm{d}z=0$、$\langle\overline{u'w'}\rangle=0$，因此有

$$\frac{\mathrm{d}p_{\mathrm{w}}}{\mathrm{d}x}=-\frac{\tau_{\mathrm{w}}}{\delta} \tag{5-53}$$

将式(5-53)代入式(5-52)，可得

$$\mu\frac{\mathrm{d}\langle\overline{u}\rangle}{\mathrm{d}z}-\rho\langle\overline{u'w'}\rangle=\tau_{\mathrm{w}}\left(1-\frac{z}{\delta}\right) \tag{5-54}$$

式(5-54)左边表示黏性切应力与雷诺切应力的合力，由于本节考虑充分发展风电场上方的大气边界层，因此忽略了壁面的黏性作用，只考虑雷诺切应力。

由于$u_*=\sqrt{\tau_{\mathrm{w}}/\rho}$，因此风电场边界层的垂向动量通量沿高度的变化规律为

$$-\frac{\langle\overline{u'w'}\rangle}{u_*^2}=1-\frac{z}{\delta} \tag{5-55}$$

图 5-20 展示了 A 类和 B 类风电场通过大涡模拟得到的垂向动量通量曲线。由图 5-20 可以看到，A 类风电场和 B 类风电场风轮下方的垂向通量远远小于空槽的垂直通量，但在风轮上方，风电场和空槽的垂向动量通量沿高度的变化规律基本一致，且符合线性直线分布，这与式(5-55)的规律一致。

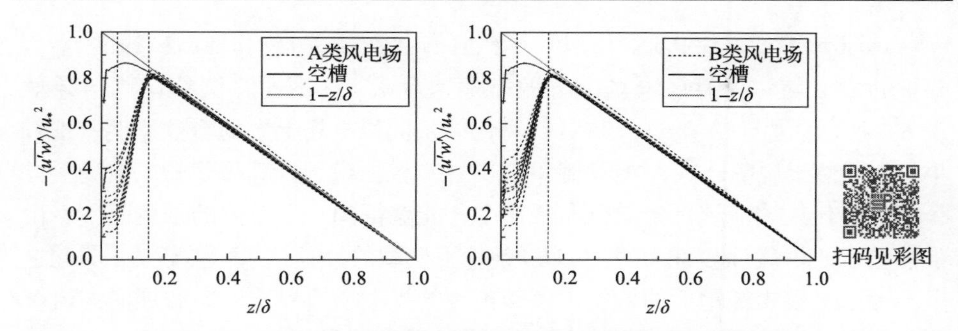

图 5-20　A 类和 B 类风电场通过大涡模拟得到的垂向动量通量曲线

5.7.3　风电场边界层湍流统计量预测模型

风电场边界层的流向和展向湍流统计量的分布规律已经根据大涡模拟的曲线拟合得到，风电场边界层的垂向动量通量的变化规律也基于大涡模拟的结果被证实。风电场边界层的摩擦速度可以通过新的尾流边界层模型计算得到，进而可以预测风电场上方的湍流统计量。

根据通用的 Top-down 边界层模型的推导可以得到

$$u_{*\mathrm{hi}} = u_{*\mathrm{lo}} \frac{\left[\ln \dfrac{z_\mathrm{h}}{z_{0,\mathrm{lo}}} + \dfrac{\nu_\mathrm{w}^{*}}{1+\nu_\mathrm{w}^{*}} \ln\left(1-\dfrac{D}{2z_\mathrm{h}}\right)\right]}{\left[\ln \dfrac{z_\mathrm{h}}{z_{0,\mathrm{hi}}} + \dfrac{\nu_\mathrm{w}^{*}}{1+\nu_\mathrm{w}^{*}} \ln\left(1+\dfrac{D}{2z_\mathrm{h}}\right)\right]} \tag{5-56}$$

式(5-56)中，对于 A 类算例和 B 类算例，除了风轮下方的摩擦速度 $u_{*\mathrm{lo}}$ 和风轮上方的摩擦速度 $u_{*\mathrm{hi}}$ 外，其余参数均已知。

基于大涡模拟中的流向平均速度，在风电场的风轮下方选择两个高度 z_1 和 z_2 处的平均速度，通过解方程求解风轮下方的摩擦速度 $u_{*\mathrm{lo}}$ 和地面粗糙度 $z_{0,\mathrm{lo}}$：

$$\langle \bar{u} \rangle (z_1) = \frac{u_{*\mathrm{lo}}}{\kappa} \ln\left(\frac{z_1}{z_{0,\mathrm{lo}}}\right) \tag{5-57}$$

$$\langle \bar{u} \rangle (z_2) = \frac{u_{*\mathrm{lo}}}{\kappa} \ln\left(\frac{z_2}{z_{0,\mathrm{lo}}}\right) \tag{5-58}$$

选取 z_1=0.1z_h, z_2=0.3z_h，可以计算相应的摩擦速度 u_{*lo} 和地面粗糙度 $z_{0,lo}$，并通过式(5-56)计算风电场上方的摩擦速度 u_{*hi}。不同算例的计算结果如表 5-7 所示。由于 A 类算例和 B 类算例中不同风电场上方的摩擦速度差别较小，为了便于说明，将 A 类算例和 B 类算例根据模型计算得到的风电场上方摩擦速度代入湍流统计量的分布规律中，能够得到一个总体的预测范围。由于极端地面粗糙(地面粗糙度为 1m)条件下模型的计算结果偏差较大，因此这里不考虑极端粗糙地面的算例。模型预测的风电场边界层流向和展向湍流统计量如图 5-21 和图 5-22 所示，垂直方向的动量通量如图 5-23 所示。

表 5-7　A 类和 B 类算例的地面粗糙度和摩擦速度

算例	$z_{0,lo}$ /m	u_{*lo} /(m/s)	u_{*hi} /(m/s)	算例	$z_{0,lo}$ /m	u_{*lo} /(m/s)	u_{*hi} /(m/s)
A-1	0.045	0.163	0.437	B-1	0.051	0.203	0.436
A-2	0.058	0.189	0.438	B-2	0.061	0.224	0.434
A-3	0.073	0.238	0.441	B-3	0.067	0.243	0.434
A-4	0.090	0.296	0.430	B-4	0.073	0.252	0.428
A-5	3.428×10^{-5}	0.129	0.454	B-5	0.077	0.265	0.425
A-6	0.002	0.172	0.456	B-6	0.080	0.275	0.424
A-7	1.256	0.337	0.406	B-7	0.084	0.285	0.420
A-8	0.098	0.294	0.430	B-8	0.002	0.185	0.443
A-9	0.064	0.219	0.444	B-9	2.669×10^{-5}	0.138	0.451
—	—	—	—	B-10	1.232	0.352	0.392

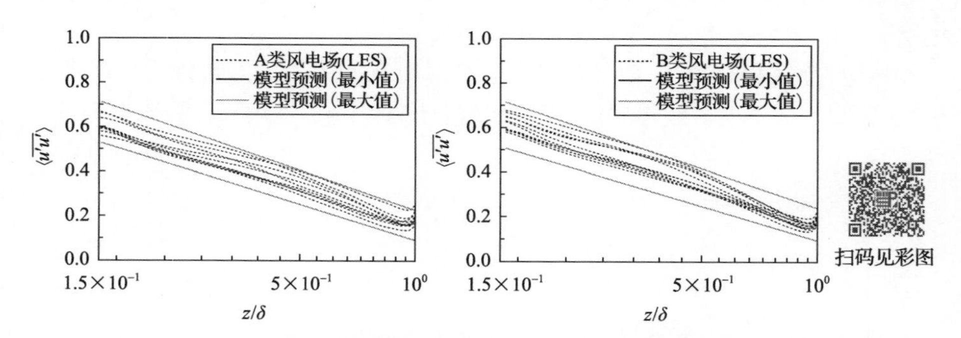

图 5-21　A 类算例和 B 类算例通过尾流边界层模型预测的流向湍流统计量

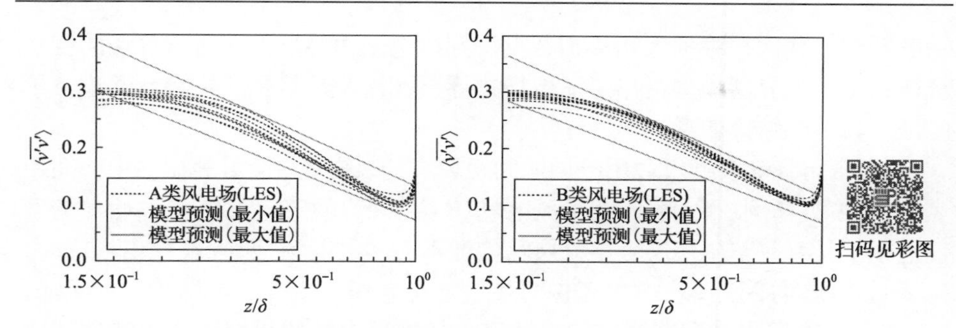

图 5-22　A 类算例和 B 类算例通过尾流边界层模型预测的展向湍流统计量

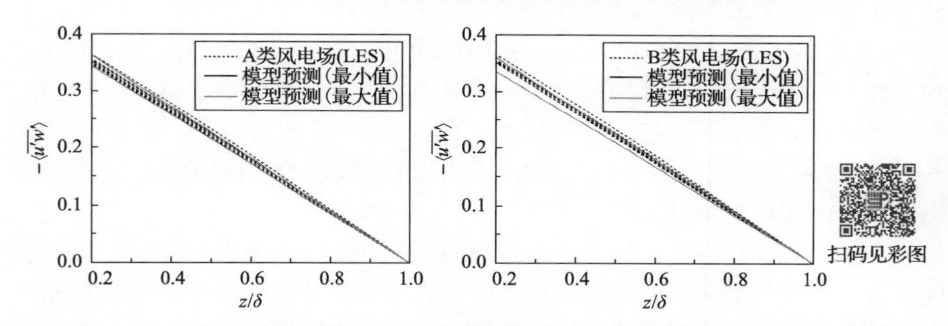

图 5-23　A 类算例和 B 类算例通过尾流边界层模型预测的垂直方向的动量通量

由图 5-21 和图 5-22 可以看到，利用风电场下方的平均速度，风电场边界层湍流统计量预测模型能够较好地预测 A 类风电场和 B 类风电场的流向和展向湍流统计量的变化范围，绝大多数的大涡模拟曲线落在了模型预测的这个范围内。由图 5-23 可以看到，风电场边界层湍流统计量预测模型也能够精确地预测垂直方向的动量通量。综上所述，风电场边界层湍流统计量预测模型对于充分发展风电场边界层的湍流统计量能够做出比较精确的预测。

本 章 小 结

本章基于“三个应力层”的速度剖面假设，引入了尾流层流动的流场不均匀度系数，发展了一种通用的 Top-down 边界层模型，考虑风轮前后的尾流膨胀，改进了经典的 Jensen 尾流模型，通过耦合的尾流边界层模型计算不均匀度系数，最后通过算例对模型进行验证，并进一步分析了尾流模型和地面粗糙度对新模型预测的等效粗糙度的影响。随后探讨了尾流边界层模型的应用，首先，提出了考虑入口效应的尾流边界层模型，并对真实风电场进行了功率预测；其次，根据大涡模拟数据得到风电场边界层的湍流统计量的变化规律，基于边界层模型提出了风电场边界层湍流统计量预测模型，并进行了验证。其主要结论如下：

(1) Frandsen 模型仅适用于展向间距较大的风电场，会显著低估中等间距风电场(A 类算例)和大流向间距风电场(B 类算例)的等效粗糙度。Calaf 模型仅适用于具有完整尾流层且尾流层均匀度不大的风电场(如 A 类风电场)，会明显高估展向间距较大的风电场(C 类风电场)的等效粗糙度。通用的 Top-down 边界层模型能够准确描述充分发展风电场边界层的主要物理特征及流场分布的不均匀性，较前述模型具有更高的精度和适用性。

(2) 经典 Jensen 模型和 R-Jensen 模型均可有效预测风电场内部流动的不均匀性，改善等效粗糙度的预测精度。尾流边界层模型适用于小粗糙度或者中等粗糙度地表条件，在极端粗糙地表下仍需进一步改进。

(3) 考虑入口效应的尾流边界层模型能够有效预测实际风电场的输出功率沿下游的变化趋势。

(4) 大涡模拟研究发现，充分发展风电场的外部流动由风电场等效摩擦速度主导，流向脉动动能和展向脉动动能随高度呈现对数率分布，垂向通量呈现线性率分布。基于该规律，结合新的风电场尾流边界层模型，提出了风电场边界层湍流统计量的预测模型，可实现对以上三种湍流统计量的有效预测。

参 考 文 献

[1] Lettau H. Note on aerodynamic roughness-parameter estimation on the basis of roughness-element description[J]. Journal of Applied Meteorology, 1969, 8(5): 828-832.

[2] Frandsen S, Barthelmie R, Pryor S, et al. Analytical modelling of wind speed deficit in large offshore wind farms[J]. Wind Energy, 2006, 9(1-2): 39-53.

[3] Frandsen S. On the wind speed reduction in the center of large clusters of wind turbines[J]. Journal of Wind Engineering and Industrial Aerodynamics, 1992, 39(1-3): 251-265.

[4] Archer C L, Mirzaeisefat S, Lee S. Quantifying the sensitivity of wind farm performance to array layout options using large-eddy simulation[J]. Geophysical Research Letters, 2013, 40(18): 4963-4970.

[5] Cal R B, Lebrón J, Castillo L, et al. Experimental study of the horizontally averaged flow structure in a model wind-turbine array boundary layer[J]. Journal of Renewable and Sustainable Energy, 2010, 2(1): 013106.

[6] Calaf M, Meneveau C, Meyers J. Large eddy simulation study of fully developed wind-turbine array boundary layers[J]. Physics of Fluids, 2010, 22(1): 015110.

[7] Meyers J, Meneveau C. Optimal turbine spacing in fully developed wind farm boundary layers[J]. Wind Energy, 2012, 15(2): 305-317.

[8] Yang X, Kang S, Sotiropoulos F. Computational study and modeling of turbine spacing effects in infinite

aligned wind farms[J]. Physics of Fluids, 2012, 24(11): 115107.

[9] Stevens R J A M, Gayme D F, Meneveau C. Generalized coupled wake boundary layer model: Applications and comparisons with field and LES data for two wind farms[J]. Wind Energy, 2016, 19(11): 2023-2040.

[10] Zhang H, Ge M, Liu Y, et al. A new coupled model for the equivalent roughness heights of wind farms[J]. Renewable Energy, 2021(171): 34-46.

[11] Shakoor R, Hassan M Y, Raheem A, et al. Wake effect modeling: A review of wind farm layout optimization using Jensen's model[J]. Renewable and Sustainable Energy Reviews, 2016(58): 1048-1059.

[12] Stevens R J A M, Meneveau C. Flow structure and turbulence in wind farms[J]. Annual Review of Fluid Mechanics, 2017(49): 311-339.

[13] Stevens R J A M, Gayme D F, Meneveau C. Coupled wake boundary layer model of wind-farms[J]. Journal of Renewable and Sustainable Energy, 2015, 7(2): 023115.

[14] Ge M, Wu Y, Liu Y, et al. A two-dimensional model based on the expansion of physical wake boundary for wind-turbine wakes[J]. Applied Energy, 2019(233): 975-984.

[15] Niayifar A, Porté-Agel F. Analytical modeling of wind farms: A new approach for power prediction[J]. Energies, 2016, 9(9): 741.

[16] Porté-Agel F, Wu Y T, Chen C H. A numerical study of the effects of wind direction on turbine wakes and power losses in a large wind farm[J]. Energies, 2013, 6(10): 5297-5313.

[17] Stevens R J A M, Gayme D F, Meneveau C. Generalized coupled wake boundary layer model: Applications and comparisons with field and LES data for two wind farms[J]. Wind Energy, 2016, 19(11): 2023-2040.

[18] Barthelmie R, Frandsen S, Hansen K, et al. Modelling the impact of wakes on power output at Nysted and Horns Rev[R]//European Wind Energy Conference, Marseille, 2009: 1-10.

[19] Ge M, Yang H, Zhang H, et al. A prediction model for vertical turbulence momentum flux above infinite wind farms[J]. Physics of Fluids, 2021, 33(5): 055108.

[20] Marusic I, Brandner P A, Pearce B W. The logarithmic region of wall turbulence: Universality, structure and interactions[C]//Proceedings of the Eighteenth Australasian Fluid Mechanics Conference, Launceston, 2012.

[21] Marusic I, Monty J P, Hultmark M, et al. On the logarithmic region in wall turbulence[J]. Journal of Fluid Mechanics, 2013(716): R3.

[22] Hultmark M, Vallikivi M, Bailey S C C, et al. Turbulent pipe flow at extreme Reynolds numbers[J]. Physical Review Letters, 2012, 108(9): 094501.

[23] Meneveau C, Marusic I. Generalized logarithmic law for high-order moments in turbulent boundary layers[J]. Journal of Fluid Mechanics, 2013(719): R1.

[24] Stevens R J A M, Wilczek M, Meneveau C. Large-eddy simulation study of the logarithmic law for second- and higher-order moments in turbulent wall-bounded flow[J]. Journal of Fluid Mechanics, 2014(757): 888-907.

第6章　单列风电机组的偏航协同控制

6.1　引　　言

目前相关研究多采用风洞实验或者数值模拟，实验或计算成本高，故大多通过枚举或经验方式确定机组偏航角，没有对偏航控制策略进行充分优化；此外，机组尾流的偏移量和推力系数、尾流膨胀系数及机组流向间距密切相关，但现有研究大多在特定工况下开展，缺少适用于不同推力系数、尾流膨胀系数及机组流向间距的偏航控制策略[1]。在开始研究整场偏航协同控制策略之前，循序渐进地对单列串列机组的偏航协同控制进行研究是很有意义的。本章将采用偏航尾流模型评估风电机组在偏航状态下尾流的偏转，通过尾流叠加计算整场风电机组间的遮挡效应。以全场发电量最大为优化目标，以机组偏航角为控制变量，通过遗传算法对单列机组的偏航协同控制开展研究。

6.2　串列风电机组偏航协同控制优化方法

6.2.1　偏航尾流模型

偏航尾流模型可快速准确地预测偏航风电机组的尾迹，已被大量数值计算和物理实验验证[2-5]。相对于 CFD 方法，尾流模型大大减少了计算成本，已成为风电场发电量快速评估的主要手段。尾流模型选取合适与否决定了优化方法的效率和准确性，因此本节将重点对比目前常用的四种偏航尾流模型，并以高精度大涡模拟结果为基准，选取其中一种用于偏航状态下风电场发电评估。这四种模型分别为：①Jiménez 等[6]提出的模型(Jiménez et al. 模型)，该模型忽略了尾流速度损失沿径向的变化(采用顶帽假设)，由质量守恒和动量定理发展而来，可以有效预测风电机组尾流偏转和尾流损失；②Bastankhah 和 Porté-Agel[2]提出的二维偏航尾流模型(BP 模型)，该模型在简化雷诺-平均 Navier-Stokes 方程的基础上，根据远尾流自相似特性及远端尾流起始点的概念(在近尾流区尾流线性偏转；而自远尾流起始点开始，尾流速度分布符合自相似律)发展而来，可以预测偏航风电机组尾流流向和展向速度分布；③Qian 和 Ishihara[7]的模型(QI 模型)，该模型通过横向动量守恒和偏航尾流的高斯分布特性得出，同时考虑了环境湍流强度、推力系数和偏航角对风力偏航尾流的影响，与大涡模拟数据符合得很好；④Shapiro 等[8]提出的模型(Shapiro et al. 模型)，该模型将风轮附近流动近似为无黏流动，将风轮偏航视为椭圆加载的升力线，确定了反向涡旋对的大小和初始展向速度损失，并应用动量守恒和伯努利方程确定致动盘平均速度和流向速度损失，相对于 Jiménez、BP 等模型提升了尾流中心的预测精度。

图 6-1 显示了四种尾流模型与大涡模拟计算的尾流中心曲线对比。由图 6-1 可以观察到，Jiménez et al.模型由于采用了顶帽假设，因此严重高估了尾流偏转，该结论也获得了 Bastankhah 和 Porté-Agel、Qian 和 Ishihara、Howland 等的研究的支持[2,7,9]。对于 BP 模型，参照文献[2]，选取流向和展向膨胀率 $k_y = k_z = 0.022$，如图 6-1 所示，相对于大涡模拟结果，该模型高估了尾流偏转，这与 Shapiro 等的研究结果类似。QI 模型的结果虽然和 LES 符合较好，但在远场尾流区低估了尾流的偏转。相对于以上三种模型，Shapiro et al. 模型预测精度最高，因此后文将选取该模型用于风电场尾流效应评估，具体如下：

$$\Delta U(x,y) = \delta u(x) \frac{D^2}{8\sigma_0^2} \exp\left\{ -\frac{\left[y - y_c(x)\right]^2}{2\sigma^2(x)} \right\} \tag{6-1}$$

式中，$\delta u(x)$——x 处流向平均速度损失；

σ_0——比例常数，取为 $0.235D$；

$\Delta U(x,y)$——(x,y) 位置处的尾流速度损失；

$\sigma(x)$——下游 x 位置处的尾流高斯宽度(标准差)；

$y_c(x)$——尾流中心的偏转量。

$\delta u(x)$ 项可由下式计算：

$$\delta u(x) = \frac{\delta u_0}{d_w^2(x)} \frac{1}{2}\left[1 + \operatorname{erf}\left(\frac{\sqrt{2}x}{D}\right)\right] \tag{6-2}$$

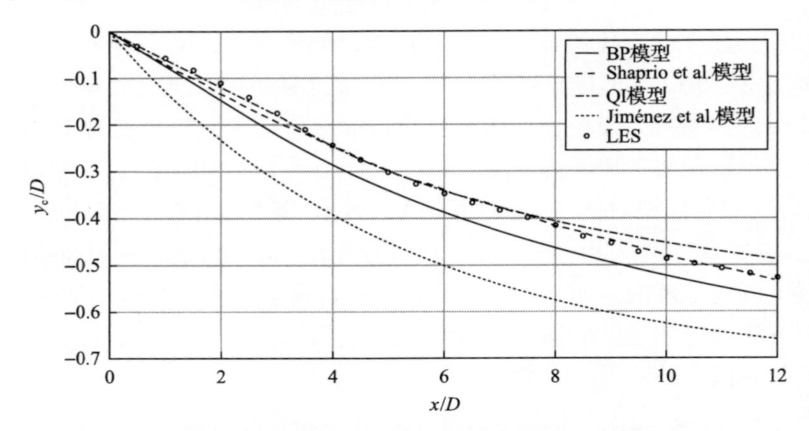

图 6-1　四种尾流模型与大涡模拟计算的尾流中心曲线对比

并且：

$$\begin{cases} \delta u_0 = U_0\left(1-\sqrt{1-C_{\mathrm{T}}\cos^2\gamma}\right) \\ d_{\mathrm{w}}(x) = 1 + k_{\mathrm{w}} \ln\left\{1+\exp\left[(x-2R)/R\right]\right\} \end{cases} \tag{6-3}$$

式中，δu_0——初始流向速度损失；

$d_{\mathrm{w}}(x)$——尾流宽度；

C_{T}——机组推力系数；

γ——偏航角；

k_{w}——尾流膨胀率。

在式(6-1)中，$\sigma(x)=\sigma_0 d_{\mathrm{w}}(x)$，且 $y_{\mathrm{c}}(x)$ 项可由下式计算得出：

$$\begin{cases} y_{\mathrm{c}}(x) = \int_{-\infty}^{x} \dfrac{-\delta v(x')}{U_0}\mathrm{d}x' \\ \delta v(x) = \dfrac{\delta v_0}{d_{\mathrm{w}}^2(x)}\dfrac{1}{2}\left[1+\mathrm{erf}\left(\dfrac{\sqrt{2}x}{D}\right)\right] \\ \delta v_0 = \dfrac{1}{4}U_0 C_{\mathrm{T}}\cos^2\gamma\sin\gamma \end{cases} \tag{6-4}$$

式中，$\delta v(x)$——轮毂高度处展向平均速度损失；

δv_0——初始展向速度损失。

6.2.2 速度叠加模型及功率计算

流向串列多台风电机组时，尾流干涉作用明显，考虑上游多台机组的尾流影响，采取尾流速度叠加方法求解下游机组风轮上的实际速度损失。尾流叠加模型主要有直接求和方法、平方和叠加方法、改进的直接求和方法及改进的平方和叠加方法等[10-13]。本章采用较为常用的平方和叠加方法，即

$$\frac{U_i}{U_0}=1-\sqrt{\sum_{k=1}^{i-1}\left(\frac{\Delta U_{ki}}{U_0}\right)^2}=1-\sqrt{\sum_{k=1}^{i-1}\left(1-\frac{U_{ki}}{U_0}\right)^2} \tag{6-5}$$

式中，U_i——下游第 i 台风电机组风轮上的平均风速。

ΔU_{ki}——第 k 台机组在第 i 台风轮平面内速度损失的平均值，$\Delta U_{ki}=U_0-U_{ki}$。对其平方和求取算术平均值后，得到叠加后第 i 台机组上的速度损失。

U_{ki}——第 k 台风电机组在第 i 台风轮上的平均尾流速度，可通过式(6-1)计算得到。

单台未受尾流影响、未偏航机组的功率为

$$P_0=\frac{1}{2}\rho AC_{\mathrm{p}}U_0^3 \tag{6-6}$$

考虑尾流影响，风电场内风电机组偏航后的功率为

$$P_i=\frac{1}{2}\rho AC_{\mathrm{p}}U_i^3\cos^3\gamma_i \tag{6-7}$$

式中，P_0——单台未偏航风电机组的功率；

P_i——第 i 台风电机组的功率；

ρ——空气密度；

A——风轮扫掠面积；

C_{p}——风能利用系数；

U_i——第 i 台风电机组风轮的来流风速；

γ_i——第 i 台风电机组的偏航角。

由于密度、风轮面积和风能利用系数可视为常数，因此采用首台机组发电功率对第 i 台机组进行无量纲化，可得

$$P_{i0} = \frac{P_i}{P_0} = \frac{\frac{1}{2}\rho A C_{\mathrm{p}} U_i^3 \cos^3 \gamma_i}{\frac{1}{2}\rho A C_{\mathrm{p}} U_0^3} = \left(\frac{U_i}{U_0}\cos\gamma_i\right)^3 \tag{6-8}$$

$$P_{\mathrm{tot}} = \sum_{i=1}^{N} P_{i0} \tag{6-9}$$

6.2.3 优化算法与流程

以 $P_{\mathrm{tot}}=\sum_{i=1}^{N}P_{i0}$ 为优化目标，优化变量为所有风电机组偏航角 $\gamma=(\gamma_1,\gamma_2,\cdots,\gamma_{N-1},\gamma_N)$，适应度 V_{F} 计算方法为

$$V_{\mathrm{F}} = P_{\mathrm{tot\_y}} - P_{\mathrm{tot\_ny}} = \sum_{i=1}^{N} P_{i0}\,|_{\gamma_i=\gamma_i} - \sum_{i=1}^{N} P_{i0}\,|_{\gamma_i=0} \tag{6-10}$$

式中，$P_{\mathrm{tot\_ny}}$——未进行主动偏航控制时的无量纲总功率；

$P_{\mathrm{tot\_y}}$——主动偏航控制时的总功率。

遗传算法是解决多变量优化问题的常用方法，该算法具有内在的隐并行性和更好的全局寻优能力，可自适应地调整搜索方向。其基本原理是以一种群中的所有个体为对象，并利用随机化技术指导对一个被编码的参数空间进行高效搜索，其中选择、交叉和变异构成了遗传算法的遗传操作。参数编码、初始群体的设定、适应度函数的设计、遗传操作设计、控制参数设定五个要素组成了遗传算法的核心内容。为了加快收敛，且使结果更准确，不陷入局部最优，采用带有精英选择的遗传算法优化偏航角，具体相关参数如表 6-1 所示。

表 6-1 相关优化参数选取

机组台数 N	种群大小 P_{s}	交叉概率 P_{c}	变异概率 P_{m}	遗传代数
3	40	0.70	0.08	150
4	40	0.70	0.08	200
5	50	0.75	0.10	200
6	50	0.75	0.10	250

优化流程如下：

步骤 1 随机产生初始偏航角集合群体，每个种群包含 P_{s} 个偏航角集合

个体。偏航角的取值范围为–40°～+40°，优化精度取为 0.3°。

步骤2　对偏航角集合群体个体编码，编码方式采用二进制，编码位数为 $8N-8$，计算每个个体的目标函数值和适应度。

步骤3　对父代群体进行复制、交叉：通过轮盘赌方法选择优良个体并保留至下一代，再将两个个体从各自编码的某一位置以 P_c 概率互相交换。

步骤4　对父代群体进行变异操作：父代中每个个体的编码的每一位都以 P_m 概率翻转。

步骤5　用父代中的适应度最大个体替代子代群体中的适应度最小个体，保证进化的方向不发生逆转。

步骤6　判断是否收敛：当最大适应度个体数目超过 95%时，输出最优个体结果，解码得最优解；否则将子代集合群体个体编码，返回步骤 2，继续迭代。

6.3　控 制 策 略

对于串列风电机组，偏航协同控制策略受流向台数 N、机组流向间距 S_x、机组推力系数 C_T、尾流膨胀系数 k_w 等因素影响。本部分将系统研究偏航优化控制策略和以上影响因素的关系，提出适用于不同流向间距、推力系数和尾流膨胀系数的控制策略。

6.3.1　优化空间的简化

为简化物理问题，首先在特定推力系数、尾流膨胀率和机组间距下研究台数对偏航策略的影响。遵循之前的研究[14-16]，选定风轮推力系数 C_T=0.75、机组流向间距 S_x=7D，在不同尾流膨胀系数下，对串列 3～6 台机组情况的偏航协同控制进行优化。图 6-2(a)显示了推力系数、机组间距固定时，不同台数串列风电机组偏航优化控制提升效率随风电机组尾流膨胀系数的变化。效率可表示为

$$\eta = \Delta P / P \times 100\% \tag{6-11}$$

式中，P——未进行偏航控制下串列风电机组的总功率；

ΔP——偏航控制后增加的功率。

如图 6-2(a)所示，在偏航协同控制下，串列风电机组总功率显著增加，偏航控制效率随台数增加而增加，随尾流膨胀系数增加而减小。当 $N=6$，

k_w=0.03 时，效率可达 46%。当台数较少或者尾流膨胀系数较大时，尾流效应较小，偏航控制优化效果较差。例如，当 k_w=0.075，N 不大于 5 时，偏航控制优化效率小于 4%。

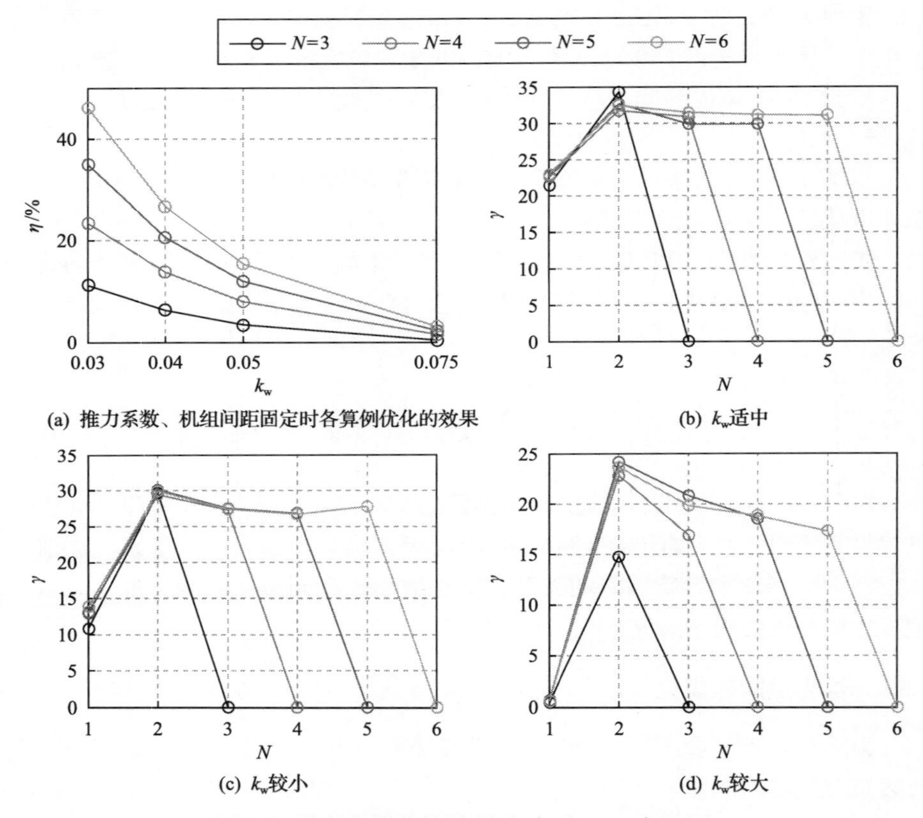

图 6-2　偏航角优化结果(流向串列 3～6 台机组)

图 6-2(b)和(c)分别显示了尾流膨胀系数 $k_w = 0.03$ 和 $k_w = 0.05$ 下不同串列风电机组台数下的偏航控制策略。偏航优化控制存在以下四个特征：

(1)除最后一台机组无需偏航外，上游风电机组偏航方向相同，即保持上游机组尾流偏转方向相同可更好地减小串列机组的尾流效应。

(2)相对于第 2～N–1 台风电机组，首台风电机组偏航角度较小。

(3)第 2～N–1 台机组偏航角差异较小，且偏航角随膨胀系数增加而减小。

(4)对于特定尾流膨胀系数，上游风电机组偏航控制策略(第 1～N–1 台风电机组偏航角)对串列台数不敏感。

图 6-2(d)显示了 k_w=0.075 情况下，不同台数串列风电机组的偏航优化控制策略。由图可以看出，当 k_w=0.075 时，由于尾流效应较弱，首台机组无需偏航；当串列台数 $N \leqslant 4$ 时，下游机组最优偏航角较小，最优偏航角随台数增加而增加；当 $N \geqslant 5$ 时，与 k_w=0.03 和 k_w=0.05 的情况类似[图 6-2(b)和(c)]，机组偏航角对台数不敏感。由于 k_w=0.075 情况下控制效率较低[图 6-2(a)]，因此后续仅对 k_w=0.03～0.05 的情况进行深入研究，该尾流膨胀率适用于海上风电机组的尾流。

为简化控制策略，忽略串列台数对最优控制策略的影响，可近似认为在特定 k_w 和 S_x 下，最优控制策略中首台机组偏航角为特定值 γ_1；第 2～N–1 台风电机组偏航角相同，为 γ_2。对于本章算例，γ_1 取 N=6 时首台机组的偏航角，γ_2 可取值为 N=6 时第 2～N–1 台风电机组偏航角的平均值，具体数值及采用简化策略与原始优化结果提升效率之差如表 6-2 所示。从表 6-2 中可知，该策略所得效率和最优控制效率非常接近，偏差不超过 5%。当 N=6 时，偏差小于 0.1%。这说明该简化具有很好的合理性，既大幅减少了优化变量，又保证了最优控制的效率。因此，后文采用该简化控制策略，仅对 γ_1 和 γ_2 进行迭代寻优。

表 6-2 简化控制策略

k_w	S_x/D	机组台数 N	γ_1	γ_2	优化结果提升效率/%	简化策略提升效率/%	效率差值/%
0.03	7	3	23.0	31.6	11.20	8.86	2.34
		4			23.40	19.80	3.60
		5			35.00	30.74	4.26
		6			46.20	46.15	0.05
0.04	7	3	19.5	30.4	6.32	6.22	0.10
		4			13.80	13.80	0.00
		5			20.60	20.10	0.50
		6			26.70	26.67	0.03
0.05	7	3	13.8	28.0	3.50	1.47	2.03
		4			8.00	6.17	1.83
		5			12.00	10.20	1.80
		6			15.40	15.36	0.04

6.3.2 确定偏航角的广义公式

为揭示推力系数、尾流膨胀率和机组间距对偏航协同控制策略的影响，针对四台串列机组，分别在不同推力系数（C_T=0.65、0.75 和 0.85）、不同尾流膨胀系数（k_w=0.03、0.04 和 0.05）和不同机组间距下（S_x=6D、7D 和 8D）进行偏航协同控制优化，详见表 6-3。

表 6-3　研究三参数影响的优化算例设置

算例	推力系数 C_T	尾流膨胀率 k_w	机组间距 S_x / D
1～3	0.65	0.03	6～8
4～6	0.65	0.04	6～8
7～9	0.65	0.05	6～8
10～12	0.75	0.03	6～8
13～15	0.75	0.04	6～8
16～18	0.75	0.05	6～8
19～21	0.85	0.03	6～8
22～24	0.85	0.04	6～8
25～27	0.85	0.05	6～8

图 6-3 给出了不同流向间距、不同尾流膨胀系数下风电场偏航控制效率随推力系数的变化。和前述结果类似，推力系数越大，流向间距和尾流膨胀率越小，串列风电机组尾流效应越严重，偏航协同控制效率越高。除少部分

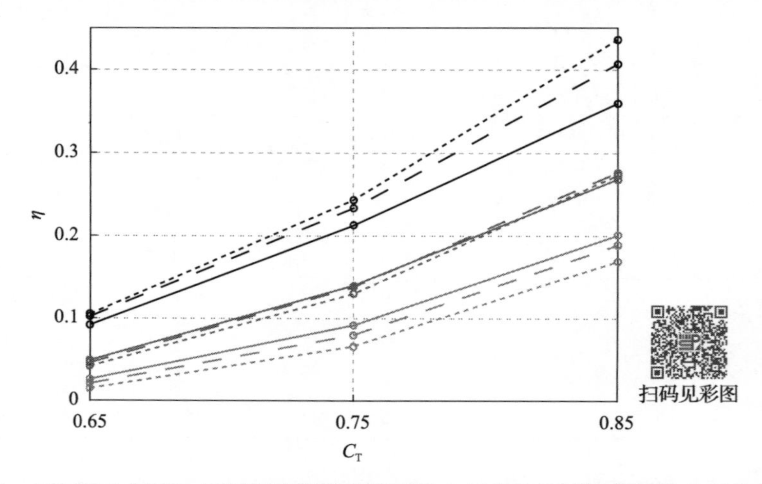

图 6-3　不同流向间距、不同尾流膨胀系数下风电场偏航控制效率随推力系数的变化

黑色、蓝色和红色分别代表 k_w=0.03、0.04、0.05，实线、虚线和点分别代表 S_x=6、7、8

推力系数较小、尾流膨胀率较大的算例外，优化效果均超过了 10%。同时还可以看到，相对于推力系数和流向间距，膨胀系数对偏航控制效率影响更大。因此，将优化策略应用到尾流膨胀率较小的风电场，如海上风电场，将取得更好的控制效率。

图 6-4(a)显示了偏航协同优化控制下第一台机组偏航角 γ_1 随 C_T 的变化，可以看到，γ_1 随推力系数增大而增大，当 k_w =0.03 和 0.04 时，γ_1 随 C_T 变化呈近似线性关系。当 k_w =0.05 时，γ_1-C_T 曲线出现明显拐点，曲线斜率随 C_T 增加而减小。图 6-4(b)给出了 γ_1 随 k_w 的变化，可以看到，γ_1 随 k_w 增加而减小，这说明当尾流膨胀系数增加时，首台机组对下游机组的遮挡效应减小，因而无需再通过大的偏航角减少对下游的遮挡效应。图 6-4(c)进一步显示了 γ_1 随

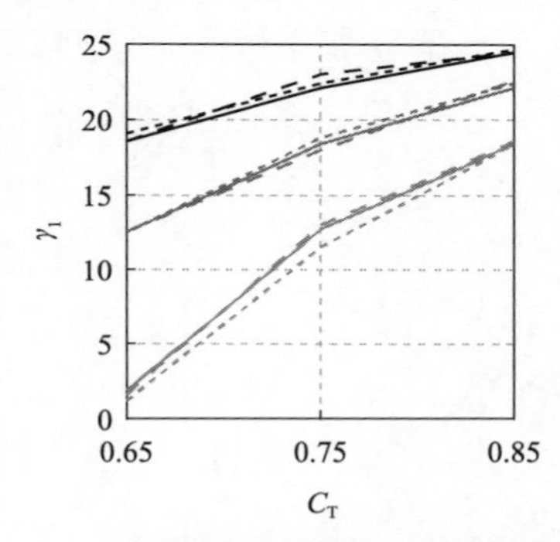

(a) γ_1随C_T的变化(黑色、蓝色和红色分别代表k_w=0.03、0.04、0.05，实线、虚线和点分别代表S_x=6、7、8)

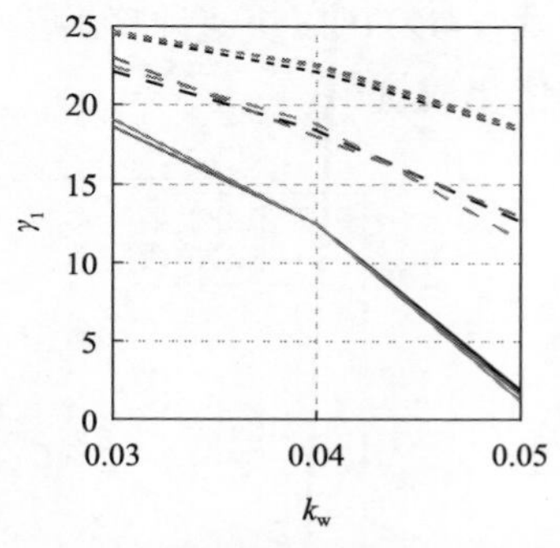

(b) γ_1随k_w的变化(黑色、蓝色和红色分别代表S_x=6、7、8，实线、虚线和点分别代表C_T=0.65、0.75、0.85)

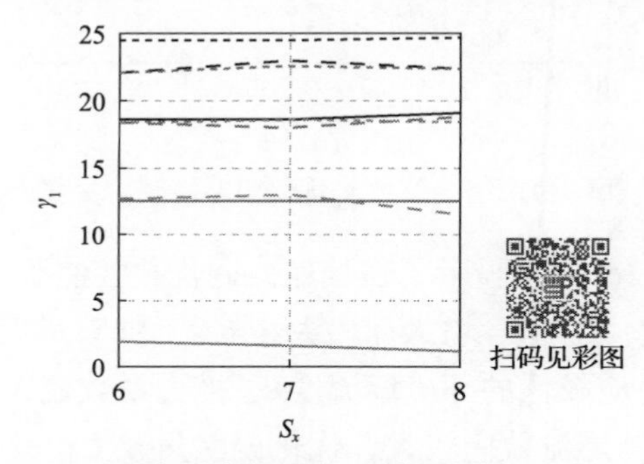

(c) γ_1随S_x的变化(黑色、蓝色和红色分别代表k_w=0.03、0.04、0.05，实线、虚线和点分别代表C_T=0.65、0.75、0.85)

图 6-4　第一台机组偏航角优化策略受三个因素的影响

流向间距 S_x 的变化，可以看到，流向间距对 γ_1 无显著影响，这说明 γ_1 不受下游机组排布影响。

图 6-5 进一步给出了 γ_1 随变量 C_T/k_w 的变化，可以看出，两变量存在强烈的正相关关系。忽略个别严重偏离的数据(如左下角数据)，可以将二者近似拟合为线性关系，即

$$\gamma_1 = k_1 \frac{C_T}{k_w} + c_1 \tag{6-12}$$

式中，k_1=0.872；

c_1=0.952。

通过式(6-12)可以快速计算出任意 C_T 和任意膨胀系数 k_w 下串列机组首台机组的优化偏航角。

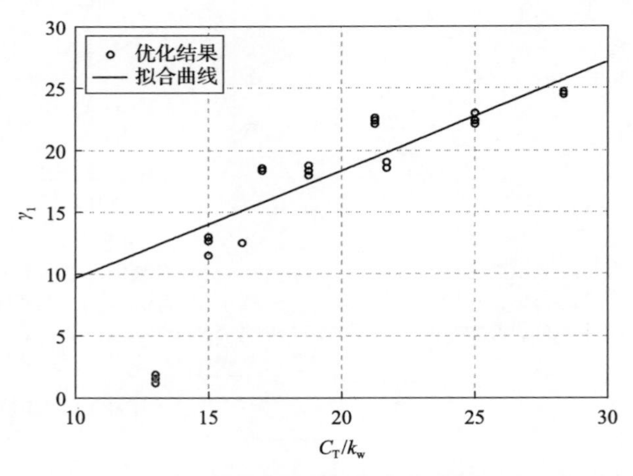

图 6-5　第一台机组偏航角 γ_1 优化策略随整合变量 C_T / k_w 的变化

图 6-6(a)～(c)分别显示了在偏航协同优化控制下 γ_2 随 C_T、k_w 和 S_x 的变化，和 γ_1 类似，γ_2 随 C_T 增大而增大，随 k_w 和 S_x 增大而减小。当尾流膨胀系数较小(通常对应较低的环境湍流度)、推力系数较大、流向间距较小时，串列风电机组整体尾流效应较大，优化偏航角较大。这说明当上游风电机组对下游风电机组的遮挡效应更严重时，需要更大的偏航角获得更大的尾流偏转，以减小尾流造成的发电量损失。

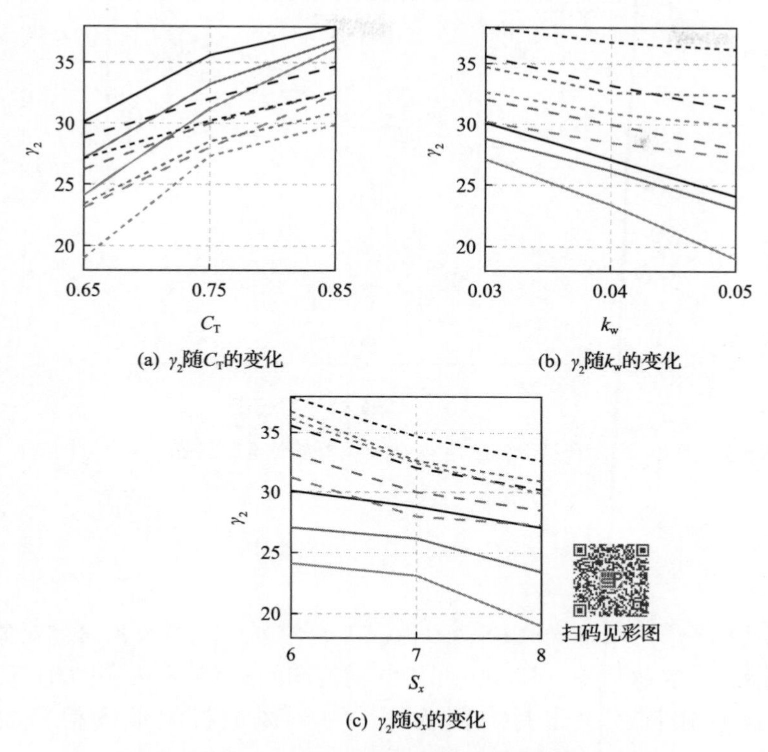

(a) γ_2随C_T的变化　(b) γ_2随k_w的变化

(c) γ_2随S_x的变化

图 6-6　第 2～N–1 台机组偏航角优化策略受三个因素的影响(各图图例含义与图 6-4 一致)

图 6-7 给出了 γ_2 随变量 $C_T/(k_w S_x)$ 的变化。如图 6-7 所示，γ_2 和 $C_T/(k_w S_x)$ 也呈现了强烈的正相关性，虽然数据点较为分散，但仍然可以通过线性拟合方法将 γ_2 近似为 $C_T/(k_w S_x)$ 的线性函数：

$$\gamma_{2\sim N-1} = k_2 \frac{C_T}{k_w S_x} + c_2 \tag{6-13}$$

式中，k_2 =4.697；

c_2 =16.64。

因此，可通过式(6-13)确定串列机组偏航协调控制下第 2～N–1 台机组的偏航角 γ_2 。

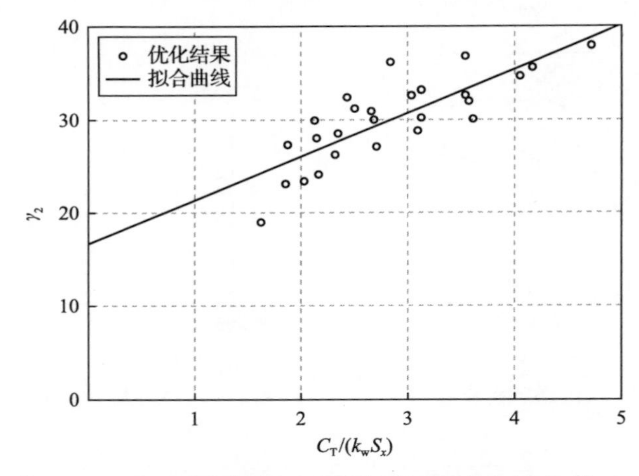

图 6-7　第 2～N–1 台机组偏航角 γ_2 优化策略随整合变量 $C_T/(k_w S_x)$ 的变化

6.4　数 值 验 证

本部分将采用高精度 LES，以流向五台串列风电机组为研究对象，在不同的推力系数（C_T=3/4 和 8/9）和不同的流向间距（S_x=6D 和 7D）下，对所提出的偏航协同控制进行数值验证。串列风电机组地表粗糙度均为 $z_0/L_z=1\times10^{-4}$（$L_z=1\times10^3$m）。表 6-4 给出了全部验证算例，算例名称由字母和数字组成，A 类算例流向间距 S_x=7D，推力系数 C_T=3/4；B 类算例流向间距和 A 类算例相同，推力系数变为 8/9；C 类算例推力系数和 A 类相同，流向间距 S_x 变为 6D。字母后的数字“0”代表基准算例，即未偏航的串列风电机组；“1”则代表采用偏航协同控制算例。在偏航协同控制中，首台机组偏航角 γ_1 采用式(6-12)计算，第 2～4 台机组偏航角 γ_2 采用式(6-13)计算，选取 $k_w=0.05$。所有风轮轮毂高度 H=100m，风轮直径 D=100m，具体参数如表 6-4 所示。计算域为 50D×10D×10D(L_x×L_y×L_z)，网格采用 256×128×120(N_x×N_y×N_z)，和第 2 章致动盘仿真设置相同，采用前驱流动方法生成充分发展的湍流并将该流动作为串列机组入流，计算入流湍流度为 10%，对应尾流膨胀率 $k_w=0.05$[8]。

大涡模拟结果显示，在偏航协同控制下，串列机组总体功率显著提升，但明显小于尾流模型评估的提升效率。这可能是因为在尾流模型的叠加中未能考虑下游机组由于湍流度增加而造成的尾流膨胀系数的变化，高估了串列

表 6-4　数值验证算例设置及提升效率对比

算例	推力系数 C_T	地表粗糙度 z_0 /m	机组间距 S_x/D	数值验证效率提升/%	尾流模型评估效率提升/%
A0	3/4	0.1	7	—	—
A1	3/4	0.1	7	9.3	11.9
B0	8/9	0.1	7	—	—
B1	8/9	0.1	7	17.5	33.3
C0	3/4	0.1	6	—	—
C1	3/4	0.1	6	9.9	14.0

机组的尾流效应。这种高估在推力系数较大时更为显著，如 B 组算例，尾流模型评估偏航系统控制效率为 33.3%，而大涡模拟仅为 17.5%。但该结果仍然充分证实了本章所提控制策略的有效性。

图 6-8 给出了以上三组算例风电机组发电功分布曲线。如图 6-8 所示，对于上游机组(首台和第二台)，由于机组偏航，功率较不偏航时略有降低；但

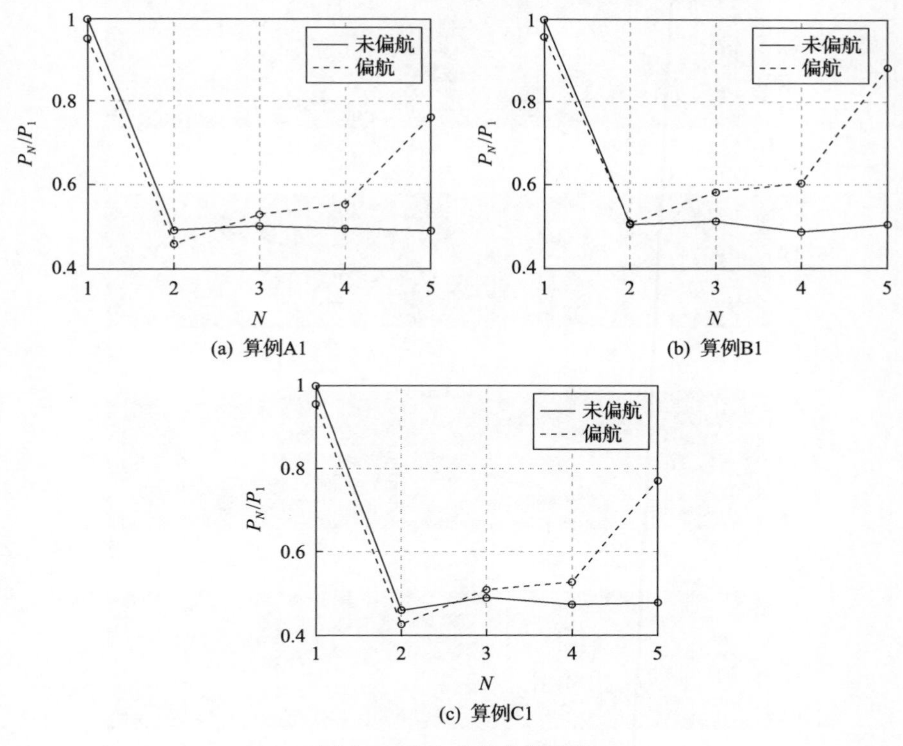

(a) 算例A1　(b) 算例B1　(c) 算例C1

图 6-8　发电功率分布曲线

下游机组由于上游机组的偏航，机组功率会明显提升。在偏航协同控制下，第二台至最后一台机组功率随下游呈增加趋势。

可见，上游机组尾流的偏转有效减小了对后方机组的遮挡效应，此时尾流偏转产生的发电收益超过了因机组偏航造成的发电损失，获得了显著的发电提升。值得注意的是，最后方机组在上游机组偏航情况下，保持偏航角为0°，在上游机组尾流减弱的同时，又避免了因自身偏航造成的功率损失，功率较上游机组大幅提升。

图 6-9 显示了 A0～C1 六个算例的流向时均速度云图。由图 6-9 可以看到，在偏航控制下，上游风电机组尾流发生了较大幅度的偏转。上游风电机组尾流中心在下游相邻风电机组处的偏移量 $\delta y/D$ 随流向序号逐步增大，具体数值如表 6-5 所示。自第三台风电机组，上游相邻机组尾流在该机组偏移量达到或超过 0.5D，这使得下游机组有效避开了上游风电机组尾流的中心线。

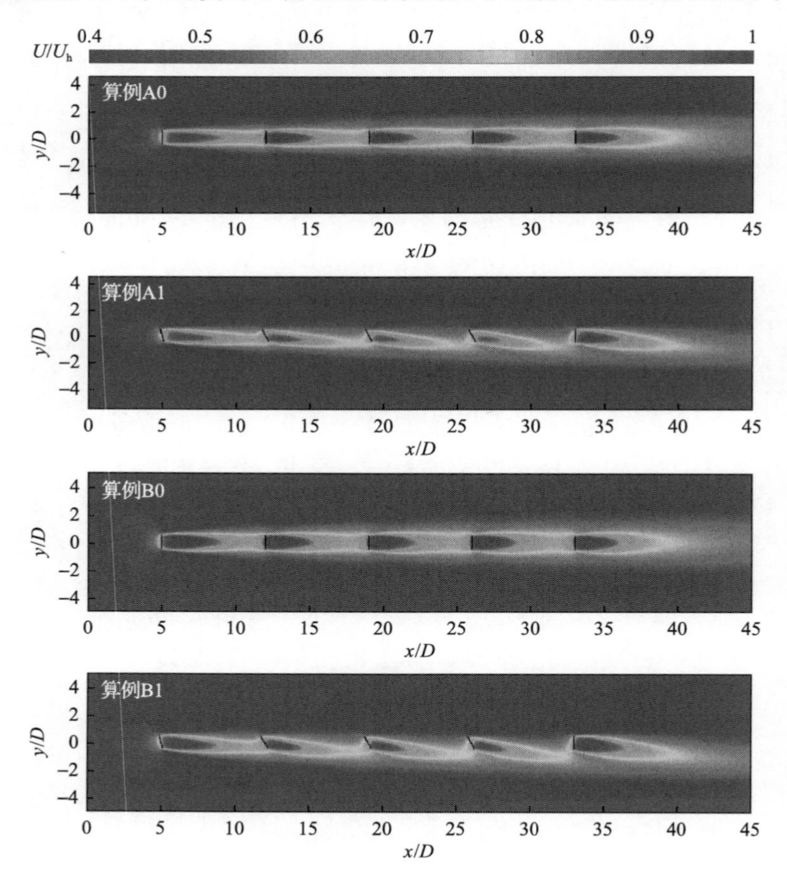

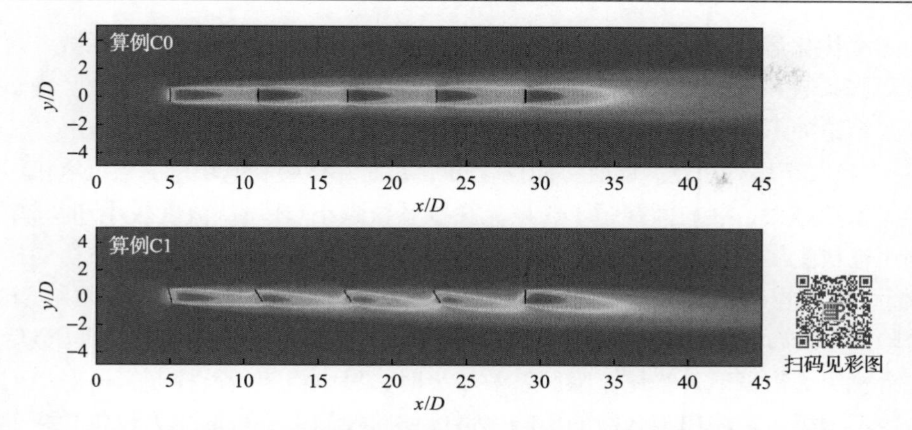

图 6-9　串列机组轮毂高度处流向时均速度云图（U_h代表轮毂高度处入流速度）

表 6-5　数值验证算例中各机组在下方机组的尾流偏转量

算例	编号	尾流偏转/D
A1	1	0.30
	2	0.52
	3	0.75
	4	0.80
B1	1	0.40
	2	0.60
	3	0.80
	4	1.00
C1	1	0.25
	2	0.50
	3	0.60
	4	0.72

需要注意的是，由于尾流偏转，风电机组尾流在展向一侧(风轮偏航后朝向的一侧)的影响范围增大,但其主要影响范围仍局限于风轮展向 $2D$ 的范围。因此，虽然本章控制策略针对单个串列机组提出，但有可能在展向间距大于 $4D$ 的风电场仍然适用。

本 章 小 结

本章以单列机组为研究对象，在中性大气条件下，对基于风电机组偏航的功率优化运行开展了较为系统的研究，提出了一种基于风轮推力系数、尾流膨胀系数和机组间距的控制策略，并通过大涡模拟进行了数值验证。本章主要结论如下：

(1) 对于串列机组，偏航协同优化可显著提升整场发电功率。当风电机组推力系数越大、展向间距越小、尾流膨胀系数越小(环境湍流度较小)时，串列风电机组尾流损失越大，偏航协调控制效果就越显著。在最优偏航协同控制下：①风电机组偏航具有同向性；②首台风电机组偏航角小于下游机组(末台除外)偏航角；③第 2～N–1 台机组偏航角差异较小(可近似相等)；④最后一台机组无需偏航。当尾流膨胀系数较小时，风电机组偏航控制策略对串列台数不敏感。忽略串列台数的影响，最优偏航控制策略可简化为仅包含两个偏航角(γ_1、γ_2)的解空间，其中γ_1为首台机组偏航角度，γ_2为第 2～N–1 台机组偏航角。

(2) 在偏航协同优化控制中，首台γ_1随推力系数 C_T 增大而增大，随尾流膨胀系数 k_w 增大而减小，和流向间距 S_x 无明显相关性。γ_1和 C_T/k_w 呈现高度正相关特性，其数值可近似通过$\gamma_1 = k_1 C_T / k_w + c_1$求解，其中 k_1=0.872，c_1=0.952。第 2～N–1 台机组偏航角γ_2随推力系数增大而增大，随尾流膨胀系数和机组间距增大而减小，其数值可近似通过$\gamma_{2\sim N-1} = k_2 C_T / (k_w S_x) + c_2$求解，其中 k_2=4.697，c_2=16.64。

(3) 为验证所提出控制策略的有效性，在中性大气下对偏航协同控制下的串列风电机组进行了大涡数值模拟。结果显示，本章偏航协同控制策略使下游机组有效避开了上游风电机组的尾流中心线，使风电机组总功率明显提升。当推力系数 C_T=8/9，流向间距 S_x=7D 时，对五台串列机组采用偏航协同控制，可使得总功率提升达 17.5%。

本章针对串列风电机组进行了偏航协同控制研究，提升了风电场总发电功率，对于实际阵列风电场偏航协同控制具有重要参考价值，后续将针对实际阵列风电场开展偏航协同控制研究并在实际海上风电场应用示范。

参 考 文 献

[1] Ma H, Ge M, Wu G, et al. Formulas of the optimized yaw angles for cooperative control of wind farms with aligned turbines to maximize the power production[J]. Applied Energy, 2021, 303: 117691.

[2] Bastankhah M, Porté-Agel F. Experimental and theoretical study of wind turbine wakes in yawed conditions[J]. Journal of Fluid Mechanics, 2016(806): 506-541.

[3] Coton F N, Wang T. The prediction of horizontal axis wind turbine performance in yawed flow using an unsteady prescribed wake model[J]. Journal of Power and Energy, 1999, 213 (1) : 33-43.

[4] Cai X, Gu R, Pan P, et al. Unsteady aerodynamics simulation of a full-scale horizontal axis wind turbine using CFD methodology[J]. Energy Conversion and Management, 2016 (112) : 146-156.

[5] Lopez D, Kuo J, Li N. A novel wake model for yawed wind turbines[J]. Energy, 2019 (178) : 158-167.

[6] Jimenez A, Crespo A, Migoya E, et al. Application of a LES technique to characterize the wake deflection of a wind turbine in yaw[J]. Wind Energy, 2009, 13 (6) : 559-572.

[7] Qian G W, Ishihara T. A new analytical wake model for yawed wind turbines[J]. Energies, 2018, 11 (3) : 665.

[8] Shapiro C R, Gayme D F, Meneveau C. Modelling yawed wind turbine wakes: A lifting line approach[J]. Journal of Fluid Mechanics, 2018 (841) : R1.

[9] Howland M F, Bossuyt J, Martínez-Tossas L A, et al. Wake structure in actuator disk models of wind turbines in yaw under uniform inflow conditions[J]. Journal of Renewable and Sustainable Energy, 2016, 8 (4) : 043301.

[10] Lissaman P B S. Energy effectiveness of arbitrary arrays of wind turbines[J]. Journal of Energy, 1979, 3 (6) : 323-328.

[11] Katic I, Højstrup J, Jensen N O. A simple model for cluster efficiency[J]. European Wind Energy Association Conference and Exhibition. 1986, 1: 407-410.

[12] Niayifar A, Porté-Agel F. Analytical modeling of wind farms: A new approach for power prediction[J]. Energies, 2016, 9 (9) : 741.

[13] Voutsinas S. On the analysis of wake effects in wind parks[J]. Wind Engineering, 1990, 14 (4) :204-219.

[14] Feng J, Shen W Z. Wind farm power production in the changing wind: Robustness quantification and layout optimization[J]. Energy Conversion and Management, 2017 (148) : 905-914.

[15] Segalini A, Dahlberg J Å. Blockage effects in wind farms[J]. Wind Energy, 2020, 23 (2) : 120-128.

[16] Reddy S R. An efficient method for modeling terrain and complex terrain boundaries in constrained wind farm layout optimization[J]. Renewable Energy, 2021 (165) : 162-173.

第 7 章　风电场整场功率优化协同控制

7.1　引　　言

与简单串列机组的协同控制相比，风电场整场偏航协同控制更为复杂。近期，Dou 等[1]通过对 Horns Rev 海上风电场研究发现，偏航协同控制在串列风向下可获得发电效率的大幅提升。Qian 和 Ishihara 对一个 4×5 阵列机组的风电场进行了优化，并在 5°风向获得了 8.2%的功率增益[2]。目前有关偏航协同控制的研究多针对整齐布机的风电场，且场内机型相同、不考虑风切变等影响，还缺乏对排列更为随机的风电场的定量研究。针对上述问题，本章以某实际风电场为研究对象，对其偏航角与推力分配开展协同控制研究，为在役风电场的功率提升提供参考。

7.2　风电场协同控制优化方法

与第 6 章不同的是，本章需要在不同风速、风向根据各机组型号参数，如轮毂高度、风轮直径、机组动态推力系数曲线和功率曲线等，以风电场发电总功率最大为目标进行偏航协同优化。其主要步骤如下：

步骤 1　针对特定工况，即特定的风速、风向、湍流强度，根据风向进行坐标变换，即坐标轴固定不动，当风向发生变化时，对横纵坐标进行三角变换，以风向顺时针旋转为正，变换矩阵为 $\boldsymbol{Q}$，由下式给出：

$$\begin{pmatrix} x_1 & y_1 \\ x_2 & y_2 \\ \vdots & \vdots \\ x_N & y_N \end{pmatrix} \boldsymbol{Q} = \begin{pmatrix} x_1' & y_1' \\ x_2' & y_2' \\ \vdots & \vdots \\ x_N' & y_N' \end{pmatrix} \tag{7-1}$$

$$\boldsymbol{Q} = \begin{pmatrix} \cos\theta & \sin\theta \\ -\sin\theta & \cos\theta \end{pmatrix} \tag{7-2}$$

步骤 2　除以上不同之处以外，在精度允许条件下，选取计算效率更快的偏航尾流模型解析偏航风电机组的尾流场，进而计算下游风轮上的风速。

采用 Bastankhah 和 Porté-Agel(BP)的偏航尾流模型[3]计算流场中各网格点速度，即上游机组轮毂中心坐标为$(0,0,z_{\mathrm{h}})$时，下游某一坐标点(x,y,z)处的速度损失$\Delta U(x,y,z)$可由下式计算得出：

$$\frac{\Delta U(x,y,z)}{U_0}=\left[1-\sqrt{1-\frac{C_{\mathrm{T}}\cos\gamma}{8\left(\sigma_y\sigma_z\right)/D^2}}\right]\exp\left[-\frac{\left(y-y_{\mathrm{c}}\right)^2}{2\sigma_y^2}\right]\exp\left[-\frac{\left(z-z_{\mathrm{h}}\right)^2}{2\sigma_z^2}\right] \tag{7-3}$$

式中，ΔU——速度损失；

U_0——入流速度；

C_{T}——推力系数；

D——风轮直径；

γ——偏航角。

其余相关参数可由式(7-4)～式(7-7)计算得出：

$$\begin{cases}\dfrac{\sigma_y}{D}=k_y\dfrac{\left(x-x_0\right)}{D}+\dfrac{\cos\gamma}{\sqrt{8}}\\[2ex]\dfrac{\sigma_z}{D}=k_z\dfrac{\left(x-x_0\right)}{D}+\dfrac{1}{\sqrt{8}}\\[2ex]\dfrac{x_0}{D}=\dfrac{\cos\gamma\left(1+\sqrt{1-C_{\mathrm{T}}}\right)}{\sqrt{2}\left[\alpha I+\beta\left(1-\sqrt{1-C_{\mathrm{T}}}\right)\right]}\end{cases} \tag{7-4}$$

式中，$k_y=k_z=0.022$；

$\alpha=2.32$；

$\beta=0.154$；

x_0——远端尾流起始点坐标。

当$x\geqslant x_0$时，尾流偏转y_{c}由下式确定：

$$\frac{y_{\mathrm{c}}}{D}=\theta_{\mathrm{c}0}\frac{x_0}{D}+\frac{\theta_{\mathrm{c}0}}{14.7}\sqrt{\frac{\cos\gamma}{k_yk_zC_{\mathrm{T}}}}\left(2.9+1.3\sqrt{1-C_{\mathrm{T}}}-C_{\mathrm{T}}\right)\ln\left[\frac{\left(1.6+C_{\mathrm{T}}\right)\left(1.6\sqrt{\dfrac{8\sigma_y\sigma_z}{D^2\cos\gamma}}-C_{\mathrm{T}}\right)}{\left(1.6-C_{\mathrm{T}}\right)\left(1.6\sqrt{\dfrac{8\sigma_y\sigma_z}{D^2\cos\gamma}}+C_{\mathrm{T}}\right)}\right] \tag{7-5}$$

当 $x < x_0$ 时，y_c 随 x 线性增加：

$$\frac{y_c(x)}{D} = \theta_{c0} \frac{x}{D} \tag{7-6}$$

式中，θ_{c0} 可由下式得出：

$$\theta_{c0} \approx \frac{0.3\gamma}{\cos\gamma}\left(1-\sqrt{1-C_T\cos\gamma}\right) \tag{7-7}$$

按图 7-1 所示的方法将风轮离散化，分成由内向外共 n_ring 个圆环，每个圆环上划分 n_round 个点，利用式(7-3)计算出各点的风速 $U(x,y,z)=U_0-\Delta U(x,y,z)$ 。

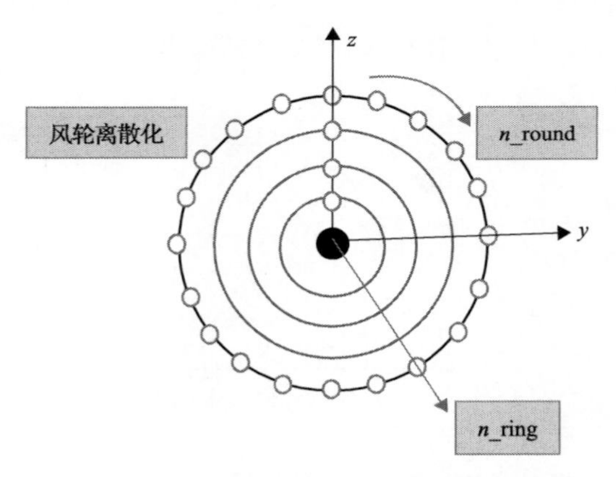

图 7-1　风轮离散化方法(圆网格)

针对以上取点方式，本章采取尾流速度叠加到点的方法，即仍然通过平方和叠加方式计算干涉后的尾流速度。第 i 台风轮离散后的某一点的速度 $U_i(m,n)$ 计算公式如下：

$$U_i(m,n) = U_0\left[1-\sqrt{\sum_{k=1}^{i-1}\left(1-\frac{U_k}{U_0}\right)^2}\right] \tag{7-8}$$

式中，m——圆环序列编号；

n——点序列编号；

U_0——单个机组时风轮前方的自由来流速度；

U_k——第 k 台风电机组在此点的尾流速度。

通过以上方法计算出风轮上所有离散点的速度后，求取平均值，得到第 i 台风轮上的平均速度 U_i。优化时，推力系数会影响尾流速度演化。本节选择的推力系数计算方法为计算出下游第 i 台风轮的平均速度后，根据速度-推力系数曲线插值得出第 i 台机组的推力系数。

步骤 3　计算功率，以第 i 台机组为例，根据风速-功率曲线插值计算出风速为 U_i 时的功率，即第 i 台的发电功率 P_i。

步骤 4　应用遗传算法优化各机组偏航角，定义 $P_{\text{tot\_ny}}=\sum_{i=1}^{N}P_i|_{\gamma_i=0}$ 为所有机组均未偏航时的总发电功率。

初始化群体：随机产生 40 个个体。

控制变量：各机组偏航角，偏航角的取值范围为–30°～+30°。

编码方式：二进制，每个角度由 8 位二进制码编码，优化精度即为 $60°/(2^8-1)\approx 0.235°$。当风电机组台数为 n_{t} 时，按顺序总共编码位数为 $8n_{\text{t}}$ 位。

目标函数：偏航协同优化后总发电功率 $P_{\text{tot\_y}}=\sum_{i=1}^{N}P_i|_{\gamma_i=\gamma_i}$。

适应度：种群中每个个体(各机组偏航角的组合序列)为 P_{tot}。

遗传迭代计算：复制采用轮盘赌方法，交叉、变异概率分别取为 0.8 和 0.1。

收敛判断：首先令遗传进行 600 代，然后设置残差 R_{d}，判断：若连续 500 代进化后最优适应度极差，未超过残差，则进化结束，得最优解。

解码：二进制码解码后，将偏航角、优化后的总功率及总的遗传代数分别存入矩阵中。

7.3　实际风电场的偏航协同控制

本节以某实际风电场为例，在不同风速、风向下对该风电场采用偏航协同控制进行了优化。风电场布局如图 7-2 所示，风电场布置有 2 台 3MW 机组(记作 A 机型)、49 台 3.3MW 机组(记作 B 机型)和 21 台 6.45MW 机组(记作 C 机型)。其中 3MW 机组轮毂高度为 85m，风轮直径为 121m；3.3MW 机组轮毂高度为 95m，风轮直径为 140.4m；6.45MW 机组轮毂高度为 115.5m，风轮直径为 171m。三种机型的功率曲线与推力系数曲线由图 7-3 给出。计算时采用指数风廓线，风切变指数取为 0.085。

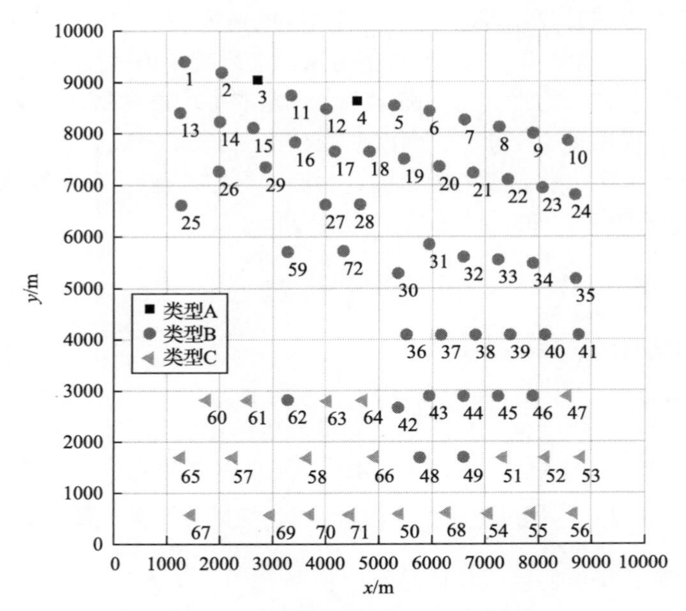

图 7-2　某实际风电场布局平面图

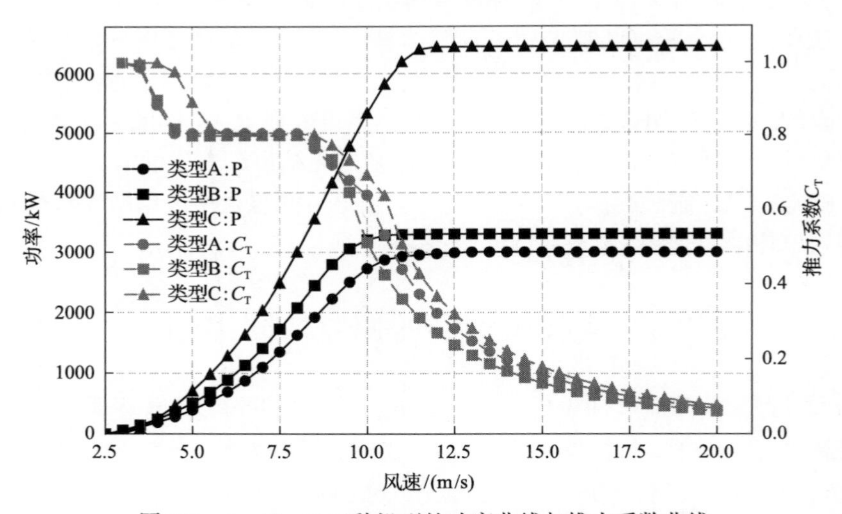

图 7-3　A、B、C 三种机型的功率曲线与推力系数曲线

7.3.1　优化结果分析

忽略尾流效应时，在 85m 高度处来流风速为 4m/s、6m/s、8m/s 和 10m/s

的情况下，风电场总功率 P_G 分别为 25976.43kW、75243.34kW、166734.92kW 和 287710.11kW。首先，在 8m/s 风速下对 16 个不同风向的偏航协同控制进行优化，得到的功率优化效果如表 7-1 所示。由表 7-1 可以看到，实际风电场在绝大部分风向下的尾流损失超过了 10%，在东西两个风向下尤为强烈，尾流损失超过 40%，原因在于这两个风向下风电场的串列机组台数较多，下游机组受尾流影响造成的功率损失更加明显。从优化后提升的功率来看，东、西两风向下风电场总功率提升高于 6MW，ENE、SE 以及 WSW 提升功率均低于 1MW，除此之外大多数风向下提升功率在 1～2MW。总体而言，经过偏航控制协同优化以后，各个风向下的发电功率都略有提升。优化效果与尾流效应强弱密切相关，尾流效应强，则通过偏航协同优化得到的功率提升也相对较高。

表 7-1　实际风电场 8m/s 各风向偏航协同优化效果

风向	未优化/kW	尾流损失/%	优化后/kW	提升功率/kW	提升比例/%
N	140100.03	15.97	141681.47	1581.44	1.13
NNE	144227.77	13.50	146257.15	2029.37	1.41
NE	144773.72	13.17	146837.85	2064.13	1.43
ENE	153097.17	8.18	153882.84	785.67	0.51
E	98341.56	41.02	105906.00	7564.44	7.69
ESE	150274.89	9.87	151587.74	1312.84	0.87
SE	153436.56	7.98	154102.53	665.96	0.43
SSE	149337.67	10.43	150469.84	1132.17	0.76
S	148092.24	11.18	149179.82	1087.58	0.73
SSW	149757.17	10.18	151076.52	1319.35	0.88
SW	148122.29	11.16	149520.57	1398.28	0.94
WSW	156415.99	6.19	156912.06	496.07	0.32
W	98249.08	41.07	104859.45	6610.37	6.73
WNW	148474.00	10.95	149894.32	1420.32	0.96
NW	150148.66	9.95	151395.35	1246.69	0.83
NNW	144964.76	13.06	147080.94	2116.18	1.46

不同来流风速下的优化结果会有所不同，风速为 4m/s、6m/s 和 10m/s 情况下的优化效果如图 7-4～图 7-6 所示。可以看出，随着风速增大，偏航协同

控制的效果逐步降低，当风速到达 10m/s 时，由于风速较高，实际功率系数会相对较小，此时偏航协同控制带来的功率增益不明显。此结论在实际风电场偏航协同控制案例中也得以印证[4]。

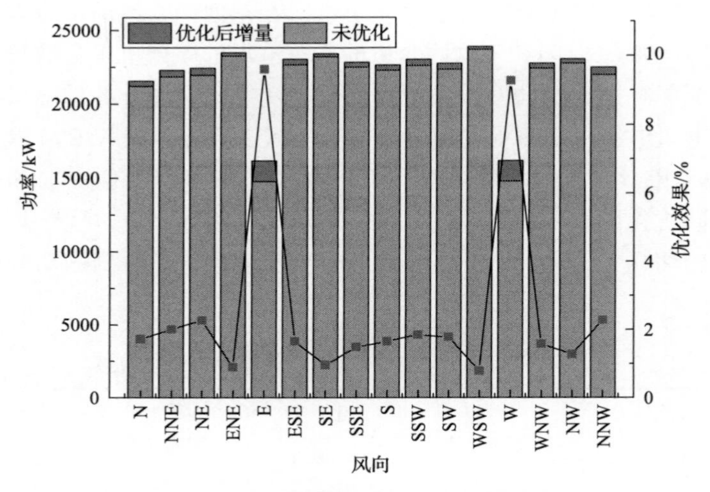

图 7-4　实际风电场偏航协同优化效果(4m/s)

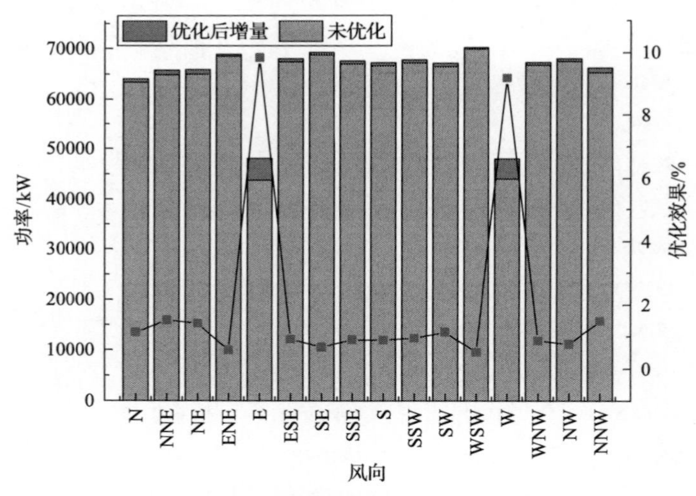

图 7-5　实际风电场偏航协同优化效果(6m/s)

下面针对实际风电场在风速为 8m/s，风向为 E、N 和 WSW 的情况(分别对应功率提升效果最好、中等和最差的情况)，对每台机组的发电特性进行分析。将发电量损失较小的风电机组称为高效机组,反之为低效机组,如图 7-7～图 7-9 所示，在尾流效应明显的东风向下，偏航协同控制在损失少数高效机组的发电量的同时，可提高大多数低效机组的发电量。在北风向下，发电量提高的主要来源是 26、42、70 号等低效机组的增量；而在西西南风向下，由于此时尾流效应小，偏航协同控制仅能提高 12、16、65 号等少数机组的发电量，大多数机组仍保持未偏航状态，因此收效甚微。

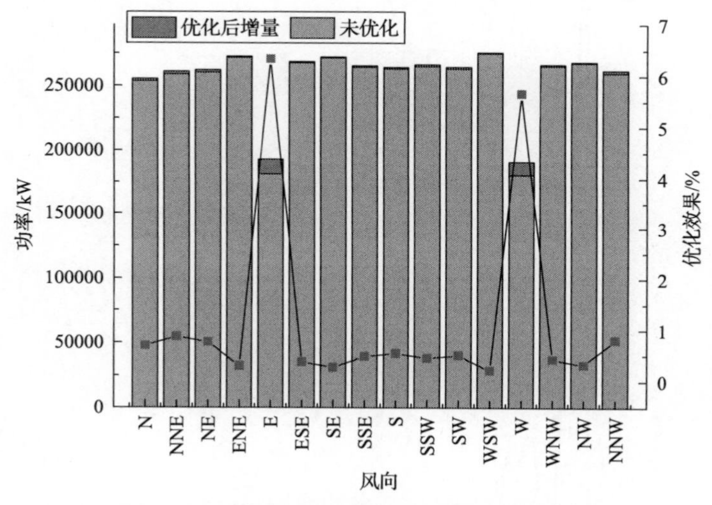

图 7-6　实际风电场偏航协同优化效果(10m/s)

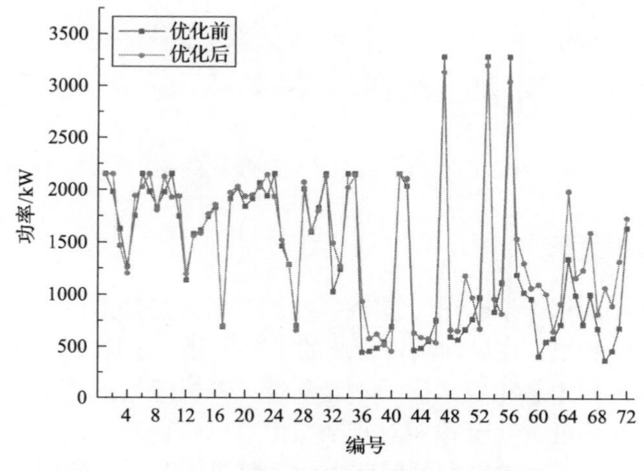

图 7-7　实际风电场东风向(E)偏航协同控制结果(8m/s)

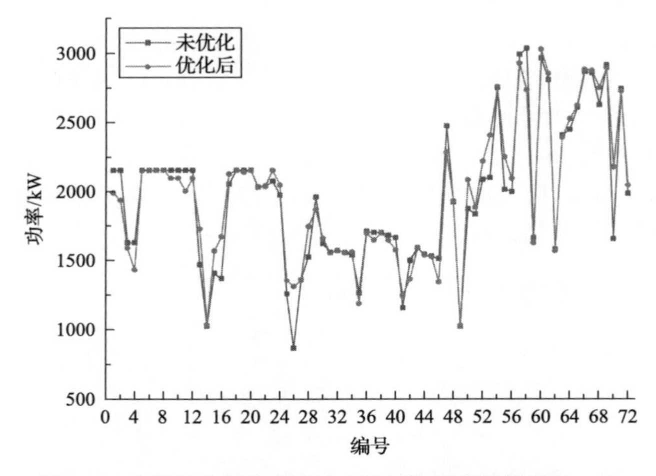

图 7-8　实际风电场北风向(N)偏航协同控制结果(8m/s)

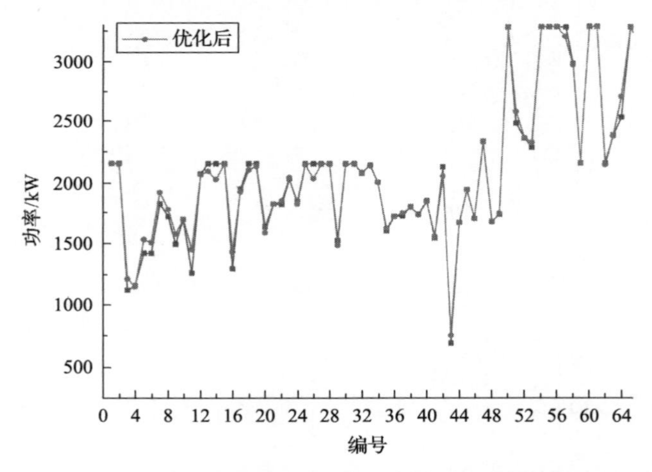

图 7-9　实际风电场西西南风向(WSW)偏航协同控制结果(8m/s)

7.3.2　优化方案分析

图 7-10 给出了不同风向下，实际风电场各机组经偏航协同优化后偏航角分布情况。可以看出，在风向刚好相反的情况下(N-S、W-E)，偏航角波动幅度类似，但因为风电场机组布局的不对称性，各机组的最优偏航角与风向相反时不同，偏航角的分布规律相对复杂。但可比较直观地发现，尾流效应强时(W-E)，风电机组需要更大的偏航角使下游机组避开上游偏转后的尾流；尾流效应(相对 W-E 风向)较弱时，只需要较小的偏航角即可实现上述效果。

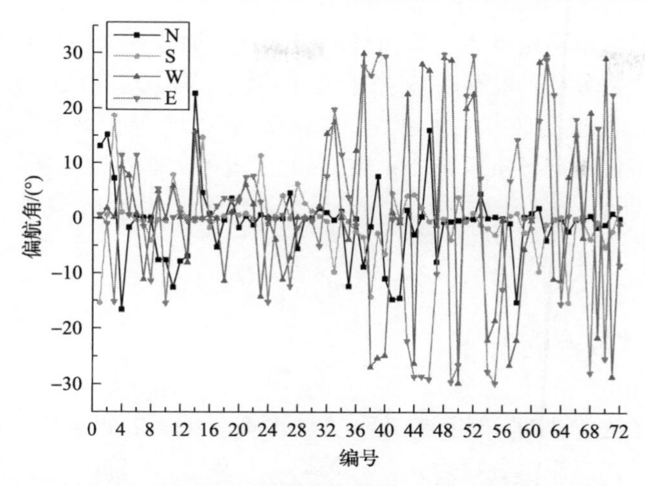

图 7-10　实际风电场各机组经偏航协同优化后偏航角分布情况(8m/s)

7.4　基于推力分配的功率协同控制

由 7.3 节的分析可知，即使是尾流效应最严重的东西两个风向，提升功率也仅占损失功率的 10%左右。单独采用偏航协同控制对于某些风向的优化效果不明显，因此设想在优化中加入新的变量，从而进一步提升功率。由于在不同风速下，推力控制采用跟踪推力系数曲线的方法，但实际上机组的推力系数也会直接影响偏航尾流演化，因此每台机组的推力不再根据原有风速-推力系数曲线控制，而是采用主动调整的控制方式，以达到推力分配协同优化的目的。在开展推力分配与偏航协同控制优化之前，有必要先单独采用推力分配协同优化进行研究。本节针对上述实际风电场，所有机组均采用正对风向的偏航控制方式，在风速为 8m/s 的情况下，对 16 个风向进行了推力分配协同控制优化研究。

7.4.1　优化方法

7.2 节的优化方法针对偏航角，其功率系数确定方法为根据风速读取推力系数，而在推力分配时需要人为给定推力系数。因此，需改变上述优化方法，具体包括如下几点：

1) 风电机组不再偏航，为简便处理，将尾流模型里的偏航角度设为 0°，计算下游风轮上的风速。

2）推力系数不再由推力系数曲线插值获取，而改为通过优化手段控制。

3）功率计算方法：根据动态风速-功率曲线计算出对应风速下的风能利用系数 C_p，相应地，根据动态风速-推力系数曲线建立 C_p 与推力系数 C_T 的关联。由于优化时直接给定各机组推力系数，因此通过推力系数对应的 C_p 计算功率，即与式（6-6）类似，为

$$P_i = \frac{1}{2} C_p \rho \frac{\pi D^2}{4} U_i^3 \tag{7-9}$$

式中，P_i——第 i 台功率；

ρ——空气密度。

4）遗传算法优化时，编码精度与方法改变。编码时每个推力系数采用 7 位二进制编码，当机组总数为 n_t 时，编码总长度为 $7n_t$ 位。

7.4.2　优化结果

图 7-11 为实际风电场推力分配协同控制优化效果。与偏航协同优化类似，当尾流效应比较明显时，优化效果也相对较高，除 E、W 和 SSW 风向外，其余风向下的优化效果均在 1%～2%。下面分别以 E 和 N 风向为例，分析每台机组的发电特性。

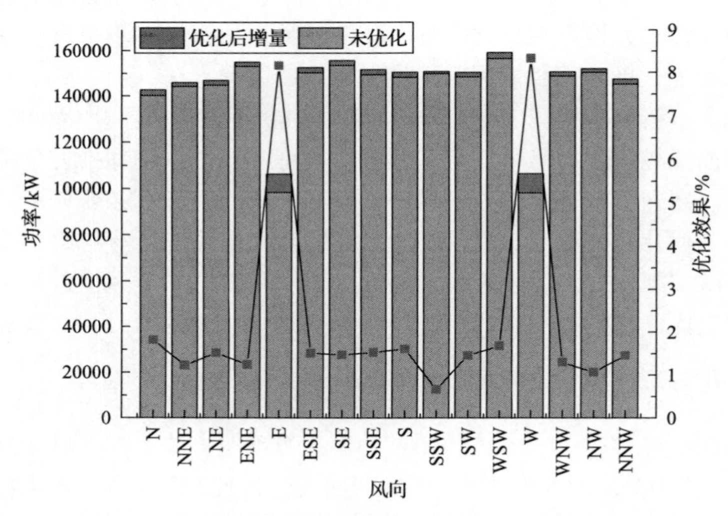

图 7-11　实际风电场推力分配协同控制优化效果（8m/s）

与偏航协同控制不同，推力分配控制的尾流不会偏转，只能依靠改变上

游机组的推力系数控制尾流速度大小，从而使整场捕获风能最大化。如图 7-12 所示，在东风风向下，通过推力控制损失了 1～31 号部分机组的发电量，但 32～72 号大部分机组的发电量明显提高，因而整场发电量得到了大幅提升。在北风向下(图 7-13)，尾流效应较小，功率明显提升的机组个数相对东风时明显减少，因此优化效果不如东风风向下显著。

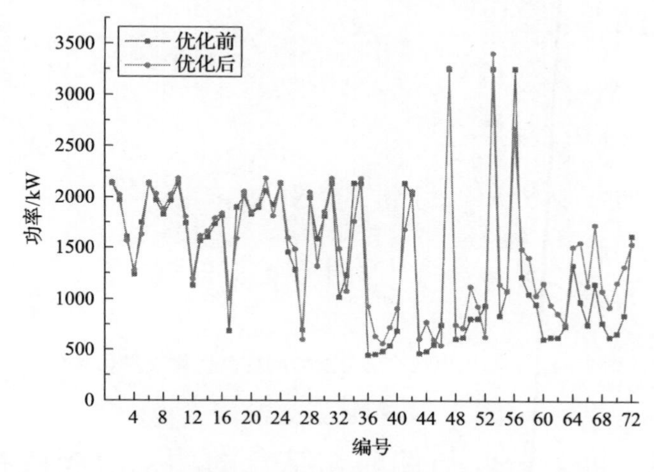

图 7-12 实际风电场东风向推力分配协同控制优化效果(8m/s)

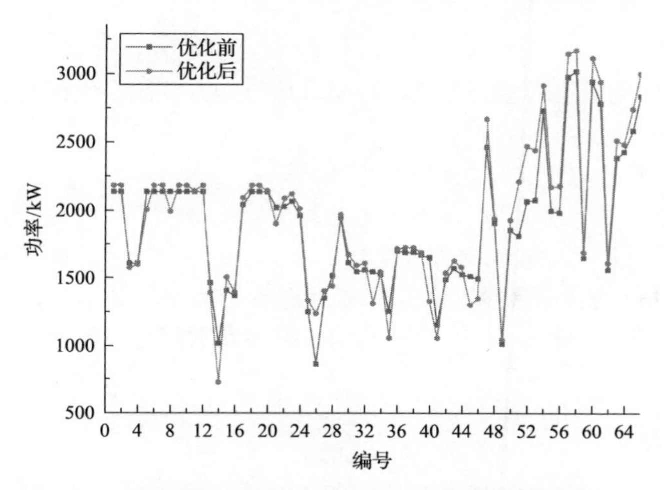

图 7-13 实际风电场北风向推力分配协同控制优化效果(8m/s)

图 7-14 显示了风速为 6m/s 时的优化效果，可以得出类似的结论：当风

速较低时，通过推力分配控制得到的相对优化效果更明显。

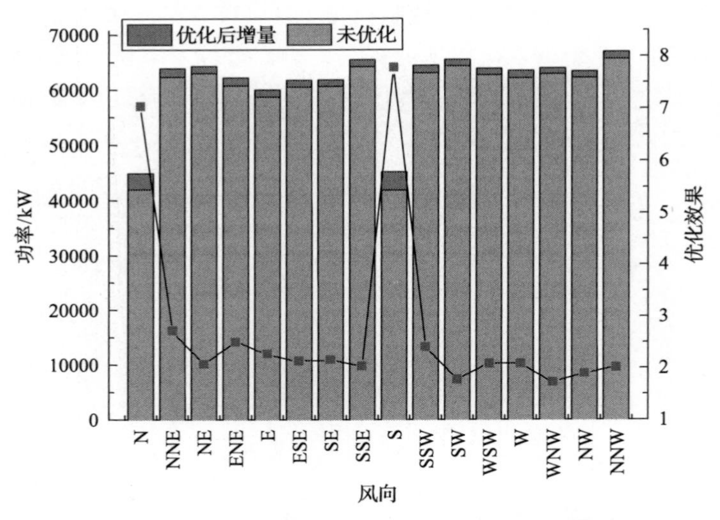

图 7-14　实际风电场推力分配协同控制优化效果(6m/s)

7.5　推力分配与偏航相结合的功率协同控制

7.5.1　优化方法

此时，优化变量增多为各机组的偏航角与推力系数，优化方法也有所改变，包括如下几点：

(1) 推力确定方法，与 7.4 节的方法相同；

(2) 功率计算方法，与 7.4 节的方法相同；

(3) 遗传算法优化时编码方式变化。

将偏航角与推力系数共同编码，机组总台数为 n_t，将各机组偏航角组合编码为二进制码的前 $8n_t$ 位，将各机组的推力系数组合编码为二进制码的后 $7n_t$ 位。

7.5.2　优化结果

图 7-15 显示了实际风电场推力分配与偏航协同控制优化效果。除东、西风两个风向外，优化前其余风向的发电功率都比较接近，整场发电功率经优化后的增量大都分布在 2%～3.5%范围内。

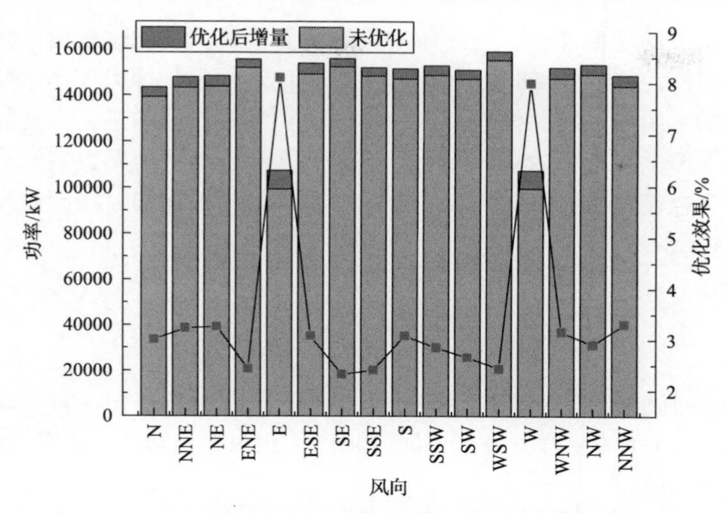

图 7-15　实际风电场推力分配与偏航协同控制优化效果(8m/s)

7.5.3　三种协同控制方法的对比

通过以上分析发现，在东、西风向下，实际风电场的尾流效应尤为明显，经过偏航协同优化提升的效果也很显著，以下将在 8m/s 风速下对北风风向下的优化结果进行分析。如图 7-16 所示，在北风风向时，尾流效应处于中等水平，优化前后部分机组如 14 号、26 号、35 号等发电量差异明显，单独的偏航协同控制将北风向时上游的 1～10 号机组偏航，损失它们的一部分功率，

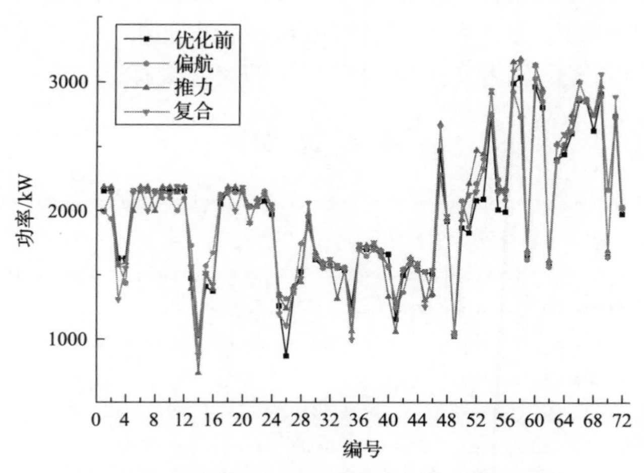

图 7-16　风电场北风偏航协同优化效果对比(8m/s)

换取下游机组的功率增长，最下游的机组无需偏航。因此这些最下游的机组功率明显提升，如 54～56 号、67～71 号机组。而附加推力控制手段以后，参与控制的机组增多，总体效果进一步改善。需要指出的是，在实际控制时由于控制误差的存在，效果并没有理论上那么高，而推力系数曲线分段不平滑特性更为控制增添了一定难度，因此尽管推力与偏航同时控制效果相对显著，实际控制中仍需要比较精准完善的控制技巧。

本章小结

本章通过遗传算法对风电场的协同控制进行了优化，包括对实际风电场的偏航协同控制优化、推力分配协同控制优化和两者相结合的协同控制优化，获得了如下结论：

(1) 对于尾流效应较强的风电场，通过偏航协同优化可显著提升整场发电量，且尾流效应越强，提升效率越大。

(2) 偏航协同优化、推力分配协同优化和两者相结合的协同控制优化均可有效的提升风电场发电效率。以实际风电场为例，一般情况下(以 8m/s 为例)，偏航协同优化和推力分配协同优化效果为 1%～2%；而二者同时控制的协同优化效果为 2%～3.5%，在尾流效应特别强烈的风向，最高效果可高达 8%。需要指出的是，本部分内容仅为笔者的初步研究结果，相关结论还有待进一步确认和完善。

(3) 风电场整场的协同控制方案较为复杂，偏航协同控制时，上游机组的偏航角会比中间的大，最下游机组不偏航；推力分配协同控制时，一般需减小上游机组的推力，而下游机组维持在较大的推力系数下运行，对于两者相结合的方案，笔者暂未获得有意义的统计规律。

参考文献

[1] Dou B, Qu T, Lei L, et al. Optimization of wind turbine yaw angles in a wind farm using a three-dimensional yawed wake model[J]. Energy, 2020(209): 118415.

[2] Qian G W, Ishihara T. Wind farm power maximization through wake steering with a new multiple wake model for prediction of turbulence intensity[J]. Energy, 2021(220): 119680.

[3] Bastankhah M, Porté-Agel F. Experimental and theoretical study of wind turbine wakes in yawed conditions[J]. Journal of Fluid Mechanics, 2016(806): 506-541.

[4] Howland M F, Lele S K, Dabiri J O, et al. Wind farm power optimization through wake steering[J]. Proceedings of the National Academy of Sciences of the United States of America, 2019, 116(29): 14495-14500.

第 8 章　城市街区与中型风电机组的相互作用

8.1　引　　言

人们在风电机组尾流演化和城市环境研究中均取得了重要认识，却很少将两者结合起来。为增加在该领域的新认识，本章将通过大涡模拟方法揭示街区前风电机组和城市街区环境的相互作用。以 16 个立方体形状的建筑组成的城市街区为研究对象，在其上游布置一台中型水平轴风电机组，重点揭示城市街区对上游风电机组的尾流演化影响和风电机组尾流对下游城市街区流动的影响[1]。

8.2　算 例 设 置

在城市环境中，经常采用高度简化的模型小区获得街区流动的物理认识[2-4]。图 8-1 显示了街区前风电机组和城市街区组合模型，采用 16 个等间距排列的立方体形状的建筑模拟实际小区，立方体高度为 h，在小区前方 $8h$ 处布置一台中型水平轴风电机组，风轮正对后方中心街区。风电机组轮毂高度为 $2h$，风轮直径 $D=2h$，距离城市街区为 $8h$。为生成湍流入口，采用前驱计算方法对空计算域半槽道（无风电机组和城市街区）流动进行计算，计算收敛后保存一定时间序列的瞬时速度场，作为主计算区域的入流[5]。前驱域和主计算域 $L_x \times L_y \times L_z$ 均为 $48h \times 16h \times 9h$，h=10m，对应的节点分布 $N_x \times N_y \times N_z$ 为 384×128×72，在三个方向上网格均匀分布，即 dx=dy=dz。在立方体表面采用和式（2-11）相同的壁函数，壁面粗糙度 $z_0=10^{-4}h$。其具体的算例设置如

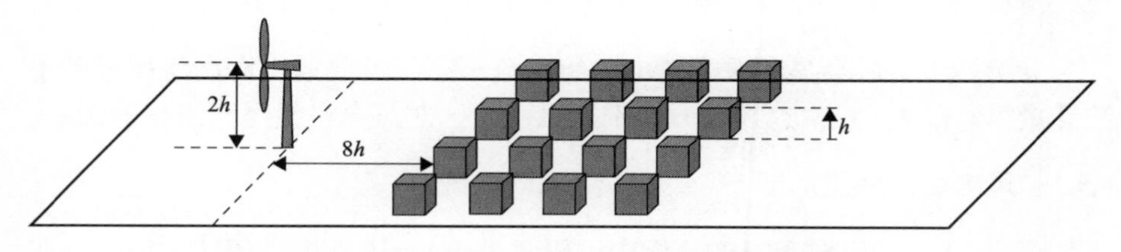

图 8-1　街区前风电机组和城市街区组合模型

表 8-1 所示，用符号 TU 表示风电机组和城市街区算例，OT 表示单独风电机组算例，OU 表示单独城市街区算例。

表 8-1　算例设置

算例	计算域 $L_x \times L_y \times L_z$	节点 $N_x \times N_y \times N_z$	建筑高 h/m
OT	$48h \times 16h \times 9h$	384×128×72	10
OU	$48h \times 16h \times 9h$	384×128×72	10
TU	$48h \times 16h \times 9h$	384×128×72	10

图 8-2 显示了入流平均速度和湍流度随高度的变化。统计时间长度约为 60 个无量纲时间单位，时间样本数约为 30 万步。在风电机组轮毂高度处对应来流速度约为 12.154m/s，湍流度约为 0.073。在该算例中，对应边界层厚度约为 90m，此时模型小区和风电机组完全浸没在边界层底部。在后续研究中，入口平均速度和湍流度将作为参考基准，用于求解速度损失或展示湍流度变化。

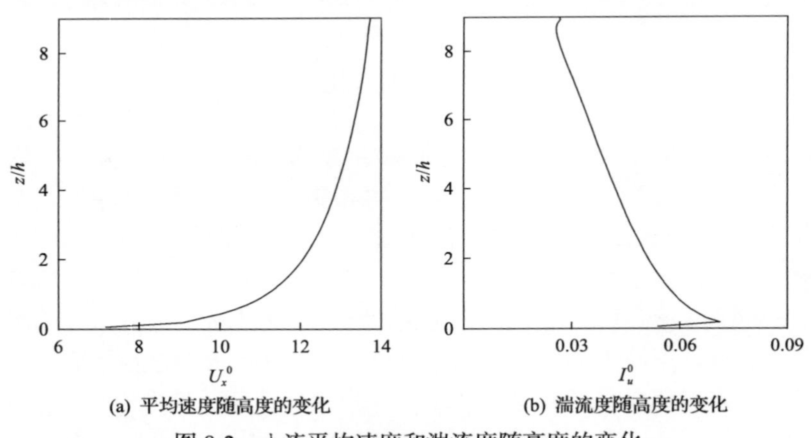

(a) 平均速度随高度的变化　　(b) 湍流度随高度的变化

图 8-2　入流平均速度和湍流度随高度的变化

8.3　街区作用下风电机组的尾流演化

下游城市街区会显著改变风电机组尾流形态、恢复速度和湍流度等基本统计量。本节将重点从这三个方面阐述城市街区对风电机组尾流演化的影响。

8.3.1　风电机组尾流形态

图 8-3 显示了 OT 和 TU 算例中过轮毂中心 x-z 平面的尾流速度损失分布云图风电机组尾流速度损失云图，本节采用风电机组轮毂高度处的速度 U_{hub}

进行归一化。为方便对比，分别给出了 OT 算例和 TU 算例的风电机组尾流演化情况。如图 8-3(b)所示，在下游城市街区的阻塞作用下，底部大气被排挤至街区上方并形成高速流动，风电机组尾流被显著抬升。在城市街区上方，风电机组尾流损失大幅减少。尾流通过城市街区后，在平均下洗运动下，尾流出现些许下沉。为显示风电机组尾流的演化情况，对通过风轮的流管进行分析。为生成包含风轮的流管，在风轮圆盘周线选取等间距的 100 个点，根据平均速度场将通过每个点的流线画出。在流管内，平均流量无法穿透侧壁，通过流管各截面的流量处处相等。图 8-3(b)进一步画出了通过风轮中心的流线和过风轮平面流管的尾流中心。流管的尾流中心求解如下：

$$y_{\mathrm{c}}=\frac{\iint_{\Omega} y\Delta U(x,y,z)\mathrm{d}y\mathrm{d}z}{\iint_{\Omega} \Delta U(x,y,z)\mathrm{d}y\mathrm{d}z} \tag{8-1}$$

$$z_{\mathrm{c}}=\frac{\iint_{\Omega} z\Delta U(x,y,z)\mathrm{d}y\mathrm{d}z}{\iint_{\Omega} \Delta U(x,y,z)\mathrm{d}y\mathrm{d}z} \tag{8-2}$$

式中，Ω——流管的流向截面，下文中的 Ω 与此处意义相同。

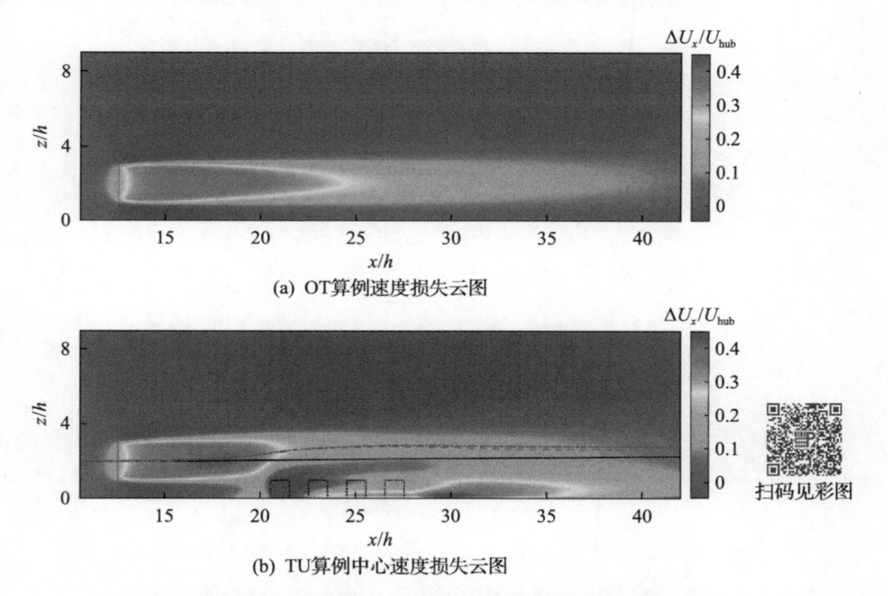

图 8-3　过轮毂中心 x-z 平面的速度损失分布云图

实线为 OT 算例流管中心线，虚线为 TU 算例流管中心线，点画线是 TU 算例通过风轮中心的流线

可以看到，风电机组尾流中心和通过风轮平面中心点的流线并不重合，这说明在尾流上部和下部存在明显的动量输运和能量输运。受尾流下方街区的影响，尾流上部和下部表现出显著差异，下部恢复速度高于尾流上部恢复速度，尾流速度中心向上部偏移。

图 8-4 给出了 OT 算例和 TU 算例距风机不同位置处 x 方向流管截面形状分布。为方便对比，同时给出了 TU 算例和 OT 算例的流管形状。在近场尾流区，受风电机组阻滞作用，流速减小，流管膨胀，如图 8-4(a)所示；当尾流演化接近城市街区时，流管出现明显抬升和形状的变化，如图 8-4(b)所示；在街区上方，尾流展向膨胀明显大于垂直方向膨胀，流管近似椭圆形，如图 8-4(c)所示；在通过街区后，建筑后方出现流动分离并伴随有较强的下洗运动，导致尾流下部两侧向下方凸起，如图 8-4(d)所示。上文指出，风轮中心

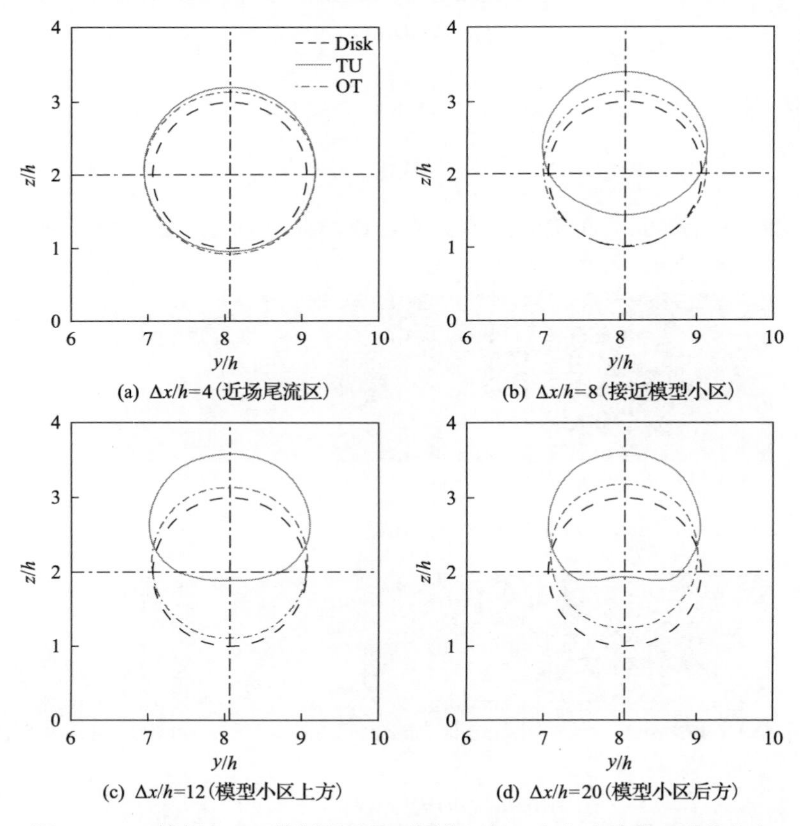

(a) $\Delta x/h$=4(近场尾流区)

(b) $\Delta x/h$=8(接近模型小区)

(c) $\Delta x/h$=12(模型小区上方)

(d) $\Delta x/h$=20(模型小区后方)

图 8-4 OT 算例和 TU 算例距风机不同位置处 x 方向流管截面形状分布

虚线是致动盘形状，实线、点画线分别指 TU 算例、OT 算例通过风轮平面的流管截面形状

对应城市街区中心街道，在街区后方下洗运动较弱，因而尾流下部中心位置下沉不明显。

8.3.2　风电机组尾流演化机理

为定量描述尾流的恢复程度，定义速度 u 的积分量为

$$[u]=\frac{\iint_{\Omega}u(x,y,z)\mathrm{d}y\mathrm{d}z}{\iint_{\Omega}\mathrm{d}y\mathrm{d}z} \tag{8-3}$$

式(8-3)的物理意义是沿 x 方向过风轮平面流管内的积分速度。将积分速度以轮毂高度处的速度 U_{hub} 进行归一化，图 8-5 显示了 TU 算例归一化积分速度 $[u]$ 在风电机组下游的变化，同时也给出了 OT 算例归一化积分速度 $[u]$ 作为对比。如图 8-5 所示，城市街区显著改变了上游风电机组尾流的恢复速度。在街区前方，尾流损失有所增加；在街区正上方，尾流恢复显著加快；在街区后方，尾流恢复速度减缓，最终城市街区的影响不明显。

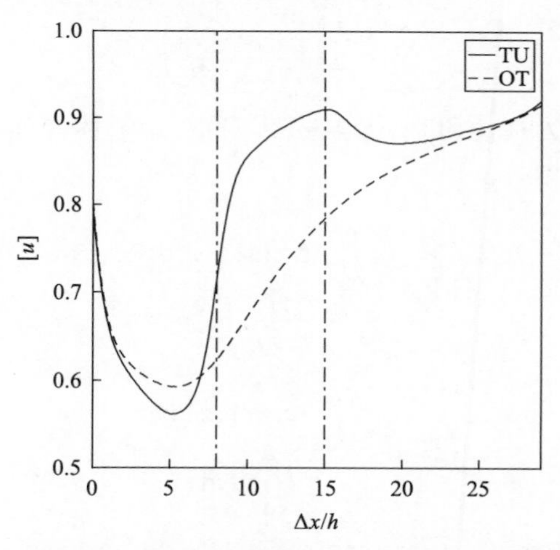

图 8-5　TU 算例和 OT 算例流管中归一化积分速度 $[u]$ 流向分布

平均动能输运方程是揭示风电机组尾流恢复机理的常用手段，如 Yang 等[6]采用该方程对山体后方风电机组的尾流恢复机理进行了研究，Abkar 和 Porté-Agel[7]通过该方法揭示了在不同湍流强度下湍流输运对尾流恢复的关键作用。本节将通过分析平均动能输运方程，揭示模型小区对风电机组尾流恢复的影响机理。将式(2-2)两侧同乘以过滤的速度场 $\overline{u_i}$，可得平均动能的输运

方程：

$$0=\underbrace{-\frac{1}{2}\overline{u}_j\frac{\partial\overline{u}_i\overline{u}_j}{\partial x_j}}_{\text{(MC)}}\underbrace{-\frac{\partial\left(\overline{u}_i\overline{u_i^{'}u_j^{'}}\right)}{\partial x_j}}_{\text{(TC)}}\underbrace{+\overline{u_i^{'}u_j^{'}}\frac{\partial\overline{u}_i}{\partial x_j}}_{\text{(TP)}}\underbrace{-\frac{\partial\overline{p}}{\partial x_i}\overline{u}_i}_{\text{(PT)}}\underbrace{+\frac{\partial\left(\overline{u}_i\overline{\tau}_{ij}\right)}{\partial x_j}}_{\text{(DF)}}\underbrace{-\tau_{ij}\frac{\partial\overline{u}_i}{\partial x_j}}_{\text{(DP)}} \tag{8-4}$$

式中，MC——平均对流对平均动能输运的贡献；

TC——湍流输运对平均动能的贡献；

TP——湍动能的产生项，代表在平均剪切作用下，由平均动能向湍流传递的能量；

PT——压力相关项，代表压力梯度对平均动能的贡献；

DF——扩散项；

DP——耗散项。

式(8-4)中，$\tau_{ij}=2(\nu+\nu_t)S_{ij}$，包括黏性应力和亚格子应力。应力张量可表示为

$$S_{ij}=\frac{1}{2}\left(\frac{\partial\overline{u}_i}{\partial x_j}+\frac{\partial\overline{u}_j}{\partial x_i}\right) \tag{8-5}$$

和 Yang 等[6]、Abkar 和 Porté-Agel[7]不同，对上述各项在流管截面进行积分，获得了各项的积分量：

$$[\mathrm{MC}]=\frac{\iint_{\Omega}\mathrm{mc}(x,y,z)\mathrm{d}y\mathrm{d}z}{\iint_{\Omega}\mathrm{d}y\mathrm{d}z} \tag{8-6}$$

$$[\mathrm{TC}]=\frac{\iint_{\Omega}\mathrm{tc}(x,y,z)\mathrm{d}y\mathrm{d}z}{\iint_{\Omega}\mathrm{d}y\mathrm{d}z} \tag{8-7}$$

$$[\mathrm{TP}]=\frac{\iint_{\Omega}\mathrm{tp}(x,y,z)\mathrm{d}y\mathrm{d}z}{\iint_{\Omega}\mathrm{d}y\mathrm{d}z} \tag{8-8}$$

$$[\mathrm{PT}]=\frac{\iint_{\Omega}\mathrm{pt}(x,y,z)\mathrm{d}y\mathrm{d}z}{\iint_{\Omega}\mathrm{d}y\mathrm{d}z} \tag{8-9}$$

$$[\mathrm{DF}]=\frac{\iint_{\Omega}\mathrm{df}(x,y,z)\mathrm{d}y\mathrm{d}z}{\iint_{\Omega}\mathrm{d}y\mathrm{d}z} \tag{8-10}$$

$$[\mathrm{DP}]=\frac{\iint_{\Omega}\mathrm{dp}(x,y,z)\mathrm{d}y\mathrm{d}z}{\iint_{\Omega}\mathrm{d}y\mathrm{d}z} \tag{8-11}$$

式中，Ω——过风轮平面流管不同流向截面的积分区域；

[]——表示 MC、TC、TP、PT、DF、DP 等各项对长度为 dx 的流管控制体平均动能的总体贡献，本节以轮毂高度处速度的三次方 U_{hub}^3 为参考对各项进行归一化。

由式(8-4)可以看出，[MC]、[TC]、[DF]代表控制体与外部流体之间的能量转移，主要取决于边界物理量的差异。以[TC]项为例，当[TC] > 0 时，代表通过边界湍流由外部向内部输送了平均动能。[PT]、[TP]、[DP]代表平均动能的源项。[TP]量化了平均动能转化为湍动能所造成的平均动能损失总和，[PT]和[DP]则分别代表压力梯度做功和耗散作用所造成的平均动能的耗散。

图 8-6(a)和(b)分别给出了 TU 算例和 OT 算例中上游风电机组尾流平均动能各输运项随下游距离 Δx 的变化。在近尾流区 $\Delta x/h<4$，风电机组尾流演化主要由压力项[PT]主导。由于风电机组的遮挡效应，两个算例风电机组后方均形成低压区。在逆压梯度下，压力项对尾流平均动能的贡献为负，风电机组尾流出现明显的减速。当尾流演化接近城市街区时尾流被抬升，同时

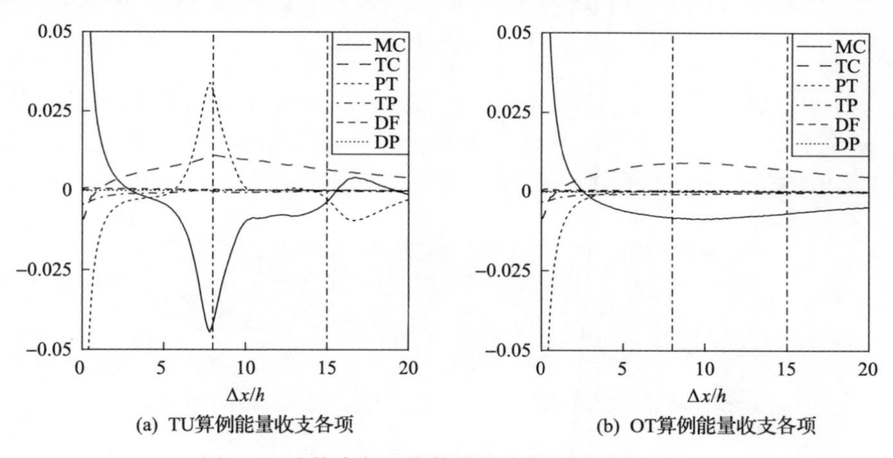

(a) TU算例能量收支各项　(b) OT算例能量收支各项

图 8-6　流管中归一化能量收支各项沿流向分布

沿流动方向形成有利的压力梯度[图 8-7(a)]，加速了尾流恢复。此时，压力占主导作用，风电机组尾流演化表现出与山体相似的模式[8]，街区上游形成高压区，这促使风电机组尾流的抬升和快速恢复。但是，街区和二维山体的显著不同是，山体表面光滑且上升缓慢，因此山体的迎风侧(长度约为几倍风电机组的直径)的湍流强度较小，并且存在明显的有利压力梯度[9]；而本章研究的建筑物阵列属于典型的 D 型粗糙表面[图 8-7(b)][9]，流动转换比山体绕流要快得多。

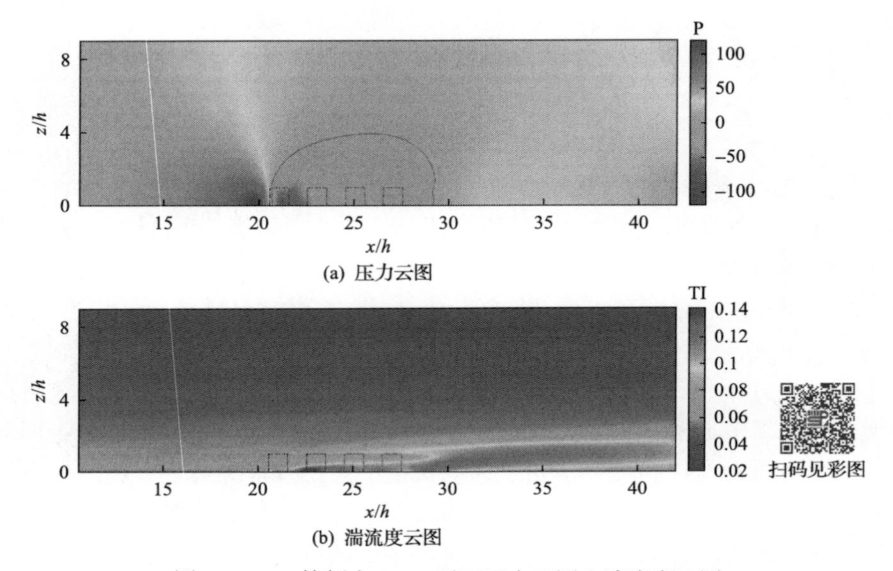

(a) 压力云图

(b) 湍流度云图

图 8-7　OU 算例中心 x-z 平面压力云图和湍流度云图

P-压力；TI-湍流度

图 8-8 显示了过风电机组轮毂中心 x-z 平面的附加湍流强度云图。对于 TU 算例和 OT 算例，风电机组尾流湍流强度峰值都出现在上部剪切区域。在城市街区的位置，湍流强度表现出与速度损失相似的模式。

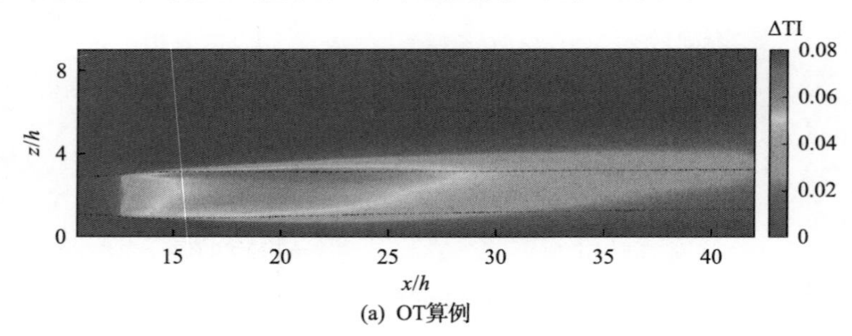

(a) OT算例

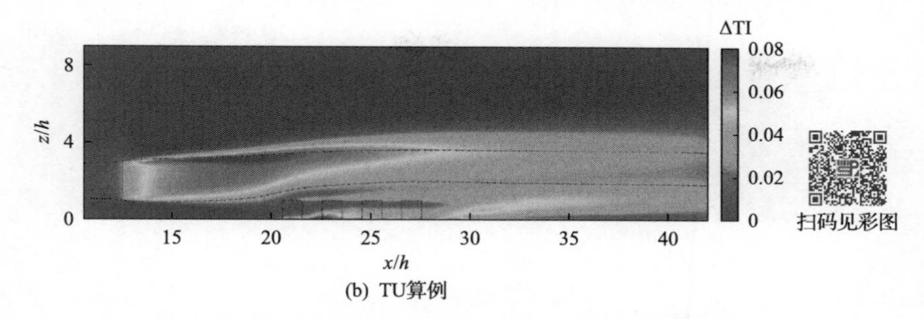

(b) TU算例

图 8-8　过风电机组轮毂中心 x-z 平面的附加湍流强度云图

8.4　风电机组对街区风环境的影响

人们对城市街区的风环境给予了广泛关注。在城市区域安装风电机组，风电机组尾流可能会严重影响城市街区的流动情况。因此，本节将分析风电机组对城市街区风速和湍流度的影响。

8.4.1　街区中速度分布

为量化风电机组对市区风速的影响，定义：

$$\Delta U_{\mathrm{OU}} = U_{\mathrm{inflow}} - U_{\mathrm{OU}} \tag{8-12}$$

$$\Delta U_{\mathrm{TU}} = U_{\mathrm{inflow}} - U_{\mathrm{TU}} \tag{8-13}$$

式中，U_{OU}——OU 算例的时均速度场；

U_{inflow}——入流速度；

ΔU_{OU}——城市街区造成的速度损失，同样以来流在风电机组轮毂高度处的速度进行归一化；

U_{TU}——TU 算例的时均速度场；

ΔU_{TU}——风电机组和城市街区共同作用下的速度损失。

风电机组对城市街区平均风速的影响可以用ΔU_{TU}–ΔU_{OU}描述，图 8-9(a)～(c)分别显示了 x-y 平面在 $z/h = 0.2$、0.5、0.8 的归一化速度差云图。上文指出，对于这两种算例，采用一致的入流条件。如图所示风电机组的尾流影响主要集中在街区的三个流向街道上，且风速显著降低；而建筑物正后方的速度损失主要是建筑物的遮挡引起的，受风电机组尾流的影响较小。

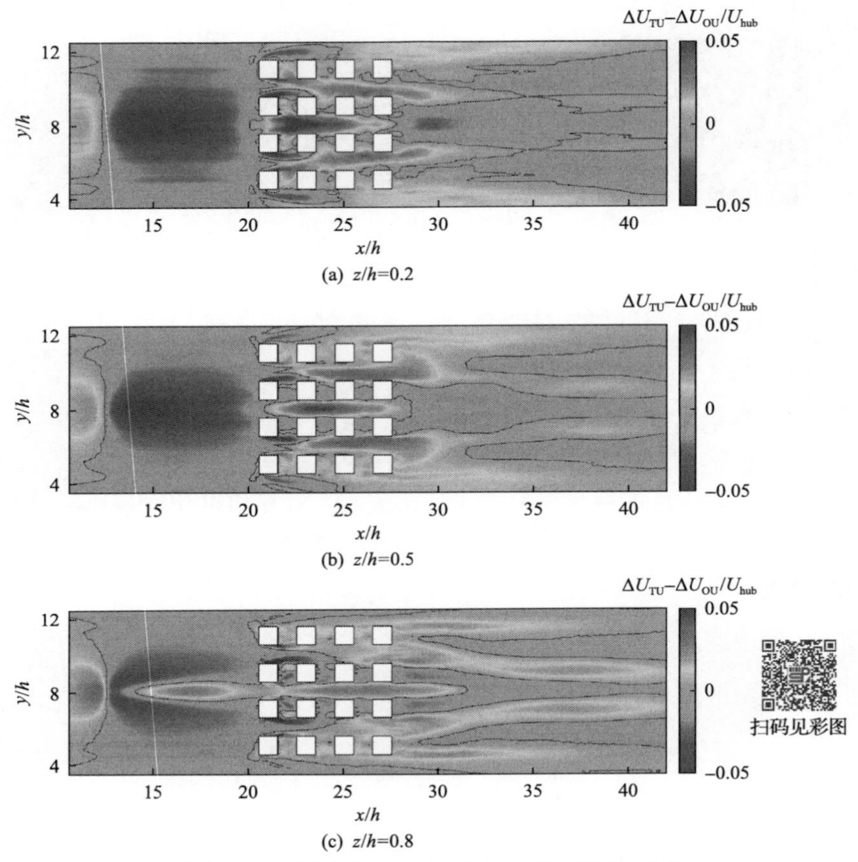

(a) z/h=0.2

(b) z/h=0.5

(c) z/h=0.8

图 8-9　不同高度 x-y 平面的归一化速度差云图

图中黑实线代表$\Delta U_{TU}-\Delta U_{OU}=0$

图 8-10(a)和(b)显示了城市街区中间街道(流向正对风电机组后方)和两侧街道的平均风速。为了对比，图 8-10 还给出了 TU 算例和 OU 算例的平均速度。与图 8-9 一致，图 8-10 给出了在三个高度处($z/h=0.2$、0.5、0.8)速度沿流向的变化。可见在三个流向街道的入口区域，由于两侧建筑物的狭管效应，速度增加，随着流动向下游发展，由于建筑物和地面的滞留(阻滞)效应，街道中的风速逐渐降低。上游风电机组的尾流效应使街区上方的速度大大降低，上方的高速流动对街区内部的驱动作用减弱，使街道中的风速减小。对比中间街道和两侧街道，可见两侧街道受尾流的影响较弱，在 z/h=0.2、0.5、0.8 高度上，通过计算可知风电机组尾流造成中间街道的平均速度损失最高达 11.18%、7.39%、4.45%；而在两侧街道，这一数值约为 7.52%、5.24%、2.17%。

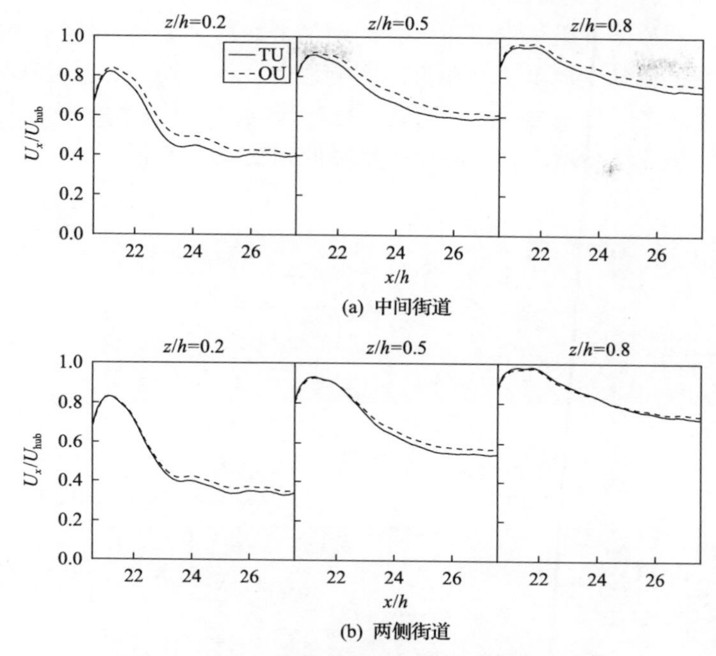

图 8-10　城市街区沿流向街道的平均速度变化

8.4.2　街区中湍流度分布

与平均速度相似，定义：

$$\Delta TI_{OU} = TI_{OU} - TI_{inflow} \tag{8-14}$$

$$\Delta TI_{TU} = TI_{TU} - TI_{inflow} \tag{8-15}$$

式中，TI_{OU}——OU 算例湍流度；

TI_{inflow}——入流湍流度；

ΔTI_{OU}——由于城市街区作用造成的湍流度增加值；

TI_{TU}——TU 算例湍流度；

ΔTI_{TU}——由风电机组和城市街区共同作用造成的附加湍流强度。

本节用$\Delta TI_{TU}-\Delta TI_{OU}$量化风电机组对城市街区内湍流强度的影响。

图 8-11 显示了在三个不同高度($z/h = 0.2$、0.5、0.8)时 x-y 平面上$\Delta TI_{TU}-\Delta TI_{OU}$的云图分布。在靠近街区底部，湍流主要由内部的风切变引起，由于街区内平均风速降低，风切变减小，相应的湍流强度减小。与中间街道不同，

两侧街道的湍流强度受风电机组干扰而增加。在街区顶部，特别是中间街道的入口区域，流动受风电机组尾流的影响显著，在此处，加速区和风电机组的尾流低速区之间出现强烈的风剪切。随着流动向街区下游演化，与 OU 算例相比，风切变逐渐减小，湍流产生量降低到更低的水平。

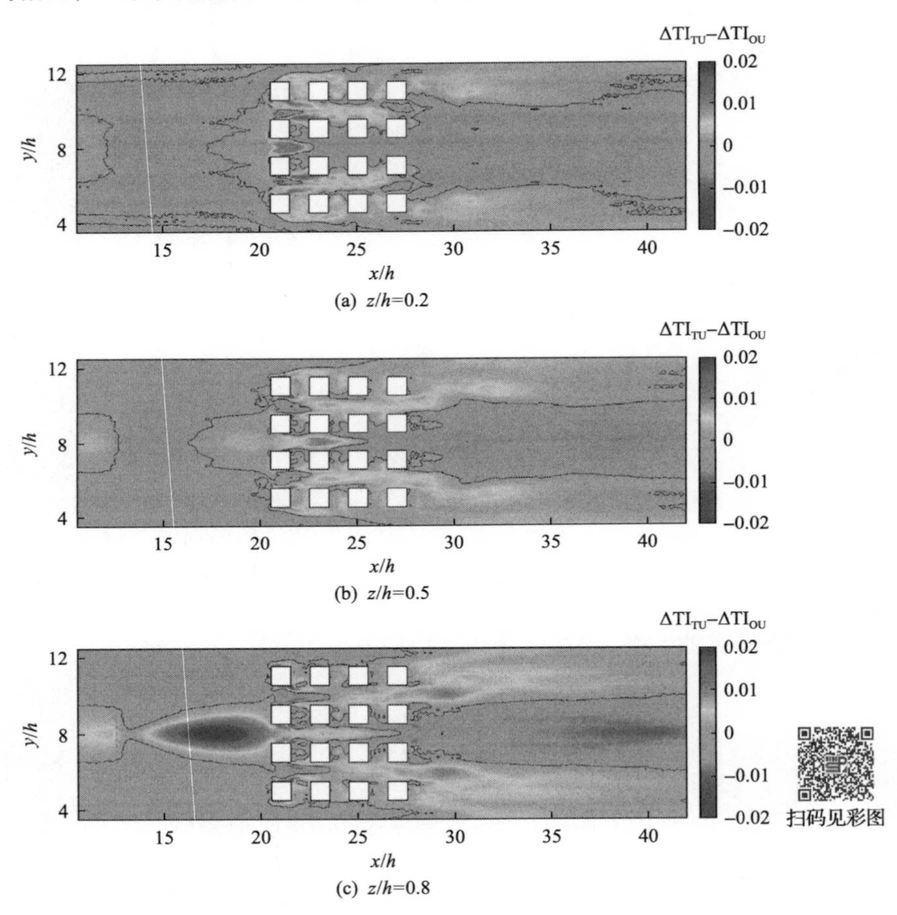

图 8-11　三个不同高度时 x-y 平面上$\Delta TI_{TU}-\Delta TI_{OU}$的云图分布

黑线指$\Delta TI_{TU}-\Delta TI_{OU}=0$

本 章 小 结

本章建立了城市街区与上游中型风电机组的组合模型，讨论了两者之间的相互作用。采用流管分析法展示了街区作用下风电机组的尾流演化形态，采用能量收支法对流管中的湍流特征量进行统计，揭示了街区作用下风电机组的尾流演化机理；通过距离地面不同高度的街区水平截面展示了风电机组尾流对街区环境(速度、湍流度)的影响。本章得到的主要结论如下：

(1)由于街区的阻塞作用，建筑物阵列的上游形成了一个高压区域。在压力梯度作用下，风电机组尾流的轨迹被显著抬升，尾流恢复速度更快。在街区下游，由于建筑物阵列后方的下洗运动，风电机组的尾流轨迹略微下沉。

(2)风电机组尾流的影响主要集中在流向街道，特别是位于风电机组尾迹下方的街道。由于风电机组的遮挡作用，尾流区域的速度降低，从而对街区中流动的驱动作用减弱，因此降低了三个街道的风速，减弱了街道入口区域的狭管效应。此外，在风电机组尾迹下方的街区底部，湍流强度降低；而在街区顶部，街区的入口区域和风电机组的低速尾流区域之间出现强剪切力，湍流强度增加。

参 考 文 献

[1] Ge M, Zhang S, Meng H, et al. Study on interaction between the wind-turbine wake and the urban district model by large eddy simulation[J]. Renewable Energy, 2020(157): 941-950.

[2] Kanda M. Large-eddy simulations on the effects of surface geometry of building arrays on turbulent organized structures[J]. Boundary-Layer Meteorology, 2006, 118(1): 151-168.

[3] Blackman K, Perret L. Non-linear interactions in a boundary layer developing over an array of cubes using stochastic estimation[J]. Physics of Fluids, 2016, 28(9): 095108.

[4] Chen L, Hang J, Sandberg M, et al. The impacts of building height variations and building packing densities on flow adjustment and city breathability in idealized urban models[J]. Building and Environment, 2017(118): 344-361.

[5] Stevens R J A M, Graham J, Meneveau C. A concurrent precursor inflow method for Large Eddy Simulations and applications to finite length wind farms[J]. Renewable Energy, 2014(68): 46-50.

[6] Yang X, Howard K B, Guala M, et al. Effects of a three-dimensional hill on the wake characteristics of a model wind turbine[J]. Physics of Fluids, 2015, 27(2): 025103.

[7] Abkar M, Porté-Agel F. Influence of atmospheric stability on wind-turbine wakes: A large-eddy simulation study[J]. Physics of Fluids, 2015, 27(3): 035104.

[8] Shamsoddin S, Porté-Agel F. Wind turbine wakes over hills[J]. Journal of Fluid Mechanics, 2018(855): 671-702.

[9] Raupach M R, Antonia R A, Rajagopalan S. Rough-wall turbulent boundary layers[J]. Applied Mechanics Reviews, 1991, 44(1): 1-25.

第 9 章　屋顶小型风电机组与城市街区的相互作用

9.1　引　　言

小型屋顶风电机组是城市风电发展的重要方式，但人们对城市街区周围的风资源特性、屋顶风电机组发电特性、屋顶风电机组对街区环境等还缺乏认识。针对此问题，本章采用致动盘模型模拟风电机组，以 16 个立方体形状的等距建筑代表城市街区，对街区的屋顶风电进行研究，着重分析城市街区周围的风资源特性、屋顶风电机组的发电特性和屋顶风电机组对街区风环境的影响。

9.2　算 例 设 置

在当前模拟研究中，建筑物以理想的壁挂式立方体表示。图 9-1 显示了城市街区与小型风电机组一体化模型，其中等距排列了 16 个等高的立方体建筑（$h\times h\times h$，h=20m），在每个建筑屋顶中部安装了风轮直径 D=0.25h 的小型水平轴风电机组。

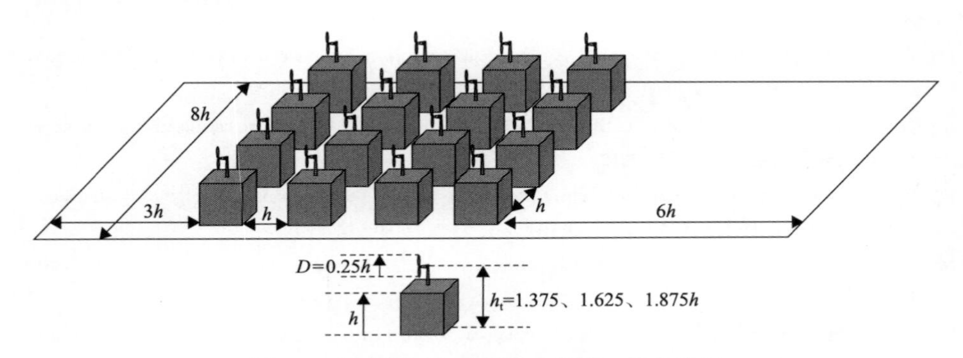

图 9-1　城市街区与小型风电机组一体化模型

如图 9-1 所示，城市街区距计算域入口为 3h；后方设置了 6h 距离，用于观察城市街区的尾流演化。为了产生充分发展的湍流入流，这里采用了与第 8 章相同的前驱计算方法[1]。首先在恒定压力梯度条件下获得充分发展的半槽道湍流流动，获得计算域收敛的瞬时速度后将其作为主计算域的入流。图 9-2 显示了入流速度和流向湍流强度廓线，建筑高度 h=20m 处，来流速度为 11.9918m/s，湍流度为 0.0641，边界层高度为 120m，城市街区完全浸没在大气边界层中。前驱域和主计算域大小均为 16h(L_x=320m)×8h(L_y=160m)×6h(L_z=120m)，在流向、展向、垂向上分别布置 384(N_x)、192(N_y)、144(N_z)网格，各方向上网格分辨率一致。对于每个立方体建筑和每个致动盘，分别采用 24×24×24 和 6×6 的网格进行解析，满足网格分辨率要求。

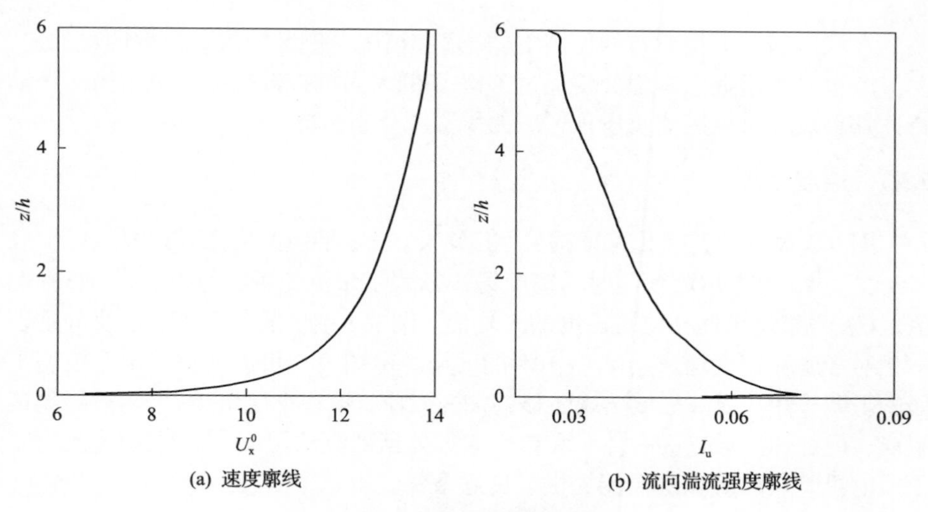

(a) 速度廓线　　(b) 流向湍流强度廓线

图 9-2　入流剖面廓线

本研究共计算七个算例，包括城市街区算例和屋顶风电机组算例，轮毂高度分别为 h_t=1.375h(距屋顶 1.5D)、h_t=1.625h(距屋顶 2.5D)、h_t=1.875h(距屋顶 3.5D)，D 为风轮直径。为进行比较，对相同轮毂高度的单独风电机组阵列算例也进行了计算。这里用 WTUMx 代表屋顶风电机组一体化算例，其中 x=1、2、3 分别对应于 h_t=1.375h、1.625h、1.875h；单独风电机组算例用 WTx 表示；城市街区算例用 UM 表示。表 9-1 给出了具体算例设置。

表 9-1　屋顶风电机组算例设置

算例	$L_x \times L_y \times L_z$	$N_x \times N_y \times N_z$	h/m	h_t
UM	$16h \times 8h \times 6h$	384×192×144	20	—
WT1	$16h \times 8h \times 6h$	384×192×144	20	$1.375h$
WTUM1	$16h \times 8h \times 6h$	384×192×144	20	$1.375h$
WT2	$16h \times 8h \times 6h$	384×192×144	20	$1.625h$
WTUM2	$16h \times 8h \times 6h$	384×192×144	20	$1.625h$
WT3	$16h \times 8h \times 6h$	384×192×144	20	$1.875h$
WTUM3	$16h \times 8h \times 6h$	384×192×144	20	$1.875h$

9.3　城市街区周围的风资源特性

在城市街区大量建筑的作用下，屋顶和街区两侧区域流动出现明显加速，湍流度也显著增强。本部分将通过 UM 算例大涡模拟数据揭示城市街区流动特性并重点分析街区建筑屋顶区域的风资源分布情况。

9.3.1　速度分布

图 9-3 显示了归一化速度损失 $\Delta U_x/U_{0h}$ 在 x-z 平面的云图。其中，$\Delta U_x = \langle u \rangle - U_0$，$\langle u \rangle$ 表示流场的时均速度场，U_0 表示来流速度的时空（y 方向）平均值，U_{0h} 为来流风速在建筑高度的平均值。图 9-3 中，黑色实线、虚线分别表示相对于来流速度增大、减小 10%的区域。由图 9-3 可以看到，由于模型小区的阻塞作用，顶部区域出现明显的加速效应。模型小区由 16 个离散的建筑组成，但加速区域连为一体，和单个立方体顶部流动相似[2-4]。该加速区为屋顶风电机组获取更多的风能提供了良好条件。

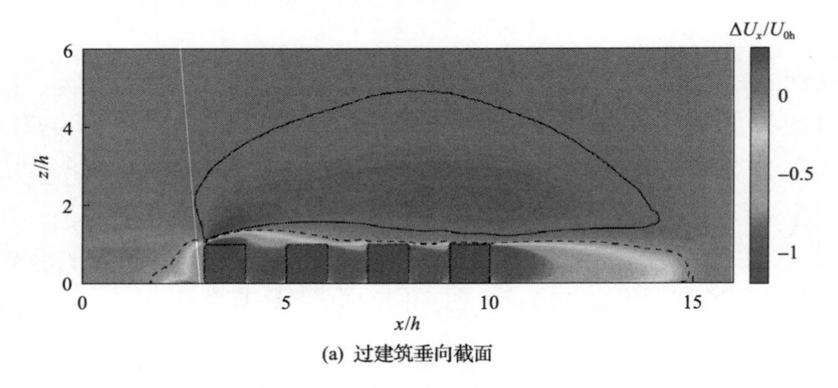

(a) 过建筑垂向截面

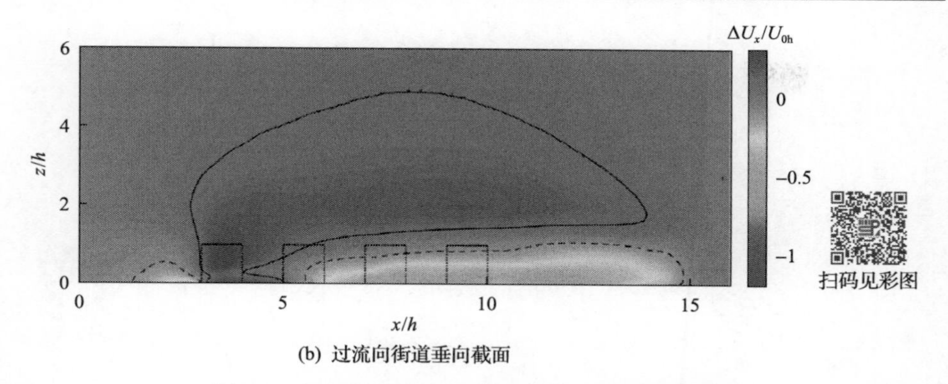

(b) 过流向街道垂向截面

图 9-3　归一化速度损失 $\Delta U_x/U_{0\text{h}}$ 在 x-z 平面的云图

图 9-4(a) 显示了不同排建筑顶部不同流向位置的速度剖面。由图 9-4(a) 可以看到，在来流作用下，首排建筑和来流发生剧烈相互作用，屋顶流动在向下游演化过程中不断加速。因此，对于首排建筑，顶部风电机组的流向位置将会对发电效率产生显著影响。相对于首排建筑顶部流动，第二排建筑顶部流动沿流向差异明显减小。下游建筑如第三排和第四排，建筑顶部流动区域呈现一种类似发展充分的状态，在不同流向位置，速度剖面无明显差异。图 9-4(b) 显示了不同排建筑顶部不同展向位置的速度剖面。在入口区域街道狭管效应的影响下，前排建筑靠近街道位置风速较高，随流动向下游演化，屋顶流动在不同展向位置的差异逐步减小。以上结果表明，模型小区在上游

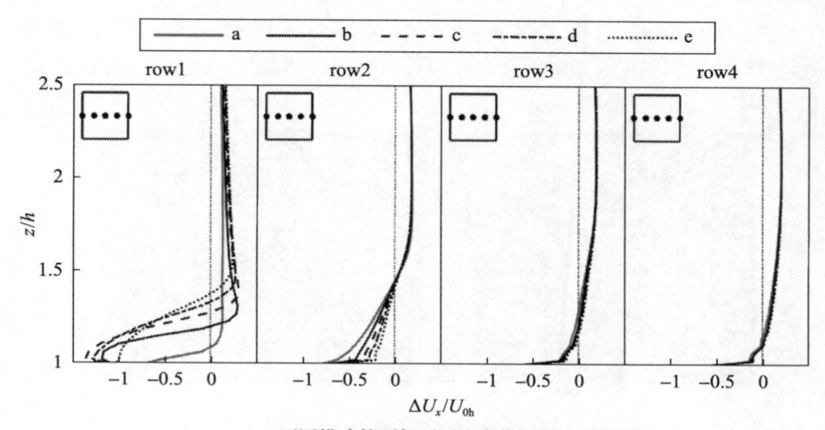

(a) 不同排建筑顶部不同流向位置的速度剖面

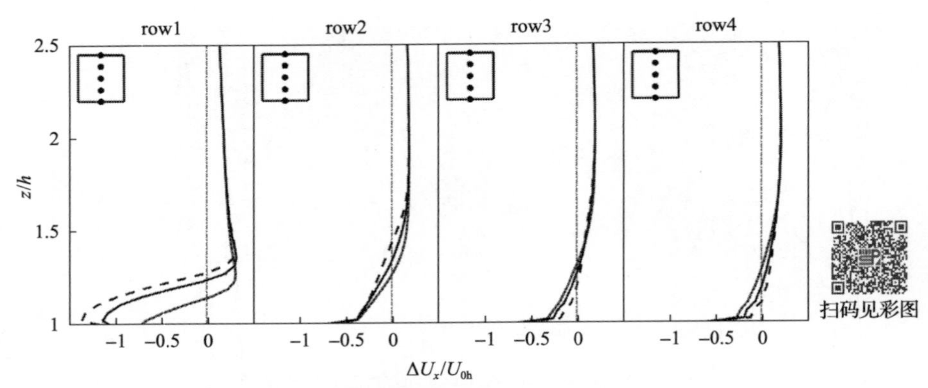

(b) 不同排建筑顶部不同展向位置的速度剖面

图 9-4　建筑顶部特殊位置速度垂向分布

建筑上方由左向右、由下向上位置依次为 a、b、c、d、e(row1～row4 分别指第 1～4 排建筑)

部分存在一个快速过渡区，约为两排，随后流动差异减小；过渡区下游，屋顶风资源对流动位置变化不敏感。

9.3.2　湍流度分布

图 9-5(a)显示了湍流强度 TI 在 x-z 平面的云图，其中 $\mathrm{TI}=\sqrt{[(\overline{u'u'})+(\overline{v'v'})+(\overline{w'w'})]/3}/U_{0\mathrm{h}}$。由图 9-5(a)可以看到，由于屋顶区域的强剪切作用，模型小区屋顶区域，尤其在前两排建筑屋顶区域湍流度明显增加。模型小区后方存在剧烈的下洗运动，出现高湍流区域。图 9-5(b)给出了过流向街道中心 x-z 平面的湍流分布。不同于图 9-5(a)，其高湍流区主要出现

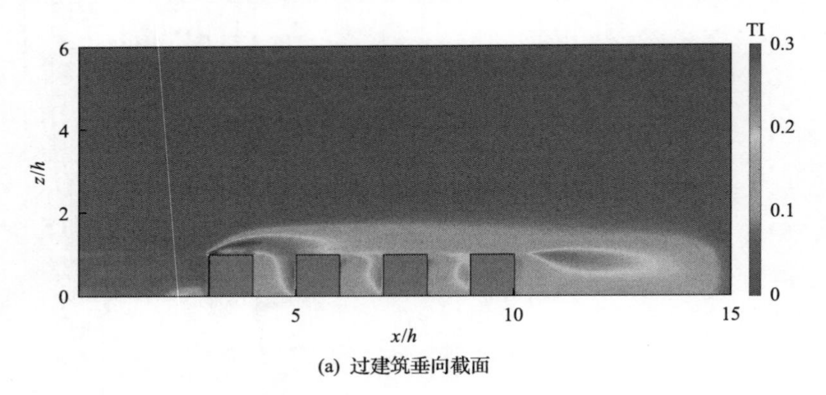

(a) 过建筑垂向截面

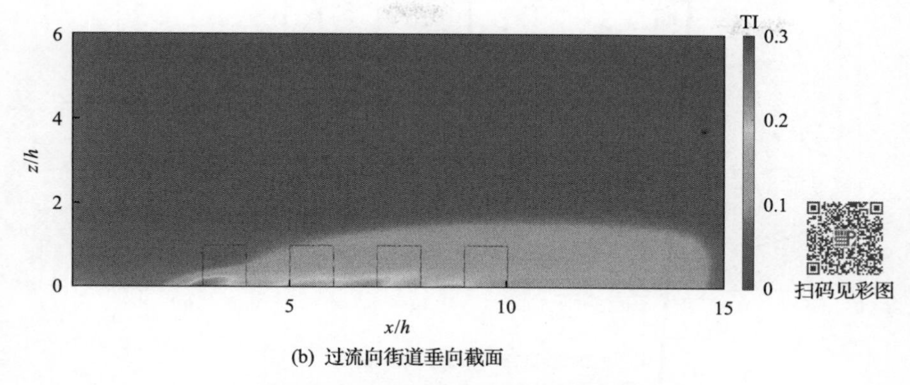

(b) 过流向街道垂向截面

图 9-5　湍流强度 TI 在 x-z 平面的云图

在街道底部的强剪切区域。高湍流区自街道入口到街道下游逐步增长（第三排和第四排建筑位置），湍流度和相邻屋顶区域处于同一水平。

图 9-6(a) 给出了建筑顶部不同流向位置湍流度的垂向变化。和图 9-4(a) 类似，首排建筑上方湍流强度变化剧烈，并在首排建筑屋顶后部达到峰值。随流动向下游演化，第 2～4 排建筑上方具有相似的湍流特性。图 9-6(b) 给出了不同排建筑顶部湍流度随展向的变化。和图 9-6(a) 类似，湍流度在前排建筑顶部随展向显著变化，在下游建筑顶部对展向位置变化不敏感。

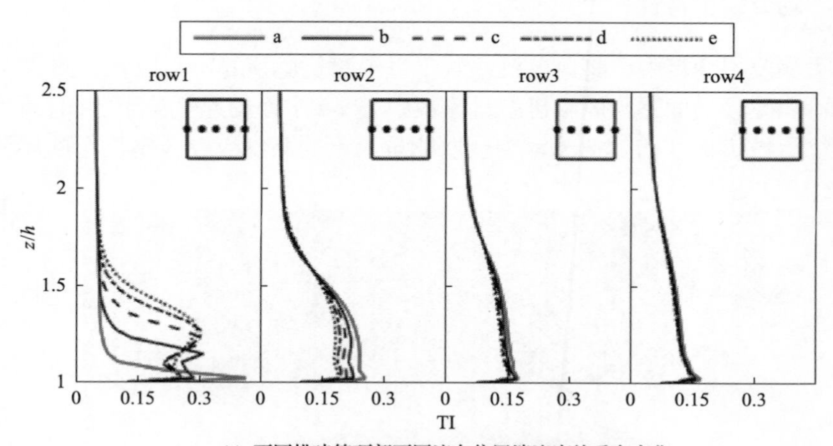

(a) 不同排建筑顶部不同流向位置湍流度的垂向变化

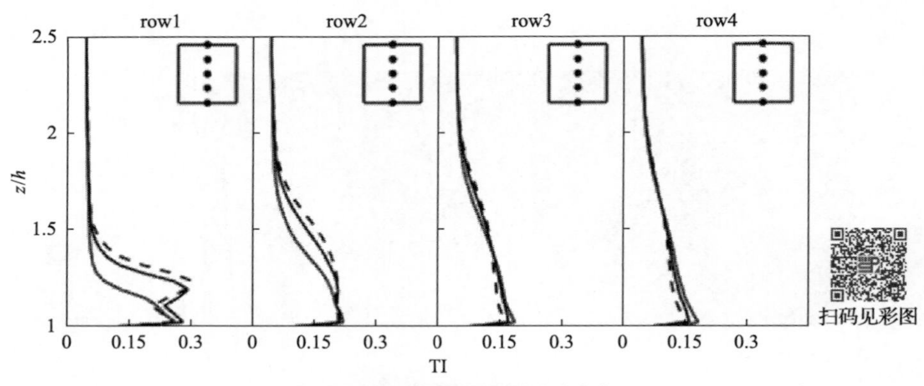

(b) 不同排建筑顶部湍流度随展向的变化

图 9-6　建筑顶部位置湍流强度垂向分布

建筑上方由左向右、由下向上位置依次为 a、b、c、d、e(row1～row4 分别指第 1～4 排建筑)

9.4　屋顶风电机组发电特性

建筑屋顶的加速效应为捕捉风能提供了条件。利用此特点，屋顶风电开发已成为绿色建筑的重要选择。本节将通过大涡模拟方法揭示屋顶风电机组发电特性，为发展屋顶风电提供依据。

9.4.1　功率输出特性

大涡模拟计算中，将风电机组置于每个建筑屋顶的中心位置，图 9-7 显示了不同轮毂高度屋顶风电机组过轮毂中心 x-z 平面的速度分布云图,风电机组从绕流城市街区的加速流动中获取能量。不同高度屋顶风电机组的尾流演

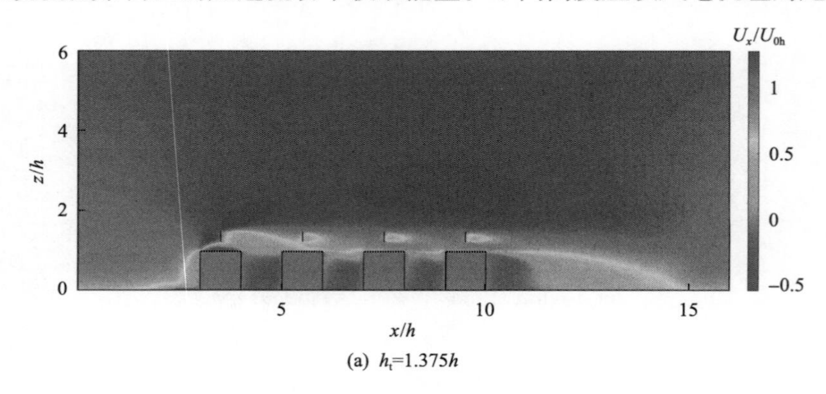

(a) h_t=1.375h

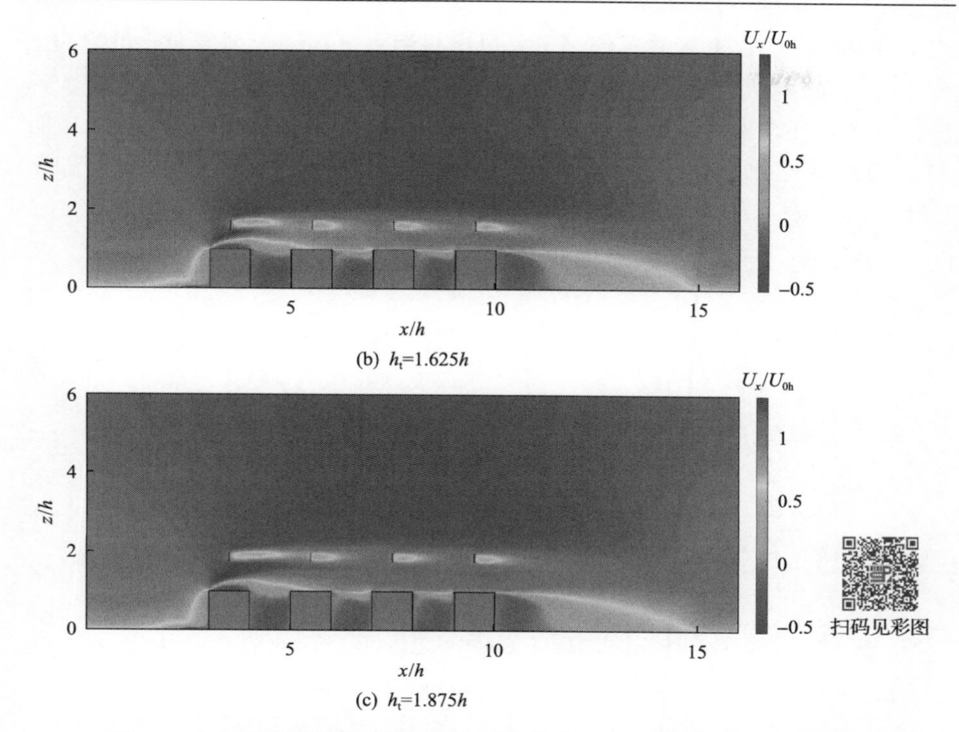

(b) h_t=1.625h

(c) h_t=1.875h

图 9-7　不同轮毂高度屋顶风电机组过轮毂中心 x-z 平面的速度分布云图

化受来流速度剖面和城市街区加速作用的双重影响。

为量化这一影响，有风电机组的功率：

$$P = \frac{1}{2}\rho C_{\mathrm{P}}' \langle \overline{u}^{T} \rangle_{d}^{3} \frac{\pi}{4} D^{2} \eta \tag{9-1}$$

在此研究中，$C_{\mathrm{P}}' = C_{\mathrm{P}} / (1-a)^3$，对应 $a = 1/4$，$C_{\mathrm{P}}' = 4/3$，转换效率取 $\eta = 0.8$。图 9-8 显示了收敛后输出的不同轮毂高度屋顶风电机组阵列功率的时间变化序列。

图 9-9(a)显示了 $P_{\mathrm{utt}}/P_{\mathrm{tt}}$ 随高度的变化，其中 P_{utt} 表示城市街区屋顶风电机组的发电功率，P_{tt} 表示相同高度单独风电机组阵列的发电功率。图 9-9(a)定量地给出了不同高度风电机组因加速效应增发功率的比例，可以看到，由于屋顶的加速效应，屋顶风电机组发电功率显著增加。和屋顶风速分布特征类似，增发功率值随高度先增后减，当 h_t=1.625h 时，增发功率达 74.31%。图 9-9(b)进一步给出了屋顶风电机组和单独风电机组阵列的总发电功率随高

度的变化情况。在街区建筑作用下，风电机组发电功率随高度变化可视为来流速度剖面(剪切效应)和屋顶加速效应的叠加效果。可以看到，由于来流速度剖面的存在，发电功率随高度单调增加。因塔架高度增加而增加的发电收益和当地加速比相关，在本算例中，屋顶风电机组自 h_t=1.375h 增加至 h_t=1.625h 时发电功率增量 9.3%，之后这一增幅减小。

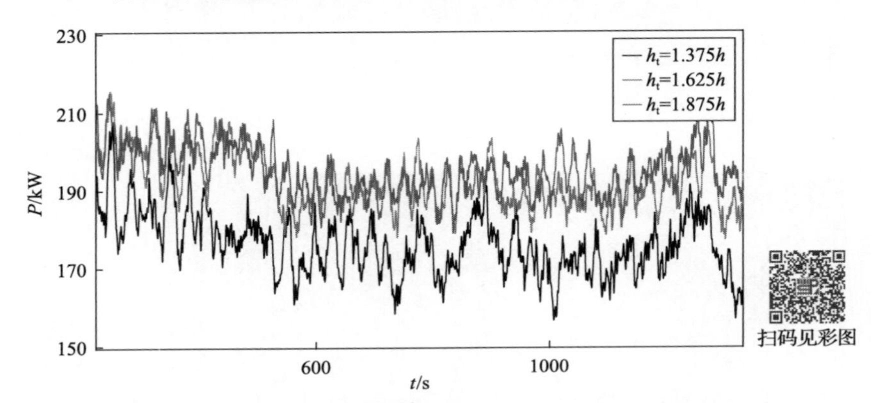

图 9-8　收敛后输出的不同轮毂高度屋顶风电机组阵列功率的时间变化序列

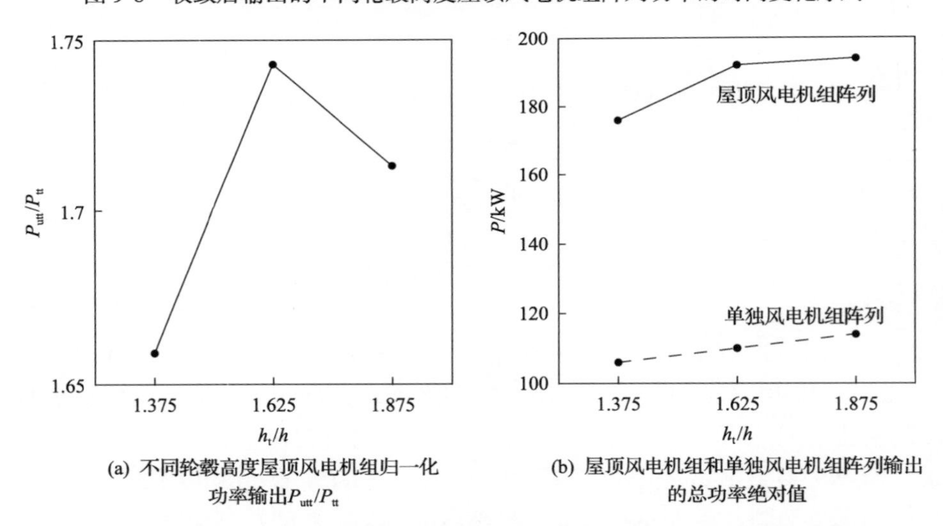

(a) 不同轮毂高度屋顶风电机组归一化功率输出 P_{utt}/P_{tt}

(b) 屋顶风电机组和单独风电机组阵列输出的总功率绝对值

图 9-9　屋顶风电机组和单独风电机组阵列发电功率随轮毂高度的变化情况

图 9-10 显示了不同轮毂高度屋顶风电机组和单独风电机组平均输出功率沿流向的变化。由图 9-10 可以看到，由于上游风电机组的遮挡作用，下游风电机组的功率远低于第一排的功率。但是对于 WTUM 算例(屋顶风电机组阵

列）和 WT 算例（单独风电机组阵列），平均输出功率沿流向的变化具有显著差异，该差异可归于：①风电机组排布前所在位置的风资源差异；②风电机组排布后上游风电机组遮蔽作用差异。

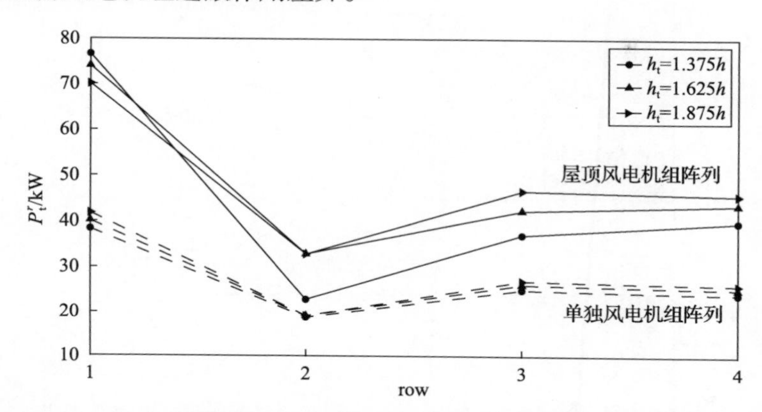

图 9-10　不同轮毂高度屋顶风电机组和单独风电平均输出功率沿流向的变化

row 表示第几排风电机组

这里定义

$$P_t^r / P_t^1 = f_w{}^r f_s{}^r \tag{9-2}$$

$$f_w^r = P_w^r / P_w{}^1 \tag{9-3}$$

式中，P_t^r——风电机组第 r 行的平均输出功率；

$f_w{}^r$——第 r 行建筑屋顶上的归一化风能密度，其为第 r 行建筑屋顶上的风能密度与第一行建筑屋顶上的风能密度之比；

f_s^r——上游风电机组对第 r 行风电机组造成的遮挡系数。

在不考虑市区时（$f_w{}^r$=1），不同位置风电机组的功率差异仅与风电机组的尾流效应相关。

图 9-11 显示了不同轮毂高度时 f_w 和 f_s 沿流向的变化。对于 h_t=1.375h，屋顶上方的风资源差异显著，风速先减小后增加，这也可从图 9-7（a）所示的速度云图中看出。平均风速的流向差异随轮毂高度的增加而逐渐减小，且对于 h_t= 1.875h，屋顶上方的风资源分布几乎无差异。相应地，对于 h_t=1.375h，由于湍流强度的显著增强，上游风电机组的遮挡作用显著减小。如图 9-11（b）所示，随着轮毂高度的增加，风电机组的遮挡作用逐渐接近单独风电机组条件下的尾流遮挡作用。

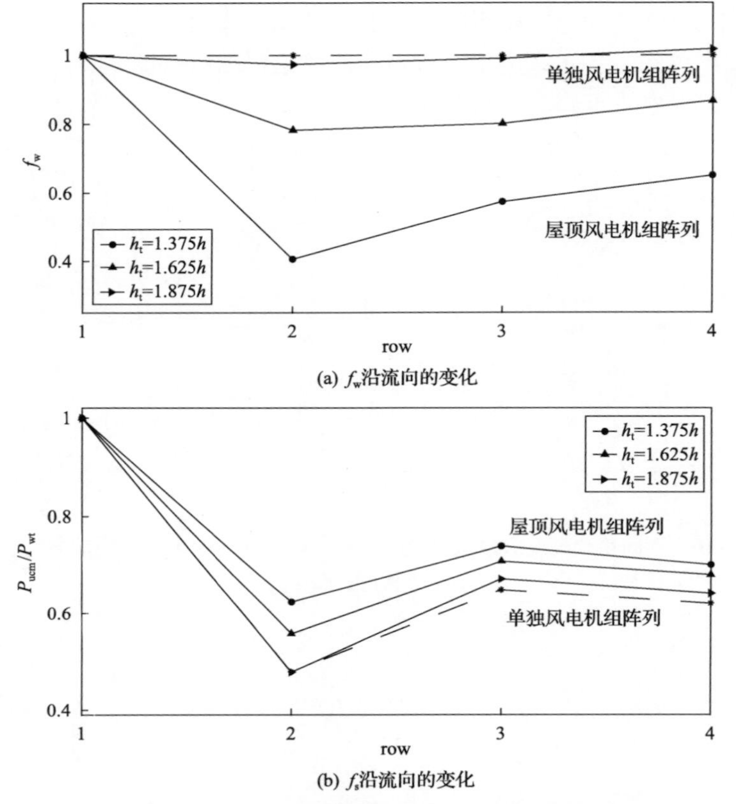

图 9-11　不同轮毂高度时 f_w 和 f_s 沿流向的变化

row 表示第几排风电机组

9.4.2　功率波动特性

功率波动是衡量城市风电电能质量的重要指标。由于屋顶上方复杂的不稳定流动和高湍流强度，屋顶风电机组的输出功率通常具有较大的波动。在本研究中，采用总输出功率的均方根量化屋顶风电机组的功率波动：

$$P_{rms} = \frac{\sqrt{(\overline{P}_t - P_t)^2}}{\overline{P}_t} \tag{9-4}$$

式中，$\overline{P}_t$ 和 P_t ——单台风电机组的平均输出功率和瞬时输出功率。

对于屋顶风电机组阵列和单独风电机组阵列的总输出功率波动，使用 P_{utt} 和 P_{tt} 代替 P_t。

图 9-12 显示了不同轮毂高度时屋顶风电机组和单独风电机组阵列的总功率波动 P_{rms}。如图 9-6 所示，在城市街区中，局部湍流强度随高度的增加而降低，这与屋顶风电机组的总功率波动是对应的，且随着轮毂高度的增加，波动有效减小。当轮毂高度较高时，即 $h_t = 1.875h$，屋顶风电机组的总功率波动甚至低于单独风电机组阵列的总功率波动，这给城市屋顶风电的发展提供了一定参考。

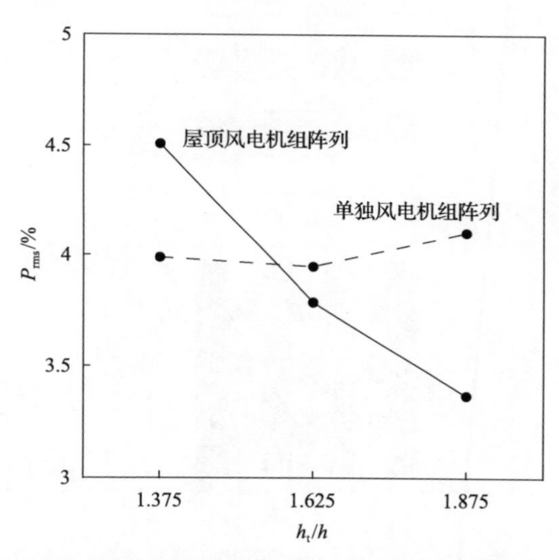

图 9-12　不同轮毂高度时屋顶风电机组和单独风电机组阵列的总功率波动

9.5　屋顶风电机组对街区风环境的影响

屋顶风电机组从街区上方的流动中吸收能量，相应地改变了街区的风速和湍流强度。本节将揭示屋顶风电机组对街区风环境的影响。

9.5.1　速度影响

图 9-13 显示了市区的展向街道和流向街道分布。图 9-14(a) 显示了整个城市街区的归一化空间平均流向速度的垂向变化廓线，可以观察到在屋顶风电机组算例中，轮毂高度附近出现了明显的速度损失，但小型风电机组对街区内部流动(建筑高度之下)的影响几乎可以忽略不计。图 9-14(b) 和 (c) 进一步给出了展向街道和流向街道的归一化空间平均流向速度的垂向变化廓线，展向街道的速度分布与图 9-14(a) 的速度分布模式类似，但图 9-14(c) 显示屋

顶风电机组对流向街道的流动影响很小。这表明，由于风电机组的直径仅为城市街区建筑高度的 1/4，风电机组的影响仅限于建筑之上，且直接位于风电机组的后方。

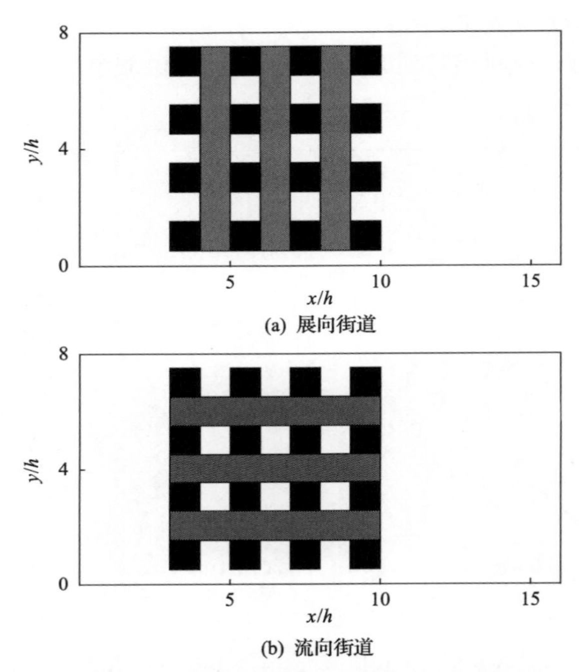

(a) 展向街道

(b) 流向街道

图 9-13　街区的展向街道和流向街道分布

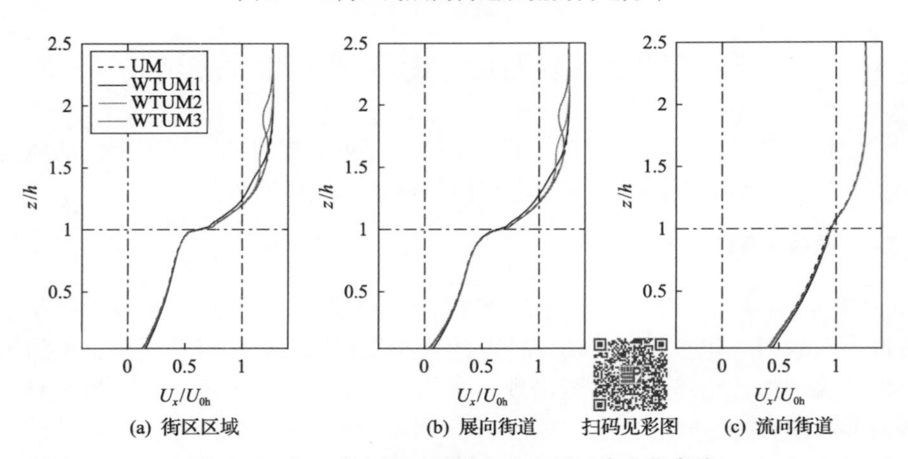

(a) 街区区域　(b) 展向街道　扫码见彩图　(c) 流向街道

图 9-14　归一化空间平均流向速度的垂直变化廓线

水平点划线表示建筑物的高度

9.5.2　湍流度影响

图 9-15(a)显示了整个城市街区的空间平均湍流强度廓线随高度的变化。在风电机组的尾流区域，湍流强度显著增强。与平均风速的分布类似，屋顶风电机组并未显著改变湍流强度分布。图 9-15(b)和(c)分别给出了展向街道和流向街道的平均湍流强度随高度的变化，这进一步支撑了上述结论，即屋顶小型风电机组几乎不会改变街区内的风环境，这是城市屋顶风电发展的一个关注点。

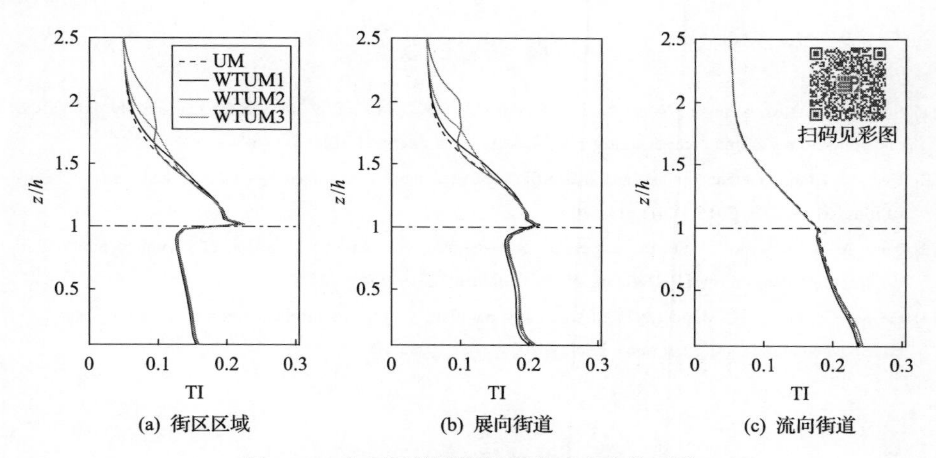

图 9-15　空间平均湍流强度的垂直变化廓线
水平点划线表示建筑物的高度

本 章 小 结

本章通过高精度的大涡模拟方法对城市街区的屋顶风电机组进行了数值研究，基于城市街区屋顶风电机组的仿真结果，主要对城市街区周围的风资源特性、屋顶风电机组的发电特性以及屋顶风电机组对街区风环境的影响进行了讨论。本章主要结论如下：

(1)屋顶风电机组的总功率显著增加。由于风切变效应，总功率随轮毂高度增加单调递增，但是总功率相对增量(与相同轮毂高度的单独风电机组阵列相比)先增加后减小。不同高度屋顶风电机组的平均输出功率流向变化差异显著，当轮毂高度低时，当地风资源的差异较大，但由于湍流强度的显著增强，上游风电机组的尾流遮挡作用减小；随着轮毂高度的增加，屋顶上方的风资源差异减小，风电机组的遮挡作用接近于单独风电机组阵列时的尾流遮挡作用。

(2) 屋顶风电机组的功率波动与当地湍流强度密切相关，由于屋顶上方的高湍流强度，因此功率波动较大。随着轮毂高度增加，总功率波动单调减小，且屋顶风电机组的相对功率波动甚至低于单独风电机组阵列的相对功率波动，发出的电能质量较好。

(3) 小型屋顶风电机组对城市街区风环境的影响主要限于屋顶上方风电机组正后方区域，对街区内部流动的影响几乎可以忽略不计。

参 考 文 献

[1] Stevens R J A M, Graham J, Meneveau C. A concurrent precursor inflow method for Large Eddy Simulations and applications to finite length wind farms[J]. Renewable Energy, 2014 (68) : 46-50.

[2] Hearst J, Gomit G, Ganapathisubramani B. Effect of turbulence on the wake of a wall-mounted cube[J]. Journal of Fluid Mechanics, 2016 (804) : 513-530.

[3] Yang X, Sotiropoulos F. On the dispersion of contaminants released far upwind of a cubical building for different turbulent inflows[J]. Building and Environment, 2019 (154) : 324-335.

[4] Ge M, Gayme D F, Meneveau C. Large-eddy simulation of wind turbines immersed in the wake of a cube-shaped building[J]. Renewable Energy, 2021 (163) : 1063-1077.